프로그래머는 왜 심리문제에 골몰하는가?

Why are programmers hung up on
psychology?

프로그래머는 왜 심리문제에 골몰하는가

메타인지를 위한 프로그래밍 심리학

이재용 지음

스포트라잇북
SPOTLIGHT BOOK

차례

4부

지능정보기술로 인간의 무의식을 측정하다

5부

프로그래밍 능력과 메타인지의 만남

프로그래밍 심리학은

메타인지의 지름길이다

서문

심리문제는 모든 프로그래머의 과제다

많은 프로그래머*들이 심리문제에 골몰하며 일하고 있다. 왜 그럴까? 그들은 일상적으로 심리문제에 많이 노출된다. 물론 다른 직종 근무자도 그럴 것이다. 그러나 프로그래머들은 좀 더 특수한 상황에 있다. 컴퓨터를 배우는 과정, 프로그래밍하는 과정 자체, 프로젝트의 진행과정, 팀의 리더나 CIO와 같은 관리자로 성장하는 단계 등에서 대인관계와 내적 정서의 흐름에서 깊고 내밀한 심리적 상호작용이 요구된다.

프로그래머들은 성장과정에서 자연히 심리문제에 골몰하게 된다. 다만, 그것을 체계적으로 표현하지 못하고 무의식에 머물게 된다. 프로그래밍 과정, 개인의 발전과 성장과정에서 자연히 심리문제에 끌리게 되고 관심으로 발전한다. 그 과정에서 다음과 같은 경험을 하게 된다.

컴퓨터 내부를 학문적으로 탐구할 때 컴퓨터 구조와 설계를 배우면서 인간을 모델로 하고 있다는 이야기를 듣는다. 그후 운영체제의 상태천이도를 배우면서 인간으로부터 모델링이 된 다양한 사례들을 알게 된다. 인공지능을 배우면서 신경망 모방 과정에서 또 다시 인간의 신경망을 모델링한 내용을 배우게 된다.

---

* 이 책에서 프로그래머란 초보 프로그래머에서부터 SW개발자, SW분석가, CIO 등과 같은 프로그래밍 관련 행정가, 사업가들을 포괄하는 개념이다.

프로그래머는 프로그래밍이라는 일 때문에 끊임없이 협업 문제로 인간관계에 대해 고민하게 된다. 그 과정에서 내면적으로 매우 긴밀한 상호작용과 깊은 사고작업을 한다. 창업을 하거나 리더로 성장하려는 프로그래머는 SW·AI기업의 안정성에서부터 자아실현의 욕구까지 느끼면서 심리문제를 다시금 깊이 생각하게 된다.

많은 상황에서 심리문제에 노출되지만 체계적인 설명을 제공받지 못하는 프로그래머들은 자신들을 좀 더 효과적으로 이끌 수 있는 다양한 접근 방법들을 모색한다. 하지만 대부분은 개인적 경험이나 제한적 영역에 머물게 마련이다. 이 책은 그러한 문제들을 체계적으로 다루는 방법을 제시하기 위해 기획되었다.

프로그래머의 심리문제는 컴퓨터 발전 초기인 1960년대에는 중요하게 다루어졌다. 그후에는 다른 기술의 발전에 밀려 주목받지 못했다. 그러나 그동안에도 프로그래밍 심리학과 관련된 연구는 세계 각국에서 꾸준히 진행되었고 최근의 결과는 매우 주목할 만하다. 프로그래머의 모든 행동은 공학(프로그래밍)과 인문과학(심리학)에 걸쳐 있는 학제적 특성으로 설명된다. 물론 컴퓨터공학 분야 중 HCI(Human Computer Interaction/Interconnection)와 AI의 연구에서 다루는 심리문제도 있다. 특히 프로그래밍 심리학은 HCI의 한 분야이기도 하다.

현대 인공지능의 실질적 결과물을 만든 시기는 2010년을 기준으로 본다. 그 이전에는 제한된 형태의 튜링 모델과 연산모델들을 이용한 정보시스템을 구현할 인력을 양성하는 데 제도가 맞춰져 있었다. 2010년 이후에는 비결정형 튜링머신의 문제, 연산모델의 확장을 통한 귀납적 모델 구현 가능 인력을 양성해야 하는 과제에 직면하였다. 2010년 이전에 인간 이해에 관한 것은 대학원과 같은 고등학문을 수행하는 제한된 영역에서 다루어졌다. 특히 국내에서는 더욱 그러했다. 그 이유는 스티브 잡스나 일론 머스크 같이 인문학적 철학으로 창의적 혁신을 이끄는 인재가 나오지 못하는 사회적 분위기와도 관련이 있었을 것이다.

이제는 인공지능이 일상화되고 앨런 튜링의 계산모의, 시냅스의 모델링, 지도학습, 비지도학습, 관찰학습 등 심리학에서 다루는 기본 기능들을 총체적으로 다뤄야 한다. 프로그래밍 심리학을 활용한 지능정보기술의 이해와 그 학문적 위상을 정립할 필요성이 높아진 이유가 여기에 있다.

물론 이전에도 성균관대학교 이종모 교수와 같은 분들의 인지공학 연구가 있었지만, 전 국민을 대상으로 SW·AI교육에 적용이 가능한 내용은 아니다. 지금은 SW·AI교육을 초중고등학교와 비전공 대학생들에게 일상화하고 전국민에게 효과적으로 가르치는 방법을 고민해야 하는 시기이다. 이것에 프로그래밍 심리학은 매우 유용하다. 뿐만 아니라 특이점으로 가는 과정에서 인공지능이 구현하는 각종 심리적 기술을 정리하고 탐구하는 도구라는 점에서도 프로그래밍 심리학은 매우 유용하다.

이 책은 다음과 같은 부분에 활용할 수 있다.

1. IT엔지니어로서 자신의 역할을 찾아 만족한 삶을 꾸릴 수 있는 기초 자료가 된다.
2. 프로그래밍을 가르치거나 코치하는 효과적인 방법을 찾을 수 있다.

3. 프로그래밍 기술자들의 협업을 이끌 수 있는 유용한 도구다.

4. IT조직의 그라운드 룰(Ground Rule)을 수립할 수 있는 수단이다.

5. 인공지능과 양자컴퓨터를 넘어 어떤 맥락에서 특이점이 진행될지 알 수 있다.

6. 계산모의와 인공지능에서 활용되는 심리문제들을 체계적으로 설명할 수 있다.

7. 빅데이터와 인공지능으로 심리기제를 측정하는 방법을 알 수 있다.

이 책은 컴퓨터 기술과 심리학 지식을 넘나드는 내용으로 구성되었다. 능동적으로 자신에게 프로그래밍 심리기술을 적용하고 싶은 사람은 1, 2, 5부 내용을 사회, 성격, 학습에 따라 선택적으로 참고하면 좋다. 인지기술이 어떻게 컴퓨터 기술로 발전하는지를 알고자 한다면 3, 4부의 내용이 도움될 것이다.

필자가 직접 책 구상을 시작한 후 10여 년 만에 이 책을 출판하게 되었다. 『CIO Korea』에 2017년부터 게재한 "IT+심리학" 칼럼의 내용이 많이 포함되었다. 국내에는 프로그래밍 심리학 연구자가 거의 없어서 어려움이 많았다. 외국에는 많은 연구가 있고, 프로그래머를 위한 심리검사 도구도 많다. 그러나 심리학 연구의 특성상 개인, 집단, 국가에 따른 현지화 작업의 문제로 제한이 많은 편이다. 국내에서 현지화하지 못한 부분과 프로그래머들이 소화하기 어려운 내용은 이 책에 기술하지 않았다.

과학기술정보통신부의 지원 사업으로 진행하고 있는 소프트웨어중심대학들도 여전히 프로그래밍 교육에 어려움을 호소하고 있다. 이제는 인공지능의 급속한 발전으로 교육대학과 사범대학의 컴퓨터 교사 양성에서도 인공지능과 소프트웨어를 교육해야 하는 상황이다.

인공지능을 깊이 학습하여 인공지능 엔진을 만들어야 하는 사람들은 선형대수, 미분, 통계학을 깊이 다루고 그 결과가 어떻게 프로그래밍 심리학과 연결되는지를 알아야 한다. 인공지능 프로그램을 작성하는 사람들이나 활용을 하는 사람들이 프로그래밍 심리학의 주요 원리를 이해한다면 인공지능의 발전과정에서 특이점의 진행과정을 이해할 수 있다.

더욱이 이제는 인문·사회학, 언어학, 예술전공 대학생들까지도 인공지능을 이해하고 학습하고 다뤄야 한다. 프로그래밍 학습에 효과적인 방법을 몰라서 고통받는 대학생들과 프로그래밍을 가르치는 교사나 교수, 산업현장의 전문 프로그래머, 팀의 리더 개발자, CIO들은 프로그래밍 심리학을 활용하여 성장하고 나아가서는 지능정보화 사회에 순기능적으로 대응할 수 있을 것이다.

애자일 방법론이라는 프로그래밍 심리학의 한 분야가 대기업을 중심으로 활용되고 있다. 애자일 방법론은 경험주의에 근거하여 개인별로 편차가 클 뿐만 아니라 표준화의 한계 때문에 집단에 적용하려면 많은 어려움이 있었다. 더욱이 진행과정에서 기능적 부분에 초점이 맞춰져서 심리학과는 멀어지게 되었다. 이 책에서 설명하는 분석법과 메타인지 방법을 기업에서 활용한다면 효과적으로 조직의 역량을 끌어올릴 수 있다.

아무쪼록 졸저가 SW·AI기술 구현의 다양한 적용법을 배우려는 이들과 심리문제에 골몰하는 초보 프로그래머, 주니어 및 시니어 프로그래머, 개발자, CIO, 프로그래밍을 가르치는 교사와 교수, AI 엔진을 만들거나 인공지능을 이용하여 인간의 정신세계를 탐구하려는 엔지니어 등에게 유익한 지표로 활용된다면 필자에겐 더할 나위 없는 행복일 것이다.

2021년 가을

이재용

활용 방향으로 살펴본 이 책의 구성

1960년대 이후, 즉 컴퓨터 초기발전 시기부터 심리학자들이 컴퓨터 프로그래밍에서의 행동적 측면을 연구했다. 당시의 연구들은 다양한 심리학의 패러다임을 바로 활용하기에 어려움이 있었다. 자료의 부족으로 심리학 이론들을 컴퓨터 프로그래밍 과정에 통합하기가 어려웠기 때문이다. 그러한 문제가 해결되는 과정에서 프로그래밍 문제 탐구에 다섯 가지 심리학 구분을 적용하였다. 그 결과 다음과 같은 프로그래밍 심리학의 연구 방향이 제시되었다.

1. 개인차
2. 집단행동
3. 조직행동
4. 인간요인
5. 인지과학

소프트웨어공학의 이론 및 실습에 대한 다섯 영역의 주요 이론과 실제가 프로그래밍 심리학에 영향을 주었다. 또 인지과학의 패러다임에 기반하는 연구가 인공지능과 컴퓨터과학 이론의 새로운 발전을 이끌고 프로그래밍 심리학으로 통합되었다.

이 책에는 프로그래밍 심리학을 연구했던 컴퓨터 개발초기 선각자들이 구분한 위의 다섯 가지 영역을 재배치하고 최근 프로그래밍 심리학의 연구 결과를 통합하여 서술했다. 현대의 지능정보화 사회에서 개인이 능력을 발휘할 수 있도록 돕기 위함이다.

- 프로그래밍 사회심리학 : 집단과 조직에서의 행위(1부)
- 프로그래밍 성격심리학 : 프로그래머의 개인차(2부)
- 프로그래밍 인지심리학 : 인간정보처리와 모델링을 통한 사고모의(3부)
- 프로그래밍 응용인지심리학 : 무의식의 정보를 인지기능으로 확장하는 기술들(4부)
- 프로그래밍 학습심리학 : 프로그래밍에 대한 지식의 통합(5부)

프로그래밍 과정이란 자동화를 넘어서 지식을 구축하기 위한 도구의 제작과정이다. 뿐만 아니라 고도의 인지적 통합을 수행하는 행위다. 또 프로그래밍은 타인과 상호작용하거나 상호작용 도구로 활용된다. 그속에는 인지, 추론, 학습 능력 자체를 만드는 과정이 녹아들어 간다. 더 나아가 프로그래밍을 통해서 지적 기능의 일부를 생성하기도 한다. 이러한 모든 행위와 그 과정, 소프트웨어 제작을 고려하여 이 책을 다음과 같이 구성했다.

1부에서는 프로그래밍 작업 과정에서 타인과의 상호작용으로서의 프로그래밍 심리학을 다룬다. 프로그래머에게 중요한 가치들을 매슬로우의 인본주의 심리학으로 설명하고, 프로그래머의 성격과 소프트웨어 개발 단계의 상관을 설명함으로써 프로그래머의 사회적 상호작용을 도울 수 있도록 구성했다. 이를 통하여 메타인지(Meta Cognition) 능력을 향상시킬 수 있다.

2부에서는 프로그래머와 IT엔지니어들의 성격에 대해 다룬다. 개인이 프로그래밍과 사고모의라는 지적 행위의 과정에서 성격에 따라 어떤 장점과 약점이 있는지를 확인하도록 돕는 과정이다. 이를 위하여 MBTI와 그릿에 근거하여 어떻게 프로그래머의 성격을 판별하는지와 해당 성격을 가진 프로그래머의 능력 고양 방안에 대해 살펴본다. 물론 이 역시 거시적으로 메타인지의 관점을 제공하기 위한 것이다.

3부에서는 지적 능력을 생성하고 구축하는 의미에서의 프로그래밍 심리학을 설명한다. 인공지능 개념교육으로서의 지능과 인공지능의 발전에 대한 통찰을 돕는 것이 목적이다. 사고모의 방법이 어떻게 시작되고 프로그래밍 과정에서 어떻게 인지가 활용되는지를 다룬다. 예를 들어서 프로이트의 치료법이 어떻게 현대 인공지능의 역전파 알고리즘으로 발전했는지, 어떻게 다양한 형태의 인공지능으로 구축되고 있는지를 다룬다. 이러한 지식은 인공지능의 발달단계 이해를 도와 메타인지를 향상시킬 것이다.

4부에서는 지식이 어떻게 구축되는지 사례 중심으로 살펴본다. 지능 정보화 사회의 시작으로 인하여 레이 커즈와일은 2040년*이면 기계가 인간의 지능을 넘어설 것으로 예측했다. 2020년부터로 보면 20년이 남았으나 남은 시간이 결코 길지 않다. 4부의 내용을 활용한다면 어떻게 지식과 지능이 자동화되어 만들어지고 어떻게 이 지식과 지능이 하나의 형태로 발전하는지 가늠해볼 수 있을 것이다. 이러한 기술로 무장한다면 메타인지가 크게 향상될 것이다.

5부에서는 프로그래밍의 학습 과정에서 어려움을 해결하기 위한 다양한 학습 메타인지 방법들을 설명한다. 많은 대학과 사회교육기관에서 전문적인 프로그래밍을 학습하는 대학생과 초급 엔지니어들이 인지통합에서 어려움을 겪는다. 인지통합은 교육학과 교육심리학에서 사용하는 학습 메타인지를 활용하는 방법이 유용하다. 즉, 자신이 어떤 부분을 알고 어떤 부분에 취약한지 직접 들여다볼 수 있도록 돕는 방법들이다.

---

* 얼마전 5년을 단축시켜서 발표했다.

1부

프로그래머의 성장을 위한
심리역량 탐구

산업 현장의 많은 초보 프로그래머는 소수와의 깊은 관계에서 업무를 배우고 익히게 된다. 그 과정은 매우 깊고 내밀한 심리 작업으로 이루어진다. 팀 구성원 사이에서의 언어적 소통과 프로그래밍을 통해 지식을 모의하는 상호작용이 동시에 이루어지는 것이다. 즉 사회적 관계와 함께 지식 모의라는 프로그래밍 작업이 교환되고 완성된다. 1부에서 이야기할 내용은 독특한 사회심리학 중심의 IT 관점이다. SW·AI산업에 종사하는 엔지니어들이 사회 속에서 상호작용하면서 겪는 문제들의 심리학적 해석들에 대한 설명이다. 프로그래밍 사회심리학이라고 명명 가능한 것들이다.

1부의 주요 내용은 인본주의 심리학자 매슬로우가 안내한 욕구위계 이론을 SW·AI산업에 적용하는 문제, 소프트웨어 개발주기에 적합한 개인의 성격 선호도 문제, 초보 프로그래머에서 CIO까지 각 직무에 적절한 성격 유형과 성격 발달의 문제, CIO가 자신의 업무를 포기하고 이 분야를 떠나버릴 때 경험하게 되는 심리적 현상인 번아웃(Burn out)의 예방법이다. 이러한 프로그래밍 사회심리학에 대한 이해는 프로그래머의 메타인지를 높여준다.

프로그래머의 심리적 안정을 이끌다

인본주의 심리학자 에이브러햄 매슬로우(Abraham Maslow)가 1943년과 1954년 욕구위계 이론을 발표한 이후 60여 년 동안 SW·AI기술은 매슬로우가 연구한 인간탐구 결과를 통해 구분하고 분류해나간 방향을 따라갔다.

매슬로우는 교육 받지 못한 유태계 러시아인 아버지 밑에서 일곱 자식 중 첫째로 태어났다. 유태인에 대한 주변의 편견, 신체적 외모를 대놓고 차별하는 아버지에 대한 두려움, 잔인한 방식으로 교육한 어머니에 대한 미움 속에서 외로움과 고립감으로 불행한 아동기를 보냈다. 이러한 아동기의 경험은 「행동주의 심리학에 기초한 원숭이의 성적 특성과 지배 특성에 관한 관찰 연구」라는 박사학위 논문을 쓰게 된 배경이다.

논문의 제목에서 알 수 있듯이 그는 인간이나 동물의 심리를 객관적으로 관찰하고 행동들을 예측할 수 있다고 보는 행동주의 심리학에 심취했다. 그러나 이후 경제적 어려움에서 벗어나 중산층에 합류하고 첫아이를 낳은 후 그의 관점이 변화하기 시작했다. 인간에 대한 신비감과 통제할 수 없는 기분을 경험한 후, 행동주의란 쥐나 다람쥐 같은 설치류를 이해하는 데 적합한 것이지 인간을 이해하는 데는 적합하지 않다는 데 생각이 이르렀다. 아이를 가져본 사람은 행동주의 심리학자가 될 수 없다고 생각하게 된 것이다. 그리고 2차세계대전을 경험하면서 인간의 편견과 증오와 같은 문제에 접근하게 되고 결국 인본주의 심리학으로 전환하게 된다.

매슬로우는 자신의 인본주의 철학을 효과적으로 설명하고자 욕구위계 이론의 개념을 완성했다. 욕구들의 목록을 의미 있는 방식으로 조직화했다. 그는 인간의 욕구를 피라미드로 분류하여 하위 욕구와 상위 욕구 두 가지로 구분했다. 이때 하위 욕구가 충족된 후에나 상위 욕구를 추구한다고 주장하고, 상위의 욕구 만족은 하위의 그것보다 더 좋은 외적 환경이 필요하며, 욕구 단계는 상호 의존적이고 중복된다고 설명했다.

이 개념에 따르면 맨 아래층은 생존을 위해 필요로 하는 생리적 욕구들이다. 생리적 욕구란 인간의 가장 기본적이고 필수적인 욕구로서 의식주와 관련된 욕구들이다. 이러한 욕구들이 해결되면 두 번째 층인 안전의 욕구에 집중할 수 있다. 이 욕구는 물리적, 심리적 위협으로부터 벗어나려는 욕구이다. 세 번째 층은 애정과 소속의 욕구로 사랑받고 정서적인 부분에서 만족을 얻고 싶은 욕구로서 사회적 소속감을 추구하여 안정을 이루려는 욕구이다. 네 번째 층은 존경을 받고자 하는 욕구이다. 이 욕구의 충족 여부에 따라 자신감이 생기거나 열등감이 생긴다. 최상위 욕구는 자아실현의 욕구로서 아래 4개 계층의 만족 없이는 추구될 수 없는 차원 높은 욕구이다. 이 욕구는 인간의 잠재적인 능력을 실현하고자 하는 욕구로 소수의 사람만이 추구하는 욕구로 알려져 있다.

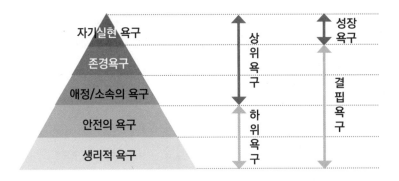

매슬로우의 욕구위계 이론

IT프로젝트 프로세스에는 욕구위계 이론이 흐른다

욕구위계 이론은 IT프로젝트를 수행하는 엔지니어들에게 새로운
시각으로 다가왔다. 스티브 맥코넬(Steve McConnell)은 『소프트웨
어 프로젝트 생존전략』이라는 책에서 욕구위계 이론이 소프트웨
어 제작 실무에서 어떻게 연관되어 진행되는지에 대한 통찰을 제
시했다.

　스티브 맥코넬은 소프트웨어 프로젝트에서의 욕구가 프로젝트
참여자의 욕구와 같다고 주장했다. 그림에서 나타내고 있는 것과
같이 프로젝트의 안정적 유지를 넘어서 생산성, 프로젝트의 중요
성이 보전되어야 전문성이 유지된다는 개념이다.

　좀 더 나아가 욕구위계 이론의 단계적 설명은 지능정보화 사회
에서 IT엔지니어가 추구해야 하는 성장의 단계를 전체적으로 보
여준다. 생리적 욕구와 안전의 욕구는 신체적 요인의 영역이다.

생리적 욕구는 IT프로젝트가 정상적으로 진행되고 그에 따라 팀
의 유지와 관련이 있으며 작업을 수행할 환경에 대한 물리적 안정
성과도 관련이 있다.

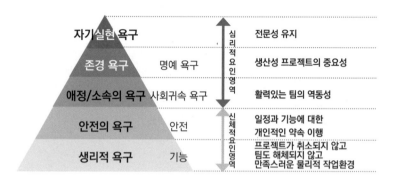

IT프로젝트 욕구 단계

출처 : 소프트웨어 프로젝트 생존전략 p. 29 재구성

안전의 욕구는 일정과 기능을 수행하는 개인적인 약속이행에
따라 팀의 과제 진행을 따라갈 수 있게 된다는 점을 의미한다. 따
라서 생리적 욕구는 IT프로젝트의 성공에 따라 기능과 안전을 만
족시키는 기본적인 욕구로 매슬로우가 말하는 하위 욕구인 신체
적인 것과 밀접한 영향을 가지는 신체적 요인 영역이다.

IT프로젝트의 성공은 팀의 역동성에 따라 사회에 소속되고자
하는 욕구와 밀접한 관련성이 있다. 이는 욕구위계 이론의 애정·
소속의 욕구와 관련이 있다. IT프로젝트를 수행하는 팀원 간에 생
산성의 중요성은 팀원 서로를 존중하고 가치를 공유하며 생각을
나눌 수 있는 토대이다. 이는 존경의 욕구와 관련성이 깊다.

최종적으로는 이러한 프로젝트의 완성 과정에서 전문성을 유지

발전시킴으로써 자기 내면에서 원하는 자신의 삶에 실현 욕구를 완성할 수 있다. 이러한 욕구에 이르는 사람은 고차원의 욕구까지 만족함으로써 프로젝트를 성공적으로 진행하고 새로운 프로젝트에 대한 희망과 자신감을 갖는 바탕이 되는 것이다. 이러한 의미에서 매슬로우의 욕구위계 이론은 프로젝트 진행 과정에서 팀원들 간의 존중, 소통, 생산성에 대한 내용을 확인하고 해당 프로젝트의 성공을 판단하기 위한 기초 자료로서 매우 유용하다. 욕구 단계의 이해는 프로그래머가 IT프로젝트의 성공을 위해서 자신과 집단이 인지하는 메타능력을 향상시키는 기초가 된다.

프로그래밍 심리학은 언제부터 시작되었나?

프로그래밍 심리학은 컴퓨터 발전 초기부터 중요시되었다. 그 시기에는 프로그램 작성의 문제를 사람(Person)의 문제, 과정(Process)의 문제, 기술(Technology)의 문제로 구분했다. 프로그래밍을 인간 행위의 관점, 즉 사람의 문제로 바라보고 컴퓨터 발전의 매우 중요한 요소 중 하나로 인식한 것이다.

시간이 지남에 따라 과정(Process)은 소프트웨어 공학의 발전으로 크게 앞서 나갔다. 기술(Technology)도 다양한 프로그래밍 언어와 디버깅 툴, 통신에 적합한 기능, 데이터베이스에 적합한 언어와 소프트웨어가 등장하면서 급속히 발전했다. 그러나 사람(Person)은 빠르게 발전하지 못하였다. 인간 내면에서 이루어져 관찰이 어렵고, 개발 과정에서는 소수 프로그래머들 간의 협력으로 이루어진다는 특성 때문이다. 사람과 컴퓨터 사이에 벌어지는 문제들의 연구가 어려웠기 때문이기도 하다.

인간과 관련된 모든 이해는 기본적으로 집단 내에서의 자신의 상대적인 위치를 파악함으로써 시작된다. 즉 집단에서의 개인이 차지하는 상대적 위치를 파악하는 것이 자신과 상대방의 이해를 위한 출발점이며 사람과 그 사람들 간의 관계를 이해하는 데 매우 중요하다. 사람의 인지적 행동 측정에서의 어려움, 그 어려움의 해결 방법을 찾기 위해서는 각각의 문제 서로 간의 상관과 그 위치를 파악하고 이해해야 한다. 문제가 자신 주변의 상황에 영향을 받거나 종속되므로 객관적인 비교 또한 어렵다. 우리의 주관성은 문제 원인의 실체를 파악하기 어렵게 만든다.

컴퓨터가 개발되었던 초기에 심리학의 발전 현황을 살펴보자. 그 당시에 심리학은 프로이트(Frued)의 정신역동의 감동에서 조금씩 벗어나 인지주의 심리학과 행동주의 심리학이 태동하던 시기였다. 그때에는 지금과 같이 사람(Person)에 대한 체계적 접근을 할 만큼 심리학이 충분히 발전하지 못했다. 인간의 문제는 매우 복합적이고 통합적인 부분이 많아 체계적인 구분이 안 되어 발전이 더딜 수밖에 없었다. 이러한 어려움속에서도 프로그래밍을 인간의 행위로 바라보는 심리문제로 해석하려는 방향으로 발전하여 프로그래밍 심리학(Psychology of Programming)이라는 이름을 사용했다.

프로그래밍 심리학이라는 용어는 1971년 제럴드 마빈 와인버그(Gerald Marvin Weinberg)의 책 『프로그래밍 심리학』으로 처음 널리 알려졌다. 다양한 심리학의 분야 중에서 인지주의 심리학과 행동주의 심리학에 강력한 영향을 받은 내용이다. 제럴드 와인버그는 이 책에서 컴퓨터 프로그램을 인간의 행위에 초점을 맞추어 사회적 활동, 개인적 특성으로 파악하고 프로그래머를 프로그래밍 과정의 도구라는 관점에서 기술했다. 와인버그는 무의식을 다루는 정신역동 관련 내용이나 측정에 어려움이 많았던 사티어 가족치료와 같은 영역을 활용하여 프로그래머를 위한 활동을 하기도 했다.

욕구위계 이론이 소셜미디어의 기능을 성장시키다

욕구위계 이론이 SW·AI산업에 끼친 영향에 이어서 소셜미디어가 욕구위계 이론으로부터 어떤 영향을 받아 발전했는지를 살펴볼 차례이다. 컴퓨터 개발자들이나 관리자들이 심리학에 관심을 가져야 하는 이유는 매우 많다. 특히, 소프트웨어 제작의 역사를 보면 새롭게 발전할 미래의 도구에 대한 자료와 통찰을 얻을 수 있다. 공학자들이 대부분 그렇듯이 개발자들도 자신의 개인적 경험에 의존하여 소프트웨어를 개발한다. 어찌 보면 지도(map) 없이 새로운 도구를 개발하는 것과 같다. 인본주의 심리학의 관점에서 소셜미디어들이 인간의 어떤 욕구와 상관이 있는지를 판별해보면 서비스의 목표 및 영업 전략들을 분석하고 확인할 수 있다. 이 자료로 스크롤링과 마이닝 과정에서 심리정보와 연계할 수 있는 방법을 찾아낼 수 있다.

인터넷 서비스들

3차산업혁명은 정보화 혁명이다. 이 정보화 혁명이 진행되는 과정에서 수많은 소셜미디어와 네트워킹 기반의 도구들이 출현했다가 사라졌다. 현재 상업적으로 성공하여 알려진 것들은 욕구위계 이론과 소셜미디어의 관계를 보여준다. 그림의 구성을 보면 소셜미디어가 어떻게 발전해왔는지 가늠할 수 있다.

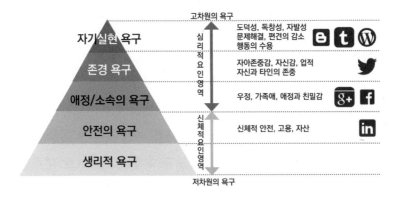

욕구위계 이론과 인터넷 서비스들

출처 : Maslow's Hierarchy Of Needs And The Social Media That Fulfill Them 재구성

링크드인(Linkedin)은 비즈니스 중심의 소셜 네트워크 서비스다. 전세계 200개국에서 2억 명이 가입한 비즈니스 전문 소셜미디어다. 관련 비즈니스 사업가들 간의 연결망으로 안전과 고용을 확인하는 도구로서 하위 욕구 중 자신의 생존에 안전을 제공해주는 욕구를 만족시키는 도구로 설명된다.

자신의 전문분야를 홍보하고 새로운 직장을 구하려는 사람들이 자신의 정보를 공유하는 구인구직 소셜미디어로 출발했다. 지금은 기업들의 신규시장 개척과 바이어 발굴에 활용된다. 즉, 새로운 직장을 구하려는 사람들이 고용과 자산의 유지를 위해 새로운 시장을 개척하고 안전의 욕구를 충족시키는 도구인 것이다.

구글+와 페이스북은 사회적 소속 욕구를 만족시켜주는 도구이다. 구글+는 소셜 네트워크 서비스로 웹사이트와 휴대 기기에서 이용할 수 있다. 구글 버즈, 구글 친구 연결 및 오르컷에 뒤이어 만들어진 소셜 네트워크 서비스이다. 다른 사용자가 공유한 소식이 내게 표시되는 홈 스트림 서비스, 링크, 동영상, 사진, 글 등을 공유할 수 있는 공유기능, 그 사용자가 자신의 홈 스트림에 게시한 소식을 볼 수 있도록 하는 팔로우 기능이 있다.

이에 반하여 페이스북은 친구들이 프로필을 업데이트하면 자동으로 알림이 이루어지고 공통의 관심사를 가진 사용자 그룹에 가입할 수 있다. 이 그룹들은 직장, 학교 등과 같은 특성으로 분류할 수 있다.

구글+와 페이스북은 기본적으로 사회에 소속되고 소통하는 기능을 담당한다. 매슬로우가 이야기하는 애정을 표현하고 친밀감을 나타내는 우정과 가족애를 나눌 수 있는 기능을 가진 소셜미디어인 것이다.

작은 새가 지저귀는 소리를 나타내는 "트윗(tweet)"이라는 개념을 표현한 트위터(Twitter)는 소셜미디어의 성격과 마이크로블로그(micro blog)의 성격을 모두 가지는 서비스이다. 페이스북과는 달리 다수의 대중을 통해서 자신의 의견을 새가 지저귀듯이 많은 사람을 대상으로 "지금 일어나고 있는 일"을 전파하는 유용한 수단이다. 블로그의 성격이 있으나 글자 수가 140자(한국어)로 제한되어 있어 마이크로블로그로 분류되고 있다. 이러한 특성을 가진 트위터는 매슬로우의 욕구위계 이론 중에 존경의 욕구와 관련이 있다.

자신에게 지금 일어나고 있는 일을 트윗 방식으로 전파하려면 자신감 있게 게시할 수 있어야 한다. 타인의 트윗을 존중하고 소통함으로써 총체적으로 자아존중감이 강조된다.

블로그, 텀블러, 워드프레스는 자기실현 욕구와 관련이 있는 서비스들이다. 블로그는 개인이 스스로 가진 느낌이나 품어오던 생각, 알리고 싶은 견해나 주장 같은 것을 웹에 일기처럼 차곡차곡 적어올려서, 다른 사람도 보고 읽을 수 있게 열어놓은 글들의 모음이다. 텀블러는 블로그와 SNS의 중간쯤 되는 마이크로블로그 서비스다. 일반적인 블로그들과는 달리 접근이 쉽고 re-blog와 "I like" 기능으로 인하여 정보의 전파가 빠르다. 워드프레스는 아름다움, 웹 표준, 사용성에 중점을 둔 최신 기술의 시맨틱 개인 출판 플랫폼이다. CMS(Content Management System)로 블로그와 같은 웹 콘텐츠를 손쉽게 관리할 수 있는 도구라고 할 수 있다.

블로그와 텀블러 모두 자발적으로 자기를 알리기 위해서 사용되는 것이다. 댓글을 달고 re-blog하고 "I like"를 누르는 기능들은 행동을 수용한 결과이며 결과적으로 편견이 감소하는 과정이다. 따라서 욕구위계 이론의 가장 마지막 단계인 자기실현의 욕구를 만족시키기 위한 행동이다. 워드프레스는 자발적인 노력으로 작업이 이뤄지는 성격을 가지며 인간의 가장 상위욕구인 자기실현의 욕구와 상관이 높다고 할 것이다. 프로그래머가 현재 자기가 개발하는 소셜미디어가 사람의 어떤 욕구를 만족시키기 위한 것임을 알 때 메타인지는 높아진다. 뿐만 아니라 어떤 소프트웨어나 소셜미디어를 개발해야 사람들의 욕구를 만족하는지에 대한 통찰을 얻을 수 있다.

산업혁명의 진행

KAIST 안상희, 이민화 팀은 산업혁명의 진행 과정을 매슬로우의 욕구위계 5단계로 설명했다. 기계가 등장하기 전에는 저효율의 공급부족 경제 상태로, 모든 것을 수공업으로 만들었다. 1차산업 혁명을 통해 효율이 증대돼 기본적인 요구인 생리적인 욕구가 충족됐다. 2차혁명인 전기혁명은 기계 자동화를 더 효율적이고 생산적으로 이루어지게 하면서 대량생산을 가능하게 했다. 이에 따라 냉장고, 세탁기와 같은 가전 활용이 대중화되어 안전에 대한 욕구가 충족되었다. 결과적으로 식품의 장기보존과 위생이 개선되어 2차산업혁명은 인간의 육체적 노동문제와 생리·안전에 대한 욕구와 상관이 높다고 할 것이다. 이후에 인터넷이 대부분 국가에 보급되면서 국경을 넘어 다른 사람과의 소통을 통해 관계의 욕구를 확장하기 시작했다.

3차산업혁명인 정보화 혁명이 시작되면서 소셜미디어 서비스 등이 지구촌 전체를 하나의 연결을 통해 누구든지 의사소통을 할 수 있게 된 것이다. 앱 경제와 다양한 형태의 애플리케이션이 등장하면서 소셜미디어와 관련된 여러 직업이 생겨났다.

다음 그림은 산업혁명별로 역할을 설명한 모델이다. 인류가 축적한 인간 심리 요소의 구현과정을 상징적으로 표현했다. 욕구위계 이론에 대한 ICT 관점 세 가지는 인본주의 심리학이 가리키는 방향을 충실히 따라간 IT엔지니어들에 의해서 관점의 변화와 발전이 이뤄졌음을 보여준다. 매슬로우는 소수의 사람만이 욕구위계 이론의 최상위에 있는 자기실현 욕구에 도달한다고 설명했다.

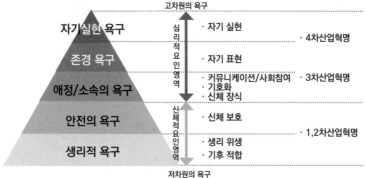

욕구위계 기반 산업혁명별 역할

출처 : "4차산업혁명이 일자리에 미치는 영향", 한국경영학회 제18회 경영관련학회 통합학술대회발표집, p.2356 재구성

    이제 프로그래머는 지능을 구현하는 첨단기술의 창조자이자 생산자이다. 지식의 창조자로서 4차산업혁명의 흐름을 안내하는 역할에 프로그래머의 윤리의식이 크게 영향을 미친다. 프로그래밍에 대한 메타인지는 지능정보사회를 어떻게 발전시킬지에 대한 윤리적 가치와 연관된다. 개발자가 개발한 인공지능이 인류의 안전과 욕구에 기여하도록 이끌 수 있기 때문이다.

    지능정보화 사회가 욕구위계 이론의 가장 마지막 단계인 자기실현의 욕구에 도달하도록 도울까? 아니면 방해하는 방향으로 진행되지는 않을까? 이 질문에 대한 대답은 프로그래머와 IT엔지니어들이 어떻게 대응하는가에 달려있다고 할 것이다.

소프트웨어 개발주기에 적절한 성격유형이 있다

소프트웨어 개발단계를 구분하는 전통적인 방법은 분석-디자인-프로그래밍-테스트-유지보수 5단계의 과정으로 설명된다. 이 개발 프로세스에 적합한 성격 관련 연구는 IT엔지니어들의 진로 탐색과 프로젝트 생산성 향상에 활용된다. 2000년대에 들어서면서 소프트웨어 개발주기와 성격의 연관성에 대해 많은 연구가 진행되었다. 이 연구들은 다섯 개의 개발 프로세스에서 요구되는 각각의 업무 요구사항에 적합한 소프트 스킬(soft skill)과의 연관성을 찾아내고 적합한 MBTI 선호 유형을 찾아가는 방식의 연구로 이루어진다. 즉, 각 소프트웨어 개발단계에서 요구되는 업무 요구사항을 정의하고 여기에 적합한 소프트 스킬을 매칭시킨다. 이 연구에서 사용하는 소프트 스킬의 목록은 다음과 같다.

- 대화기술
- 대인관계
- 능동적 청취자
- 독립적으로 작업할 수 있는 능력
- 강력한 분석 및 문제해결 능력
- 변화에 대한 개방성과 적응성
- 혁신

- 조직화 기술
- 세부사항에 대한 사고대처와 정확한 주의
- 빠른 학습자
- 팀 플레이어

많은 초보 프로그래머들은 대화기술, 대인관계 기술과 같은 능력이 프로그래밍의 능력과는 상관이 없다고 여긴다. 그것은 문제해결을 통한 구현 기술만을 프로그래밍 능력의 기술로 인식하기 때문이다. 물론 초보 프로그래머의 단계에서는 그것이 더 중요할 수도 있다. 여기서 알아두어야 할 것은 모든 프로그래밍 기법들을 익힌 프로그래머란 없다는 것이다.

프로그래머라면 누구나 현장에 투입되는 즉시 공동작업자와의 대화 기술(communication skill), 대인관계 기술(interpersonal skill), 능동적인 청취자(active listener)의 역할이 필요하게 된다. 다음으로는 독립적으로 작업할 수 있는 능력(ability to work independently)이 필요하다. 프로그래밍 자체를 제작하는 과정은 혼자만의 작업이기 때문이다. 그리고 강력한 분석 능력과 문제해결 능력(strong analytical and problem solving skills)이 필요하다. 프로그래머는 주어진 문제를 분석하고 해결하는 능력이 매우 중요하기 때문이다.

프로그래밍을 위하여 주어진 프로그램이 일상의 행정업무일 수도 있고 복잡한 회계업무일 수도 있다. 통계분석 업무일 수도 있으며 지능을 구현해야 하는 문제일 수도 있다. 이것들을 해결하기 위해서는 정말로 강력한 분석 능력과 문제해결 능력이 요구된다.

다음은 변화에 대한 개방성과 적응성(open and adaptable to changes)이다. 많은 프로그래머는 주어진 과제만 잘 구현하면 된다고 생각할지 모른다. 왜 변화에 대한 개방성과 적응성이 소프트웨어 개발에서 필요한 스킬일까? 아쉽게도 여러 가지 이유로 프로젝트 진행 과정에서 과제의 세부사항이 바뀐다는 점 때문이다. 그래서 변화에 대한 개방성과 적응성이 중요시되는 것이다.

다음 필요한 능력은 혁신(innoviation)이다. 모두 다 아는 바와 같이 프로그래머는 이제 인공지능 프로그램까지도 작성해야 한다. 그동안 진력해왔던 구조적 프로그래밍, 절차적 프로그래밍, 함수형 프로그래밍과 패턴 부합(pattern matching) 프로그래밍에서 벗어나 인공지능과 자연어 처리를 위한 '지능의 기계모의'를 해야 한다.

구조적 프로그래밍, 절차적 프로그래밍은 컴퓨터가 수행할 작업을 특정한 명령을 사용해서 일일이 지시하는 명령*의 형식을 가진다. 함수형 프로그래밍과 패턴 부합(pattern matching) 프로그래밍은 원하는 결과(what)만을 서술하는 것으로 선언[†]의 형식을 가진다. 대부분의 컴퓨터 프로그래머가 훈련을 통해서 이 두 가지 서술형식을 학습한다. 그러나 인공지능 프로그래밍과 자연어 처리 프로그래밍은 함수형과 선언형과는 전혀 다른 논리형식[‡]으로 문제를 해결한다. 이러한 문제해결 과정을 우리는 패러다임이라고 한다.

컴퓨터 패러다임은 프로그래밍 세계를 바라보는 관점으로 일

---

* 명령형 패러다임이라고 한다.
[†] 선언형 패러다임이라고 한다.
[‡] 논리형 패러다임이라고 한다.

프로그래머는 왜 심리문제에 골몰하는가?
메타인지를 위한 프로그래밍 심리학

정한 개념과 관행의 집합으로 문제에 접근하는 방식, 사용하는 기법, 문제를 풀이하는 구조와 방향을 안내하게 된다. 이러한 과정에서 프로그래머는 문제 해결을 위한 사고의 혁신, 학습의 혁신이 요구된다. 예를 들어 컴퓨터 프로그래머가 더 깊은 통찰을 가지고 성장하기 위해 심리학 요소를 프로그래밍 기술에 접목하려고 이 책을 읽는 것이 혁신의 일환일 수 있다.

IT엔지니어들은 현실 세계의 일부를 가상의 기계 속에서 구현하여 동작시킨다. 그 과정에서 기업을 창업하기도 하고 협업할 대상을 찾기도 한다. 그 과정 자체가 조직화 기술(organization skill)이다. 만일 프로그래머가 세부사항에 사고대처와 정확한 주의(pay thorough and acute attention to details)를 하지 못한다면 어떻게 될까? 프로그램의 컴파일 자체가 안 될 것이다. 그래서 세부사항에 대한 사고대처와 정확한 주의에 관련된 능력이 매우 필요하다.

빠른 학습자(fast learner)도 마찬가지이다. 프로그래밍과 관련된 모든 기술을 알고 있는 전문가란 없다. 필요할 때 빠르게 학습하는 방법을 아는 것도 중요한 능력인 것이다.

마지막으로 팀 플레이어(team player)로서의 능력이 필요하다. 이는 현대사회에서 가장 필요한 스킬이며 IT엔지니어에게 매우 필요한 역량이다. 이제 소프트웨어 개발의 다섯 가지 과정과 11개의 스킬이 서로 어떤 상관관계가 있는지 살펴보자.

소프트웨어 분석

시스템 분석 단계는 구성 요소의 식별능력이 높게 요구되며 소프트웨어 시스템의 분해 능력이 뛰어나야 한다. 이 단계에서는 시스템 분석가로서 사용자의 요구를 고려하여 시스템의 필수적인 기능을 이해하고, 이러한 요구사항을 충족하는 추상 애플리케이션 모델을 만들어야 한다.

소프트웨어 분석 과정에 필요한 기능 중에서 소프트 스킬과 일치하는 부분은 '대화기술'과 '대인관계 기술'로서 MBTI 유형으로는 내향(I)보다는 외향(E)으로 에너지를 관리하는 사람이 더 적절하다. 외향적으로 에너지를 소모하는 사람들은 항상 외부와 소통하고 관계하므로 대화기술과 대인관계 기술이 좋다. 의사결정 과정은 사고(T)형보다는 상대방의 정서를 고려하여 의사결정하는 감정(F)형의 기능을 가진 사람이 더욱 유리하다. 왜냐하면 분석 과정은 대상업무를 수행하는 인력들과의 상호작용으로 이루어지기 때문이다. 따라서 ESTJ, ESTP, ENTJ, ENTP 성격유형의 소지자를 배치하는 것이 효율적이다.

소프트웨어 설계

소프트웨어 설계자는 넓게 볼 수 있는 능력이 필요하다. 전체 설계의 조그마한 변화가 세부사항 프로그래밍에서 많은 양의 코드 수정이 발생하게 되고 그에 따라 엄청난 추가 비용과 개발의 시간이 낭비될 수 있다. 따라서 소프트웨어 설계자는 각 세부 프로그램들이 전체 구조에 어떤 영향을 미치는가를 직관적으로 이해하고 관리할 수 있어야 한다.

소프트웨어 설계에서 적합한 여러 기능 중에 소프트 스킬과 매칭되는 것은 '강력한 분석 및 문제해결 능력'과 '혁신'이며 이에 주로 필요한 MBTI 성격유형은 직관(N)형과 사고(T)형이다. 미래를 조망하고 전체 구성과 구조를 파악하여 정보를 수집하는 직관(N)형이 업무에 유리하다. 즉, 많은 양의 자료 중에서 관련 항목을 정확하게 분리할 수 있어야 한다. 이 과정에서 상상력을 지닌 혁신적 성향의 사람들로서, 설계에서 직관적 능력을 보여야 한다.

소프트웨어 설계자는 프로토타입을 포함하는 작업(task)과 처리 기능을 정교화하며 입력 및 출력을 정의하는 등 넓은 범위를 수행해야 한다. 이 단계에서는 주문자와 팀 내의 토론으로 상호작용이 이루어져야 한다. 분석단계에서 필요한 것과 유사한 기술을 필요로 한다. 소프트웨어 설계 단계에서 필요한 또 다른 기능은 강력한 분석 및 문제해결 능력이다.

분석과 문제해결 능력은 MBTI 성격유형의 네 가지 지표 중에서 의사결정 기능과 관련이 있다. 의사결정 기능은 심리 내적 기능으로 외부로 잘 들어내지 않는다. 감정(F)형은 주변에 사람의 정서를 고려하여 의사결정을 하며 사고(T)형은 합리적 이유와 논리적 이유를 통해 의사결정을 한다. 소프트웨어 설계에서 필요한 기능으로 보면 사고(T)형이 더 적절하다. 따라서 INTJ, INTP, ENTJ, ENTP의 성격유형이 담당하면 될 것이다.

프로그래밍

프로그래밍은 프로그램 설계 목록을 세련되게 해석하는 것을 포함한다. 이 단계는 제어 구조, 관련 변수 및 데이터 구조의 식별뿐만 아니라, 프로그래밍 언어의 구문과 특성의 상세한 이해가 필요하다. 프로그래머는 명령형 프로그래밍 패러다임을 주로 사용할지, 선언형 프로그래밍 패러다임을 주로 사용할지, 논리형 프로그래밍 패러다임의 인공지능 프로그램을 주로 사용할지 세부 과정을 결정하고 실제 코드로 만드는 정제 과정을 수행한다.

이와 매칭되는 소프트 스킬은 '독립적으로 작업할 수 있는 능력', '강력한 분석 및 문제해결 능력', '세부사항에 사고대처 및 정확한 주의'이다. 따라서 프로그래머는 세부사항에 집중하고 논리적이고 분석적인 사고 스타일을 유지해야 한다. 이 일은 MBTI의 내향(I)형이 외향(E)형보다 더 적절한 수행을 한다. 프로그래밍 과정에는 내적으로 깊은 사고가 필요하기 때문이다.

정보수집 기능인 감각(S)형과 직관(N)형 중에는 프로그래밍 과정이 세세하게 정보를 수집하는 기능인 감각(S)형이 통합적으로 정보를 수집하는 직관(N)형보다 프로그래밍에 더 효과적인 기능이다. 의사결정 기능은 주변 사람들의 정서를 고려하여 의사결정을 하는 감정(F)형보다는 논리적으로 정서를 배재하고 판단하는 사고(T)형이 더 적합할 것이다. 따라서 ISTJ, ISTP의 두 성격유형의 소지자를 배치하는 것이 효과적이다.

테스트

테스트 단계에서는 소프트웨어의 결함을 찾는다. 결함 발견이 이루어지는 주요 단계인 것이다. 이 단계의 주요 초점은 가능한 많은 결함을 찾아내는 것이다.

각 모듈을 다른 구성 요소들과 분리하여 개별적인 실험을 하는 테스트, 다양한 예상 입력과 모듈 기능에 적합한 통합 테스트, 검증 및 전체 소프트웨어가 제대로 작동하는지 확인하는 시스템 테스트 과정으로 구분된다. 테스트 전략은 조직적이며 체계적으로 접근해야 한다. 결함이 발견된 후, 디버깅은 프로그래밍의 과정에서의 의사결정을 조정, 변경하도록 소프트웨어 엔지니어를 이끌 수 있어야 한다.

소프트웨어 테스트 단계는 소프트 스킬 중에서 '조직화 기술'과 '세부사항에 사고대처 및 정확한 주의'에 해당된다. 이 기능에 적절한 MBTI 유형으로는 정보수집 기능과 의사결정 기능이다. 두 가지 기능 모두, 발달하거나 잘 변화되지 않는 내적 심리 기능이다. 정보수집 기능은 직관(N)보다는 세세하게 사물의 정보를 수집하는 감각(S) 기능이 '세부사항에 사고대처 및 정확한 주의'에 적절한 기능이다. 의사결정 기능은 감정(F)보다는 사물과 사건이 내용을 냉정하게 고려하는 판단(J)의 기능이 주로 필요하다. 따라서 소프트웨어 테스트 단계를 담당하는 데 적절한 MBTI 성격유형은 ISTJ, ISTP, ESTJ, ESTP이다.

유지보수

소프트웨어는 완성 후에도 지속적으로 변경될 수 있을 뿐만 아니라 운영하는 동안 시스템의 유지보수를 위해 내용이 변화하는 특성이 있다. '세부사항에 사고대처 및 정확한 주의', '변화에 대한 개방성과 적응성'의 소프트 스킬이 유지보수에 적합한 기술이다. 따라서 유지보수의 원활함과 소프트웨어 시스템 향상에 필요한 작업을 수행하는 데에는 실제 현실과 관찰력을 효과적으로 유지하는 감각(S) 유형의 사람들이 적응을 잘한다.

모든 가능성을 탐구하고 변화와 적응에 더 개방적인 사람들이 유지보수를 즐기며, 사용자가 요청하는 일정에 더 공감적으로 대응한다. 그런 사람들은 실제적인 문제를 해결하고 프로그램과 시스템의 변화를 즐기기를 좋아하기 때문에 문제 해결 능력과 실무 접근 방식은 유지보수를 위해 훌륭한 자원이 된다. 이러한 역할에 대응되는 인식(P)이 적절한 유형이 되는 것이다. 종합적으로 보면 감각(S)과 인식(P)의 기능이 주로 필요한 기능이다. 따라서 ISTP, ISFP, ESTP, ESFP의 성격유형이 유지보수 업무에 적합할 것이다.

소프트웨어 수명 주기와 성격유형

각 단계와 가장 관련이 있는 성격유형에 따라 소프트웨어 라이프 사이클 모델의 다섯 가지 주요 단계를 도식화할 수 있다. 다음 표는 특정 성격유형이 어디에 더 영향을 미칠 수 있는지를 개념화한 프레임워크(framework)이다. 이 모델에서 소프트웨어 수명 주기의 단계를 시스템 분석, 설계, 프로그래밍, 테스트와 유지보수의 5단계로 본다.

성격유형과 소프트웨어 개발주기

성격유형	software life cycle stages				
	분석	디자인	프로그래밍	테스팅	유지보수
외향(E)	∨				
내향(I)			∨		
감각(S)			∨	∨	∨
직관(N)		∨			
사고(T)		∨	∨		
감정(F)	∨				
판단(J)				∨	
인식(P)					∨

출처 : IT엔지니어의 심리유형에 맞춰진 소프트웨어 개발 프로세스 교육 및 협업 능력 향상 방안

5단계에 영향을 미친다는 성격유형 배후 이론은, 더 많은 소프트웨어 생명 주기의 일부 단계에 영향을 미칠 가능성이 있다는 것을 의미한다. 또 각 단계와 가장 관련이 많은 성격유형을 보여준다. 이것은 하나의 단일한 성격유형을 가진 엔지니어가 모든 다양한 스펙트럼의 작업에 모두 어울리지는 않는다는 것을 알려준다. 반대로 어떤 유형은 소프트웨어 개발주기 각각에서 매우 중요한 전문가가 될 수 있다는 것을 알 수 있다.

소프트웨어 프로젝트 작업을 할당할 때, 개발 공정에 적절한 성격유형의 엔지니어를 배치하는 것은 프로젝트 성공에 유익하다. 즉, 소프트웨어 개발 공정에 성격유형의 다양성이 필요하다는 뜻이다. 기술과 성격 특성의 다양성은 소프트웨어 개발 및 유지보수

와 관련된 수많은 문제를 해결해줄 것이다. 또한 다양한 성격유형을 보유한 조직은 팀의 구성에 있어서 강한 팀을 구축할 수 있다. 강력한 팀은 다양한 관점을 가지게 되기 때문에 소프트웨어 엔지니어의 스타일이나 개성을 다양화하기 위한 의도적인 시도를 할 수 있을 것이다. 즉, 프로그래밍 심리학을 활용한 소프트웨어 공정의 이해와 자기 탐색, 팀 빌딩은 다양성을 강화시켜 능률적 협업을 가능하게 한다.

소프트웨어 공정에 적합한 성격유형 배치가 실무현장에서 매우 어려운 일이 될 수 있다. 전문가를 배치하여 운영할 수 있는 구조가 마련되지 않는 기업의 프로그래머라면 자신에게 적합한 공정을 시작으로 다른 공정을 익혀 나가기를 권한다. 다양한 성격유형의 인력을 보유한 기업이라도 성격유형과 공정의 선호도에 따른 배치만을 고집하면 전공정에 익숙해야 하는 시니어 엔지니어나 분석가를 만들어낼 수 없다. 성숙한 팀 리더라면 전체 공정을 경험해야 하는 것이다. 그러한 리더라면 자신이 약한 공정의 탐색에 유용한 자료로 활용할 수 있다.

MBTI 성격유형론은 어떤 유형이 우월하거나 열등하다는 의미를 내포하지 않는다. 각 유형 각각이 고유의 향기와 특징을 가지고 있으며 각각의 기능이 순기능적으로 사용될 때 건강한 삶을 영위할 수 있다고 설명한다. 소프트웨어 개발 과정 각각의 위치에 적합한 성격유형의 탐색은 자기 기능이 업무에 어떻게 배치되는 것이 적절한지를 나타낸다. 그러면서도 공정 전체는 팀원 모두가 진행하는 정신 과정이라고 해석되어야 한다.

그들은 왜 심리문제에 골몰하는가?

프로그래머가 심리문제에 골몰하는 이유는 크게 다섯 가지이다. 이것은 오랫동안 발전하는 과정속에서 정립된 심리학의 하위분류와 일치한다. 다섯 가지 이유를 살펴보자.

1. 컴퓨터, 소프트웨어, 인공지능의 개발이 심리탐구의 결과물이기 때문이다.
2. 인간 기능의 구현과 측정을 위해 정보기술과 지능정보기술 활용이 급격히 늘고 있기 때문이다.
3. 프로그래머 개인의 사회 심리역량이 그의 성공과 매우 관련이 높기 때문이다.
4. 프로그래밍 과정이 프로그래머 성격 특성과 심리역량에 영향을 받는 깊고 내밀한 심리 작업이기 때문이다.
5. 프로그래밍 학습이 메타인지로 발전한다는 것을 프로그래머들이 막연하게 알고 있기 때문이다.

프로그래머는 컴퓨터 기술이 심리연구의 결과물이라는 것을 반복적으로 접하게 된다. 프로그래머는 그 원리를 배우는 과정에서 컴퓨터 개발 초기의 컴퓨터 구조를 학습하게 된다. 앨런 튜링(Alan Turing)과 존 폰 노이만(John von Neumann)이 인간의 사고를 모의했다는 데에서 컴퓨터 구조의 설명이 시작된다. 그후에 소프트웨어 학습 시 명령형 언어와 선언형 언어의 차이점을 배우면서 다른 방식의 사고모의를 학습하게 된다. 뿐만 아니라 인공지능 이야기를 통해 인간의 신경망 동작을 모의했다는 주제를 접하고 객체지향이 인공지능의 개발 과정에서 만들어진 것을 알게 된다.

그다음에는 연역적 추론 및 귀납적 추론과 같은 인간의 고등한 정신 능력을 프로그래밍으로 작성하는 문제에 다다르게 된다. 산업현장에서 중견 기술자로 성장하면서는 페어 프로그래밍과 같은 협업도구를 통한 인간관계 속에서의 밀접한 상호작용을 경험한다. 그 과정에서 프로그래밍 방식의 효과적 방법들을 습득한다. 그 자체가 프로그래머들 간에 긴밀한 정신적 상호작용을 필요로 한다는 것을 깨닫게 되는 과정이다. 아울러 지식표상의 활용 방법에 익숙해진다.

프로그래머는 학습과정에서 끊임없이 심리학을 넘어 인지공학적 문제인 인간사고의 방식을 배경에 둬야 한다는 것을 조금씩 알게 된다. 명확하게 심리문제로 인식되지는 않지만 인간사고, 인간 신경세포의 동작에 반복적으로 노출된다. 최근에는 고등 사고 모델인 양자로직 게이트를 활용한 양자컴퓨터의 출현으로 양자 함수를 통해 사고모의를 해야 하는 상황까지 발전하고 있다.

프로그래머는 모두가 궁금해 하며 우리 사회에 강력하게 영향을 미치는 인간의 심리 요소를 측정하는 지능정보기술의 최신동향들을 알게 된다. 너무 세밀해서 정확히 몰랐거나 무의식 수준에서 벌어지는 일들을 측정하는 일들이 대표적이다. 카카오톡의 특정 대화상대와 썸타는 관계인지 확인할 수 있는 앱, 안면인식기술로 정치적 성향을 측정하는 문제, 행복도를 측정하는 명찰형 패드, 페이스북에 좋아요(like)를 클릭하는 것으로 성격이 측정되는 것들이다. 이 모두는 지능정보기술이 인간의 무의식 수준에서 벌어지는 일들의 측정이나 구현과 관련이 있다. 꾸준히 확대되고 있는 무의식 정보의 측정과 관련된 내용들을 계속 접하게 되면서 심리문제에 대해 더욱 관심을 가지게 된다.

프로그래머는 스티브 잡스와 같은 창의적 경영자를 따라 배우라는 주변의 압력과 분위기에 항상 노출되어 있다. 누구든 평생 동안 하위직 프로그래머로만 종사할 수는 없을 것이다. 중견 프로그래머로 성장하거나 창업을 모색하거나 CIO와 같은 관리자의 길을 걷게 된다. 어느 경우든 소프트웨어 개발 과정의 각 공정에 적합한 능력을 보이는 주변 사람을 보면서 자연히 각 과정에 가장 적합한 기술자를 배치할 필요성을 느끼면서 심리에 대해 막연한 관심이 생기게 된다.

창업하는 경우는 기업의 사회적 안정을 가장 우선하여 추구해야 하는 과제를 안게 된다. 그때 대학 시절이나 인터넷에서 쉽게 접할 수 있는 심리학 이론인 심리학자 매슬로우의 욕구 위계이론을 프로그래머의 세계에 적용한 IT 생존성 문제를 고민하게 된다. 성공한 벤처기업가는 사회적 존중을 받게 되고 해당 욕구의 만족을 넘어서 사회이상과 같은 새로운 산업으로 발전시키고자 자아실현의 욕구에 도전하게 되기도 한다*.

경영 정책 결정을 위해 소셜미디어를 통한 마케팅이나 사업 확장을 모색하는 경우도 생긴다. 개발자 시절에는 소셜미디어를 개발해야 하는 경우도 발생한다. 어떤 경우이든지 소셜미디어들의 특성이 심리적 역할로 분류된다는 것을 알게 된다. 이것들은 사회 심리학에서 다루는 문제들이다. 그러나 심리학을 체계적으로 알지 못하는 컴퓨터 기술자들로서는 단편적인 지식이나 일시적 관심에 머물 수밖에 없다. 그럼에도 점점 심리문제에 대한 연관성에 대한 의문을 떨쳐버리지 못한다.

---

* 예를 들면, 일론 머스크, 스티브 잡스, 제프 베조스와 같이 새로운 산업을 일으키는 경우를 말한다.

프로그래머들은 프로그래밍 과정이 자신들의 성격 특성에 영향받을 수 있다는 것을 조금씩 깨닫게 된다. 특히 대중적으로 잘 알려진 MBTI 성격 검사에서 성격별로 적절한 특성을 알게 된다. 어떤 성격군은 창업에 대해 깊은 관심을 보이는가 하면 어떤 유형은 협업적인 역할에 더욱 충실한 태도를 보이는 것을 알게 된다. 특히 개발자들은 자연스럽게 그릿 향상법에 관심을 가지게 된다. 그릿이 추구하는 "끝가지 포기하지 않는 투지와 끈기"는 역경의 과정을 겪는 개발자들의 호기심을 자극하기에 충분하기 때문이다.

CIO와 같은 C-level로 성장한 프로그래머나 관리자는 자신의 성장을 위해서 SW·AI기술 분야가 요구하는 혁신에 자신의 성격 특성이 발휘되기를 바라면서 일에 몰입한다. 일년내내 과중한 업무에 지쳐 있는 C-level들은 스스로 어려움을 극복하기 위해서 또는 소진되는 에너지를 보충하기 위해 전문 칼럼니스트의 칼럼에 관심을 가진다. 이때 외향형 C-level들이 절대다수가 아니라는 점에 대해 매우 놀란다. 어떤 경우에는 소진되는 에너지를 보충할 방법을 찾지 못해 번아웃을 겪고 심지어 SW·AI업계를 떠나는 일도 비일비재하다. 많은 프로그래머들과의 상호작용을 해야 하는 내밀한 업무 특성으로 인하여 벌어지는 일들이다.

프로그래머 리더로 발전한 이들은 자신의 프로그래밍 학습*의 성과에 대한 자부심으로 팔로어를 리드하지만 결국 모두 세세하게 가르치기 어렵다는 것을 느끼고 효과적인 학습법에 관심을 가지게 된다. 특히 자신의 초보 프로그래머 시절이나 대학 시절에 효과적인 학습방법을 제공받지 못했음을 절감한다. 그렇게 프로그래밍 교육에 대한 비판이

---

* 학습도 학습심리로 설명된다.

강화되면서 프로그래밍을 효과적으로 학습하는 문제에 관심을 가진다.

이와 같이 프로그래머는 자신의 사회적 역량이 집중되는 모든 기간 동안 심리문제에서 벗어날 수 없다. 모두 직접적으로 다루거나 취급한 경험이 없으므로 무의식적인 영역에 남게 된다. 여전히 심리문제가 매우 중요하다는 것을 생각하게 된다. 그러나 공학적 문제해결식 사고를 중심으로 가르치는 방법론만으로 프로그래밍을 배운 프로그래머들은 심리문제가 어떻게 구별되며 연계되는지 체계적이고 효과적인 방법을 알기 어렵다.

심리학 영역에서는 제공되지만 이것이 어떻게 컴퓨터 기술과 연계되는지 심리학자들은 알지 못한다. 많은 프로그래머와 IT엔지니어들이 심리학에 관심을 가지지만 인간 존재적 사고방식으로 설명하는 심리학 내용을 컴퓨터 기술과 어떻게 연결할 수 있는지 힌트조차 얻기 어렵다. 이 책은 앞서 이야기한 다섯 가지를 다음과 같이 심리학의 영역으로 설명한다.

1. 프로그래밍 사회심리
2. 프로그래밍 성격심리
3. 프로그래밍 인지심리
4. 프로그래밍 응용 인지심리
5. 프로그래밍 학습심리

이 분류는 심리학 하위영역의 분류와 유사하다. 프로그래밍이란 컴퓨터 기술자들이 해결하고자 하는 문제를 컴퓨터 소프트웨어로 구현하는 기술이다. 여기에 심리란 개념이 더해진 프로그래밍 심리학의 정의는 혼란스러워지게 마련이다.

프로그램을 짜는 행위는 프로그래머의 발달, 학습, 성격, 사회적 상호작용 등과 서로 관련성이 높다. 두 학문이 문제해결식 사고와 인간중심적 사고로 각기 다른 특성으로 발전하여 통합하는 데 쉽지 않은 점이 있다. 인공지능과 빅데이터 기반의 지능정보화 사회가 도래하면서 컴퓨터공학이 아닌 전공자들도 프로그래밍을 하는 상황이 발생했다. 이에 따라 프로그래밍으로 인간과 기계, 인간과 인간의 상호작용을 보다 효과적으로 할 수 있도록 프로그래밍 심리학의 중요성이 부각되고 있는 것이다. 최근 고려대학교 심리학과는 이과 문과 학위 모두를 수여하는 방향으로 학사 개혁을 하였다. 한양대학교에서는 뇌 심리학과와 인공지능학과를 하나의 학부로 구성하여 심리학과 컴퓨터공학의 통합을 시도하고 있다. 연세대학교에서는 인공지능대학 신설을 추진하고 있으며 다양한 학문을 통합하는 형태의 인공지능대학이 될 것으로 기대된다. 인공지능 연구를 위해 심리학을 체계적으로 다뤄야 할 정도로 빠르게 컴퓨터공학과 심리학이 통합되고 있다.

프로그래머의 발달과정에 적합한 성격 찾기

IT엔지니어에게 적절한 성격유형이 존재할까? 만일 없다면 역할
에 따른 적절한 유형이 존재할까? 답을 먼저 이야기하자면 IT엔지
니어의 발달단계에 따라서 적절한 성격유형을 분석심리학으로 분
석할 수 있다. 일반적으로 IT엔지니어는 다음과 같은 과정으로 성
장*한다.

- 프로그래머 팔로어 (Follower)
    1) 대학생과 같은 학습자나 코더 (Coder)
    2) 주니어 프로그래머 (Junior Programmer)
- 프로그래머 리더 (Leader)
    3) 시니어 프로그래머 (Senior Programmer)
    4) 치프 프로그래머 (Chief Programmer)
- 시스템 설계 및 분석가
    5) 시스템 설계자 (System Designer)
    6) 시스템 분석가 (System Analyzer)
- CIO 또는 관리자
    7) 프로젝트 관리자 (Project Manager)
    8) CIO (Chief Information Officer)

---

* 심리학에서는 발달이라고 설명한다.

일반적으로 IT엔지니어는 8단계를 거쳐 성장한다. 코더는 프로그래밍과 관련 지식을 배우는 대학생이나 관련 지식을 이해하는 수준의 엔지니어를 칭하는 말이다. 프로그래머보다 좀 더 기술적으로 가벼운 쪽을 담당하는 사람이다. 플로우차트(flowchart)를 보고 그대로 1:1 매치가 되는 특정 프로그래밍 언어로 코딩하거나 html 페이지에 동적인 부분을 삽입하는 것과 같은 일을 하는 사람을 말한다. 하지만 실제로 직능을 별도로 구분하고 있지는 않다. 따라서 경험이 없이 새로 입사한 프로그래머를 일컫는 개념으로 이해하면 좋을 것이다. 코더나 주니어 프로그래머는 독립적으로 프로그래밍을 수행하기 어렵고 규모가 있는 프로젝트의 한 부분을 시니어 프로그래머의 지시, 감독, 도움을 받는다. 이 책에서는 코더와 주니어 프로그래머를 프로그래머 팔로어(Programmer follower)라고 그룹핑했다.

주니어 개발자로서 일정한 양과 질의 프로젝트에 참여하고 프로그램에 기술적 문제 이외에 팀을 주도하고 조정하는 능력을 갖추면 시니어(Senior) 개발자가 된다. 전체 프로젝트의 디자인 능력을 갖추어나가는 개발자로 성장하는 것이다. 복수의 팀을 주도하고 조종하며 힘들이지 않고 팀원의 코드에 대한 문제해결을 할 수 있는 프로그래머를 치프(Chief) 프로그래머라고 하며 소프트웨어 마스터라고도 불린다. 시니어 프로그래머와 치프 프로그래머는 모두 프로그래머 리더(Leader)라고 그룹핑했다. 프로그래머 리더는 수행하는 프로젝트에 자신의 프로그래밍에 대하여 자신만의 철학과 사상을 적용할 수 있게 된다.

주니어 프로그래머나 치프 프로그래머로서 구현능력을 충분히

프로그래머는 왜 심리문제에 골몰하는가?
메타인지를 위한 프로그래밍 심리학

갖춘 후에는 시스템 설계자 및 분석가로 성장한다. 시스템 설계 및 분석가는 컴퓨터 응용 시스템의 구축과 운영을 원활히 하도록 시스템의 전반을 분석, 연구, 설계, 관리하는 사람이다. 일의 과정은 크게 분석과 설계 단계로 나뉜다. 기업, 병원, 공공기관들과 같은 고객들의 요청으로 시스템 구축을 하기 위해 고객들의 요구사항을 확인한다. 치프 프로그래머나 하드웨어 및 네트워크 운영자들과 협력하여 시스템에서 수행해야 할 특성과 기능을 분석하고 이에 따라 비용을 산정한다. 더불어 시스템의 운영에 필요한 컴퓨터 하드웨어의 구성과 용량, 소프트웨어 구성 형태, 데이터베이스의 규모, 통신망의 크기와 적합성, 보안문제의 적절성을 평가한다. 또 이에 따른 하드웨어와 소프트웨어의 작업 철차와 진행 일정을 검토하고 프로세스를 만든다. 일반적으로 고객관리시스템, 의료정보시스템, 행정정보시스템, 교육행정시스템, 사이버 교육시스템, 전자입찰시스템, 인터넷뱅킹시스템, 재고관리시스템, 고객관계관리시스템, 지식관리시스템, 인적자원관리시스템, 공급망관리시스템, 기업 간 어플리케이션 통합시스템, 전략적 기업경영시스템 등 매우 다양하다. 분석 단계에서는 시스템 분석가가 실시하고 설계 단계로 넘어가면 시스템 설계가가 진행한다.

이와 같은 준비 단계가 끝나면, 실제 구축 과정에서는 시스템 설계 안에서 제시된 대로 구현되고 있는지를 확인하고 일정에 맞추어 시스템 작업이 이루어지는지를 감독한다. 시스템 구축 후에는 안정된 운영 유무를 확인하고 시험 후 필요한 경우 수정 작업을 지시한다. 또 시스템의 운영 환경을 최적의 상태로 유지할 수 있도록 할 뿐만 아니라 시스템 사용자들을 위한 교육과 기술 평가를 실시한다.

　시스템 설계자와 분석가로서 성장한 후에 많은 사람들이 프로
젝트 매니저나 임원, CIO 및 관리자의 역할을 하게 된다. 프로젝
트 관리자(project manager)는 프로젝트의 성공적인 완성을 목표
로 움직이는 활동을 하는 사람이다. 프로젝트를 구성하는 각각의
활동계획을 입안하고 일정표 작성 및 진척 관리를 한다. 관리 기
준에 따라서 계획의 내용, 시스템의 품질, 진척 상황, 가격의 통
제 및 평가를 한다. 어떤 특정 정보 시스템의 개발을 목적으로 하
는 프로젝트에 대한 관리 업무 전반에 대한 관리 기준을 마련하고
계획의 내용, 시스템의 품질, 진행 상황, 비용 등의 통제와 평가
를 실시한다. 프로젝트 관리 활동은 작업계획, 위험도 평가, 작업
완료를 위한 자원 추정, 작업 조직, 인적/물적 자원 획득, 업무 할
당, 활동지시, 프로젝트 집행 제어, 진전보고, 결과 분석을 포함한
다. 정보시스템을 위한 프로젝트를 관리하려면 범위, 시간, 비용,
품질, 리스크를 잘 다루어야 한다.* CIO는 최고 정보관리자로서
최고 정보경영자, 최고 정보담당 임원이라고 하기도 한다. CIO는
CEO를 보좌하여 기업의 정보기술과 정보시스템에 책임을 지고
있는 중역으로 정보 전략을 세우는 것을 주임무로 한다.

　주요 4단계의 역할로 구분할 때 단계별로 성장하는 IT엔지니어
가 가지는 가장 적합한 성격유형을 분석심리학(MBTI 검사 도구)에
서 찾아보자.

---

* 위키백과

프로그래머는 왜 심리문제어 골몰하는가?
메타인지를 위한 프로그래밍 심리학

팔로어

왜 프로그래머로 첫발을 내딛는 사람에겐 독립적으로 일을 맡기지 않을까? 여러 이유가 있을 것이다. 사회에서 바로 일할 수 있는 적절한 인력을 대학교육이 양성하지 못하는 구조도 이유일 것이다. 이때는 일반적으로 하드 스킬(hard skill)이 부족한 상태이다. 또 IT프로젝트라는 것이 기본적으로 사람 간의 관계를 통한 작업이다. 이 과정에서 준비하는 시간적 공간적 여유를 두어야 하는 문제처럼 사회적 관계 경험의 부족도 영향이 있을 것이다. 이는 소프트 스킬(soft skill)의 부족 상태이다.

　이와 같이 하드 스킬과 소프트 스킬 모두가 부족한 프로그래머 팔로어 시기에 적합한 성격유형은 무엇일까? 초기에는 ISTJ가 가장 적절할 것이다. 프로그래머 팔로어가 업무에 배치되는 부분은 소프트웨어 개발주기 중에서 프로그래밍과 테스트에 집중되기 때문이다. 그 이후에는 개발 분석업무에 투입되느냐, 유지보수 업무에 투입되느냐에 따라 ESTJ나 ISTP의 성격 방향으로 발전하게 될 것이다.

리더

주니어 프로그래머로 초보적인 업무를 수행하면서 일정한 경험을 통해 능력을 인정받으면 팔로어를 이끄는 일을 하게 된다. 시니어 프로그래머로의 역할을 조금씩 익히게 되는 것이다. 자신의 팔로어 시절 경험은 시니어 프로그래머로 성장하는 데 중요한 토대가 된다. 시니어 프로그래머가 세세한 사물의 정보를 구체적이고 사실(Sensing)적으로 수집하는 방식의 정보수집 기능이 필요하다면 주니어 프로그래머나 치프 프로그래머는 인간관계를 맺고 유지하는 능력이 매우 필요한 시기이다.

내향(I)보다는 밖으로 에너지를 순환하는 외향(E)적 태도로 타인과 소통을 하는 능력이 필요하다. 정보수집을 위해서는 사물을 세세히 바라보는 능력인 감각(Sensing)적 태도가 여전히 필요한 시기이기도 하다. 의사결정을 위해서는 여전히 논리적이고 합리적인 사고(Thinking)의 의사결정이 필요하지만 상대방의 감정에 맞추어 의사결정을 할 필요성을 점차 느끼는 시기이다. 따라서 프로그래머 리더의 역할은 ESTJ, ESTP의 역할에서 ESFJ, ESFP로 발전하는 시기라고 할 수 있다.

시스템 설계자와 분석가

프로그래머 팔로어와 리더의 과정을 성공적으로 경험한 프로그래머는 다음으로 전체 시스템을 분석하고 설계하는 시스템 분석가와 시스템 설계자로 활동하게 된다. 이 시기에는 소프트웨어 개발 주기 전체에 대한 능력에 집중하는 것이 일반적이다. 시스템 설계 분석가는 자신의 내적 사고에 충분히 몰입하는 내향(I)의 시간에 많은 시간을 소모한다. 사물을 세세하게 바라봐야 할 뿐 아니라 시스템 전체를 하나의 시각으로 바라보는 직관(N)의 정보수집이 필요하기 때문이다. 의사결정은 합리적으로 사고(Thinking)하고 판단해야 한다. 따라서 시스템 설계 분석가는 ISTJ, INTJ의 성격 유형이 업무수행에 적절한 시기이다. 더 많은 역량(competence)를 요구하는 팀장의 역할도 수행해야 하는 것이다.

여러 사람의 장단점을 파악하고 조직의 능력을 증진시켜야 하는 팀장으로서 새롭게 요구되는 역량은 다른 팀과의 협상 능력과 팀원들의 정서를 살필 수 있는 능력이다. 그 능력은 의사결정 능력을 감정(Feeling)*으로 집행하는 유형이 적절할 것이다. 따라서 ENFP와 ENFJ의 능력에 가깝다.

ENFP들은 인간의 성장과 복지를 중요하게 여기며 또 다양한 사람들과 다양한 관점을 접할 수 있는 공간을 만든다. 친밀한 관계를 형성할 수 있고, 재미와 즐거움을 중시하기 때문이다. 또 아이디어를 장려하고 브레인스토밍을 통해 과제를 창출하고 시행한다. ENFJ는 공동의 이익 향상과 변화에 관심이 많다. 창의적이며 인간중심적이고 사교적인 분위기를 만들며 조화와 공감의 정신이 공유되는 환경을 추구한다.

CIO

CIO로 성장하는 사람은 통찰로 정보수집(iNitution)을 하는 능력이 필요하다. 이때 가장 적절한 유형은 ENTJ나 ENTP가 될 것이다. ENTJ는 전략을 세우고 일을 빠르게 추진한다. 복잡한 문제도

---

* MBTI에서의 감정은 정서에 가깝다.

논리적으로 분석하여 해결하며 이론적 근거를 제시하는 전문성을 보일 것이기 때문이다. 이제 소통하는 능력이 매우 중요해지는 시기이므로 내향형(INTJ, INTP)보다는 외향형의 NT들의 성격유형이 더 적합할 것이다.

마지막으로 CIO로서 가장 적절한 유형을 사고 판단형(ESTJ, ENTJ)으로 APA(미국 심리학회)에서 설명하고 있다. ESTJ는 경영과 행정분야에서 두각을 나타내며 직접적이고 명확하며 실제적인 필요 중심의 프로젝트를 진행하는 유형이다. 성실하고 과업 지향적이며 재미있는 일을 계획하는 동료로 인식된다. 구조와 체계가 갖춰진 환경을 선호하고, 안정적이며 예측가능한 곳을 좋아한다. 무엇보다도 성취 목표에 대한 보상이 주어지는 성과중심 업무를 잘 수행한다. ENTJ는 전략을 세우고 일을 빠르게 추진하며 솔직하고 결정력과 통솔력이 있으며 거시적인 안목으로 일을 추진한다.

발달과정

지금까지 프로그래머 팔로어 - 프로그래머 리더 - 시스템 분석 설계자 - CIO의 4단계로 성장하는 동안 단계별로 가장 적절한 성격유형을 살펴보았다. 요약하자면 다음과 같다.

- 프로그래머 팔로어 : ISTJ → ESTJ/ISTP
- 프로그래머 리더 : ESTJ, ESTP → ESFJ, ESFP
- 시스템 설계 및 분석가 : ISTJ, INTJ → ENFP, ENFJ

프로그래머는 왜 심리문제에 골몰하는가?
메타인지를 위한 프로그래밍 심리학

• CIO 또는 관리자 : ESTJ/ENTJ

물론 각 단계에서는 이전 단계의 능력을 수행함에 있어 해당하는 심리적 행동적 기능을 잘 수행했다면 더욱 위에 부합할 것이다. 성장 단계의 각 과정에서 성격유형 특성을 모두 수행하며 생활할 수 있는 사람은 아무도 없을 것이다. 만약 있다면, 옆에서 보기에는 마치 제정신이 아닌 사람처럼 보일 것이다. 인간은 긍정 감정보다는 부정 감정을 강렬하게 느낄 수밖에 없는 존재이다. 이는 생존을 위해 발달한 심리적 기제이다. 심리학에서 밝혀진 바에 따르면 고통과 행복을 느끼는 순간은 비슷하지만 행복감보다 고통이 더 크게 느껴지는 생물심리학적 구조로 인하여 고통을 크게 느끼는 것이다. 그래서 우리 인간은 행복보다는 고통을 좀 더 느낄 수밖에 없다. 이들 유형 모두 각 유형이 느끼는 고통은 각각 다르겠지만 그 고통을 어떻게 해석하느냐에 따라 고통과 행복을 느끼는 것이 달라진다.

이러한 고통을 줄이는 방법이 메타인지(Meta cognition)를 활용하는 것이다. 메타인지는 자신의 특성이 사회적 기능에 어떻게 매칭되는지 이해하고 긍정적으로 해석할 수 있는지 그 방법을 알려준다. IT엔지니어들이 고단한 인생의 역경속에서 내밀한 인간관계를 통해서 전문적 기능을 키워갈 수밖에 없기 때문에 프로그램 심리학이 중요하게 다가오는 것이다.

앞으로 IT엔지니어는 4차산업혁명의 파고 속에서 모든 학문을 인공지능과 연결시키기 위한 혁명적 발상과 노력을 해야 한다. 그 속에서 프로그래밍을 작성하거나 작성한 내용을 통합하고 연결해야 한다. 이를 위해서는 사람들의 능력을 고양시키는 방법으로 소프트 스킬의 관점에서 접근할 수 있는 다양한 심리학의 결과들을 활용하고 응용할 수 있어야 할 것이다.

프로그래밍 심리학은 프로그래머를 위한 메타인지 기술이다

많은 사람들이 상위 1%의 학생은 지능이 높을 것이라고 생각한다. 하지만 메타인지(Meta cognition) 능력이 더 중요하다는 것이 여러 연구를 통해 입증되었다. 그들은 한 번 보면 모든 걸 이해하는 천재가 아니다. 자신이 모르는 부분을 파악해서 반복 학습할 수 있는 자기관리 능력이 좋고 자신의 방법이 얼마나 효과적인지를 바라보고 꾸준히 개선하는 능력이 뛰어난 것이다. '지능은 타고난 것'이라면 '메타인지는 학습될 수 있다'는 것이 큰 차이점이다.

인류는 인간의 능력을 향상시키는 방법을 알아냈다. 그것이 메타인지다. 이 용어는 1970년대 발달 심리학자 존 플라벨(J. H. Flavell)에 의해서 만들어졌다. 인간의 능력 중 메타인지 발달이 가장 중요하다. 메타인지는 '상위인지'라고도 부른다. 상위인지는 자신의 인지 과정에 대한 관찰·발견·통제·판단하는 정신과정으로 "인지에 대한 인지", "생각에 대한 생각", "다른 사람의 의식에 대한 의식", 그리고 "고차원의 생각하는 기술"이다. 그 단어의 어원은 메타(Meta)에서 왔다. 간단히 말하면 '내가 무엇을 알고 무엇을 모르는가를 아는 능력'이다.

메타란 "저 넘어"라는 뜻으로 다른 개념으로부터의 추상화를 가리킨다. 메타인지란 문제해결을 위하여 대상을 선택하는 지능이며 계획을 세워서 얻어진 해답을 확인하기 위하여 관찰하고 통제하는 사고 과정을 통칭한다. 인식론에서 접두사 meta는 "~에 대해서"라는 뜻으로 쓰인다.

메타인지라는 개념을 사용한 역사는 매우 오래되었다. 소크라테스 문답법이 그중 하나이다. 소크라테스는 메타인지의 방법으로 사상을 설파한 것으로 유명하다. 질문을 받고 대답을 하는 과정에서 생각을 반복하고 확인하면서 관련 개념을 언어적으로 표현하기 위해 더 많은 사고를 하게 된다. 메타인지는 오랫동안 인간의 경험을 통해서 알게 된 기술인 것이다.

SW·AI산업에서도 메타데이터라는 말이 사용되고 있다. 메타데이터는 데이터에 대한 데이터를 이르는 말이다. 데이터 자체에 포함되어 있지만 데이터 너머에 있는 그 무언가의 데이터이다. 메타메모리라는 말도 있다. 메타메모리란 심리학에서 무언가를 회고할 때 이를 기억하거나 기억하지 아니하는 데 대한 개인의 지식을 뜻한다.

인간이 능력을 발휘하는 데 필요한 기능들
 · 정서 : 35%
 · IQ : 25%
 · 메타인지 : 40%

최근의 심리학은 지능, 정서, 메타인지의 세 가지가 인간이 능력을 최대한 발휘하기 위한 중요 요소라고 설명한다. 타고난 지능이야 변화시키기가 어려우나 정서와 메타인지는 관리를 잘하면 능력이 증진되고 기능을 잘 발휘하는 수단으로 활용할 수 있다. 이때 IQ가 차지하는 영향은 전체에 25%에 지나지 않으며 정서와 메타인지가 75%로 개발하기 달렸다는 뜻이다.

전전두엽(prefrontal cortex)은 논리적 판단, 추리력, 문제해결 능력과 관련된 고차원적 인지와 계획 능력을 담당한다. 뇌는 회백질(gray matter)과 백질(white matter)로 이루어진다. 백질은 받아들인 정보를 다시 꺼내 뇌의 다른 영역으로 보내거나 정보를 재구성한다. 회백질은 뇌에 들어오는 정보를 받아들이는 역할을 한다. 이 회백질이 다른 영장류와 구별되는 인간 특유의 능력과 관련이 있는 것으로 알려졌다. 뉴욕대학교 인지신경과학센터 스테판 플레밍(Stephen M. Fleming) 박사는 메타인지의 능력이 뛰어난 사람들의 전전두엽의 피질 부위에 회백질이 더 많다는 사실을 밝혀냈다. 그후부터 교육 분야를 비롯한 많은 분야에서 메타인지를 활용하려는 노력이 계속되고 있다.

메타인지는 '자기 성찰 지능'으로도 불리며 자신의 인지적 활동을 성찰함으로써 지식과 정서를 조절함을 말한다. 자신이 무엇을 알고 무엇을 모르는지를 알고 모르는 부분을 보완하기 위한 계획을 세우고 실행하는 전 과정이 메타인지이다. 프로그래밍 과정에서 프로그래머와 IT리더, CIO들은 매우 복잡하고 다양한 심리문제에 봉착한다. 자신의 심리문제를 메타인지의 관점에서 바라볼 줄 아는 프로그래머가 문제를 잘 해결하고 크게 성장한다. 컴퓨터 프로그래밍은 단순한 과정이 아니다. 언어적 능력과 크게 관련이 있으며, 논리적 사고체계, 개념적 학습방법, 수학적 문제해결능력 등 다양하고 복잡한 내용과 과정으로 이루어진다. 프로그래머와 IT리더, CIO들은 이 책에 나오는 다양한 메타인지 기술이 매우 유익할 것이다.

메타인지는 프로그래밍 작업 중 자신이 잘하는 것은 무엇이고 어떤 능력이 상대적으로 강점이 있는지를 바라볼 수 있게 돕는다. 자신에게 약점이 있다면 어떻게 보완해야 할지 고민하는 "프로그래밍 심리학"이 바로 메타인지인 것이다.

전통적으로 프로그래머들은 튜링이 했었던 사고모방을 따라 한다. 그러나 최근에는 기계화(프로그래밍)하고 더 나아가 프로그램을 생성하는 프로그램(인공지능 프로그램)을 작성해야 하는 상황이다. 이는 더욱 적극적인 사고모방을 해야 하는 것을 말한다. 이제는 사고모방보다는 사고모의에 가깝다. 인공지능 프로그래밍 작업은 지능의 기계모의를 수행하는 과정이기 때문이다. 대학생들과 직장인들에게 객관화된 메타인지 방식이 필요는 이유는 이 사고모의라는 행위 자체가 심리 행위이기 때문이다.

프로그래밍 과정은 기본적으로 인간 내부의 정신 활동을 기계와 소통하는 방법으로 부호화하고 개념화하는 것이다. 따라서 메타인지의 수단이 제공된다면 프로그래머들이 가야 할 좌표를 제시할 수 있게 된다. 즉 프로그래머의 사회적 능력, 성격의 발달과 끊임없는 프로그래밍 기술의 학습을 위해 고기를 잡아주는 것이 아닌 고기를 잡는 법을 알려주는 방법이다.

메타인지를 구현하는 관점에서 생각해보자. 인간의 인지능력이 하나씩 하나씩 구현되고 있다. 이는 인지심리학의 구현 및 측정에 관한 내용이다. 인공지능 프로그램은 인간의 감각으로 대상을 식별하는 인지능력을 포함한다. 전자의 동작을 부울시스템을 적용한 2진 컴퓨터시스템이 현대 컴퓨터를 넘어서 신경망을 모사한 소프트웨어로 발전하여 세계를 주도하고 있다. 2진 시스템으로 구현되는 과정에서부터 큰 낭비가 존재한다. 이러한 낭비적 요소가 큰 현대 컴퓨터시스템은 인공지능 소프트웨어를 통하여 인간의 무의식을 하나씩 측정하고 있다. 더 나아가 이제는 양자가 동작하는 개념을 활용한 양자로직으로 양자컴퓨터가 구현되고 있다. 인지기술의 구현이 양자단위의 동작을 통해 메타인지를 향상시키는 방안으로 제시되고 있는 것이다.

SW·AI기업 C-level의 번아웃 대응력 키우기

CIO는 오랫동안 프로그래머나 IT엔지니어나 관리자로 근무했거나 SW·AI산업의 영역에서 활동한 경력을 가진 경우가 대부분이다. 이 모든 과정을 겪는 동안 변화가 상수라고 할 정도로 많은 변화에 능동적으로 대응했을 것이다. 또 앞으로도 계속 그래야 한다. 끊임없이 변화를 추구하는 것은 매우 큰 스트레스를 동반한다. 그것뿐 아니라 오늘날의 CIO는 참으로 다양하고 많은 역할을 한다.

CIO들은 그 직무를 수행하는 시기가 중년기에 이르게 되며 그동안의 삶의 과정을 살펴보며 걸어온 길을 되돌아보는 시기가 된다. 이 시기에 자신을 바라보는 시간을 가지지 못할 경우 번아웃(Burn-out)에 이르기 쉽다. IT 칼럼들을 보면 번아웃에 대한 글들이 특히 많다.* 맨 앞에서 독려하면서도 뒤에서 벌어지는 조직 전체의 어려움을 살펴야 하는 CIO라면 번아웃을 예방하는 힘이 더욱 중요하기 때문일 것이다.

---

* 대표적으로 〈CIO Korea〉의 칼럼에 매우 많다.

프로그래머는 **왜 심리**문제에 골몰하는가?
메타인지를 위한 프로그래밍 심리학

CIO의 필수 능력

SW·AI분야에는 왜 심리적 어려움을 호소하는 사람이 많을까? C-level들을 포함하여 많은 IT리더들이 SW·AI업계의 고질적 문제라고 이야기하기도 한다. 우수한 인재가 번아웃 증후군에서 벗어나지 못한다는 많은 사례들이 보고되고 있다. 대표적으로 컬리 셰리턴의 「우수 인재 몰아내는 번아웃과 기업 문화」와 존 에드워즈의 「IT종사자가 겪는 7가지 번아웃 징후」가 번아웃의 위험성을 알리고 있다. 몇 년 동안 목표 계획, 관리, 초과 달성, 문제 정복을 즐기다가 갑자기 자신이 이제는 업무에 관심이 없다는 사실을 알아차린다. 주도하기, 영향력 행사하기, 혁신하기 등 이전에는 흥미로웠던 활동이 중요하게 느껴지지 않는다.

샤론 플로렌틴의 「과로 → 분노 → 탈진 번아웃 … 악순환을 끊는 방법」에서도 IT종사자의 어려움을 찾아볼 수 있다. 메리 스캐퍼의 「번아웃 예방을 위한 세 가지 조언」에서는 ① e-메일과 문자를 필요에 따라 거리를 두지 못하는 경우, ② 휴식을 즐기지 못하는 경우, ③ 다른 사람의 요청을 거절하지 못하는 경우 등을 지적하면서 일중독인 IT엔지니어들에게 경고하고 있다.

이러한 글들의 공통된 특징 중 하나는 외국의 C-level들이 쓴 것이라는 점이다. 안타깝지만 우리나라에선 얼마나 관리되고 있는지 연구된 것이 없다. IT엔지니어 개개인이 알아서 하는 것으로 취급되고 있다. 미국 사회에서 공감을 얻는 글들이지만 왜 유독 SW·AI분야에서는 번아웃에 대한 이야기가 공개적으로 다루어질까?

SW·AI분야는 다른 분야와 달리 대부분 프로젝트 기반으로 일이 진행된다. 그만큼 빠르게 사람을 만나고 일하고 또 헤어져야 하는 구조이다. 4차산업혁명 사회를 예견하거나 설명하는 보고서들에 따르면 대부분의 엔지니어들은 일이 필요할 때 만나고 일이 끝나면 헤어지는, 프리랜서나 1인기업의 형태의 모습으로 살게 될 것으로 예측하고 있다. 이는 역시 IT엔지니어에게 먼저 벌어질 것으로 예상된다. 국내에는 이미 IT프로젝트 단위로 과제 수행에 참여할 수 있는 Band나 소개 사이트가 등장한 지 오래되었다. 벌써 상업적으로 성공한 사이트들이 보고되고 있다.

- 프리모아(Freemoa : www.freemoa.net
- 위시킷(Wishket : www.wishket.com)

애플이나 페이스북에서는 독립적으로 일할 수 있는 플랫폼 개발 계획을 경쟁적으로 발표하기도 했다. SW·AI기업 중에 산업을 선도적으로 이끄는 리더 기업들이 많은 것은 이런 것 때문이기도 할 것 같다.

그렇지만 프로젝트 단위로 만나서 작업을 진행하고 다시 헤어지는 방식은 인간이 수십 만년 동안 수행했던 방식이 아니다. 우리는 내가 만나는 사람이 내 생존에 어떤 위협이 될지 꼼꼼하게 따져보도록 진화되었다. 그럼에도 사람 간 관계의 시간이 충분히 제공되지 못하고 1개월에서 수개월 동안 프로젝트를 수행하여 성공적인 결과를 만들어야 하는 프로젝트 기반 SW·AI산업의 구조가 참여자에게 어려움과 고통으로 다가온다.

또 SW·AI분야는 다른 직종과는 달리 매우 이직률이 높다. 프로그래밍의 작업이 사람과 사람의 긴밀한 관계 속에서 벌어지는 내밀한 마음의 소통이 중요하기 때문이다. 내밀한 마음의 소통으로 작업을 하다가 관계가 변화하면 작업도 변화하는 것이다.

IT엔지니어들은 대부분 리더와 팔로어의 역할분담 상황에서 과제 중심으로 수행한다. 팔로어가 가지는 리더에 대한 신뢰는 프로젝트를 발전과 성공으로 이끌며, 팔로어가 가지는 리더에 대한 불신은 의사소통의 문제와 함께 프로젝트의 어려움으로 발전한다. 반대로 리더가 가지는 팔로어에 대한 생각도 같은 결과를 낳는다. 이 문제들은 IT프로젝트를 직접 수행하는 엔지니어들 간의 문제이기도 하지만 이를 관리하는 C-level의 문제이기도 하다. CIO를 포함하여 모든 IT엔지니어들이 심리적인 어려움을 호소하는 기본적인 이유를 정리하면 다음과 같다.

- 높은 이직률
- 팀 소속의 변경 주기가 지나치게 짧음
- 작업 자체가 소수의 사람들과 긴밀한 관계를 통해서 프로그래밍을 작성하는 업무의 특성

의식 기술 훈련

IT엔지니어, 특히 C-level이라면 자신의 심리적 문제에 대한 어려움을 극복하고 관리해야 할 뿐만 아니라 조직에 이를 적용할 수 있는 역량을 가져야 할 것이다.

긴장과 이완은 인간 본연의 기능이다. 지나치게 긴장 모드로 이끌어가는 CIO는 이완법을 생활에서부터 익히는 것이 꼭 필요하다. 만일 산책, 운동 등을 통해 업무와 인간관계의 과몰입에서 벗어나고 있다면 그 방법을 잘 사용하면 될 것이다. 그렇지 못하다면 긴장 모드에서 신속히 빠져나올 수 있는 이완법을 익혀야 한다. 이완 모드로 쉽게 이동할 수 있는 방법 하나 정도는 가지고 있어야 한다. 다음 방법들을 살펴보자.

- 명상(meditation) :
  - 삶의 긍정적 영향이 광범위하다.
  - 습득하는데 시간이 오래 걸린다.
  - 개인별로 편차가 크다.
- 바이오 피드백(bio feedback) :
  - 뇌파를 스스로 조절하여 자기통제력을 강화한다.
  - 성공률이 낮다.
  - 기계의 도움을 받아야 한다.
- 아우토겐 트레이닝(Autogenic Training) :
  - 이완의 기술로 자기 조절력과 치유력이 높다.
  - 배우기 위한 방법이 국내에서는 대중적이지 않다.

- 점진적 근육이완법(PMR: Progressive Muscle Relaxation) :
  - 사용법이 간단하고 효과가 좋다.
  - 전문가가 옆에서 해주어야 한다.

바쁜 생활속에서 이러한 방법들을 배우러다니기 쉽지 않다면 일상에서 할 수 있는 방법을 찾아보자. 많은 심리학 대가들은 인간의 삶이 다음 세 가지의 균형으로 수렴된다고 말하며 자신들의 삶을 위해 노력했다.

- 일
- 놀이
- 사랑

번아웃 예방력을 가져야 하는 모든 SW·AI 종사자들은 이 세 가지가 균형 상태에 있는지 매일 체크해야 하는 것이다. 일, 놀이, 사랑……. 일을 열심히 하고, 재미있게 자신이 속한 집단에서 놀아야 한다. 안 되면 혼자서라도 놀아라! 혼자 걸으면서 놀든지, 헬스와 같은 운동을 하면서 놀든지. 사랑도 중요하다. 배우자, 자녀, 부모 누구든 같이 놀 대상을 찾아라. 이성과의 사랑이든지 자녀와의 교류든지 매일 쉬지 말고 확인하며 체크하라. 가장 쉬운 번아웃 예방법이 이것이다.

요약

1부에서는 프로그래머의 메타인지 향상을 위한 사회적 역량에 대해 살펴보았다. IT 프로젝트 욕구 단계를 통하여 프로그래머는 사회 적응을 위해 자신이 해야 할 일을 나열해보고 이를 정리할 수 있다. 그 과정에서 자신의 IT엔지니어링의 발달과정을 탐구하여 메타인지를 향상시킬 수 있다. 소셜미디어에 대한 욕구 단계는 자신이 사용하는 소셜미디어가 어떤 욕구를 자극하는지 알게 되어 메타인지를 향상시킨다. 분만 아니라 소셜미디어에 대한 욕구 단계는 소셜미디어의 특징을 구분해낼 수 있다. 그래서 소셜미디어 개발에 유용하게 사용될 수 있다. 소셜미디어에 대한 욕구 단계는 4차산업혁명의 발전과정에서 IT엔지니어가 추구해야 할 윤리에 중요 기준이 되기도 한다. 이는 결국 프로그래머의 메타인지 향상을 돕는다. 소프트웨어 개발주기에 적합한 개인의 선호도는 어떤 개발주기의 업무에서 출발하여 전체 업무를 익히는 것이 합리적인지에 대한 탐색을 돕는다.

프로그래머의 자기 인식은 메타인지를 향상시킨다. 많은 CIO가 번아웃에 빠진다. 자기 업무를 포기하고 몸담았던 분야를 떠나버리게 만드는 번아웃은 어떻게 예방할 수 있을까? 하나는 일, 놀이, 사랑의 균형이고 다른 하나는 자기 인식이다. 자기 인식이 향상되면 자연히 메타인지를 잘할 수 있게 된다.

SW·AI기업의 인력 구성이 급변하고 있다

4차산업혁명의 도래는 SW·AI 산업구조를 급변하게 하고 있다. 기업 생존이 우선시 되는 상황에 더해서 기업환경은 더욱 다양하고 복합적인 상황으로 전개되고 있다. 최근에는 점점 많은 영역들이 소프트웨어로 해결되어가고 있다. 마크 안드레센은 월스트리트 저널의 「Why Software Is Eating the World」*라는 에세이에서 "컴퓨터 혁명이 시작된 지 60년, 마이크로프로세서가 발명된 지 40년, 현대 인터넷이 부상한 지 20년이 지난 지금, 소프트웨어를 통해 산업을 변화시키는 데 필요한 모든 기술이 마침내 작동하고 있다"고 설명했다.

소프트웨어 개발이 게임, 컴퓨터통신, ERP, 디자인 분야와 같은 과거의 제한된 영역이 아닌 거의 모든 분야에서 SW·AI 인력들이 참여하는 구조로 급속히 변화하고 있다. 자동차 산업, 드론, 도심 항공교통, 자율주행 및 자율비행, 로봇산업과 같은 첨단기술들과 인문사회 영역에서 보이지 않는 세계를 탐구하는 머신러닝 기술들이 인류를 새로운 세계로 안내하고 있다. 이제 SW·AI기업에 인문사회 전공자들도 프로그래밍과 인공지능 개발자로 참여하는 상황으로 발전하고 있는 것이다. 이에 따라 새로운 기회를 찾으러 더 많은 인재들이 프로그래밍 분야에 속속 입문하고 있다.

소프트웨어 산업 실태 조사와 글로벌 인공지능 인재보고서에 따르면 현재의 SW·AI산업에 근무하는 엔지니어가 30만 명으로 추산된다. 지능정보기반 사회로 가기 위해서 70만 명은 필요할 것이라고 한다. 이러한 구조적 변화에 따라 적절한 인력 운용은 고려해보지도 못하는 상

---

* 이 글은 2011년 8월에 실렸다.

황에 더 내몰리게 될 것이다. 점차 많은 영역의 인력들이 참여하여 다양한 분야의 일들을 소프트웨어로 해결할 수 있게 됨에 따라 기술적 융합이 이루어지고 새로운 기능을 구현하는 일이 빠르게 전개되고 있음에 유의해야 한다. 다양한 인력들이 협업함으로써 발생하는 프로그래머의 심리문제는 더욱 커질 수밖에 없다.

이뿐만이 아니다. 현재 SW·AI산업의 종사자들은 베이비부머, X세대, Y세대가 혼재해 있다. 또 Z세대가 합류하기 시작했다. 이러한 종적 분리에 더해 같은 세대라도 사용하는 미디어에 따라 횡적으로 구분되는 삶을 살고 있다. 세대별 차이가 나고 다양한 분야의 사람들이 모여서 진행하는 프로젝트는 매우 복잡한 양상을 띠게 된다.

SW·AI기업 현장의 복잡한 사회적 관계를 살펴보자. 보통 제품의 전체적인 컨셉은 본부장과 같은 상위 레벨에서 결정한다. 영업 경험이 많은 본부장들은 고객 의견을 존중하는 경향이 있다. 실무작업은 마케팅 중심의 프로젝트 디렉터와 개발 중심의 PM 디렉터가 결정한다. 실제 작업수행과 프로젝트 수행 특성은 팀장의 사고방식이나 문제해결 흐름에 매우 큰 영향을 받는다. 팀장이 도전적인 특성을 보이면 대부분의 팀원들도 따라가는 경향이 있다. 창의적인 일에 몰입하는 사람에게 단순 작업을 반복해서 시키면 팀원의 불만은 보이지 않게 쌓여만 간다. 프로젝트 진행 중에는 팀워크 때문에 드러내지 않지만 일순간 회사를 그만두고 나가버림으로써 불만을 표출한다. 디자이너가 참여하면 프로젝트의 성격이 또 바뀐다. 필요에 따라 인력 풀을 운영하여 한 사람이 여러 프로젝트에 참여하기도 한다. 소스단까지 아는 사람이 프로젝트를 이끌어야 하지만 높은 스트레스 상태에 있는 PM이 놓치기도 한다.

이는 상위수준에서 그 방향이 조율되어야 전체적인 일의 방향이 결정되는 일이 많다는 것을 의미한다. 보통 실무는 마케팅 중심의 프로젝트 디렉터와 개발 중심의 PM 디렉터가 결정한다. 그 과정을 임원 또는 C-level에서 결정하는 일이 더욱 많아질 수 있다. 때로는 발주자에 의해 내용이 수정되기도 한다. 영업적 입장, 기술적 입장, 기업의 철학에 따른 입장, 발주자의 입장에 따라 상위 레벨에서 많은 것을 결정한다. 모든 것이 정리되어 최종 프로그래머에게 전달되기까지는 대화 수준에서, 때로는 문서 수준으로 활발한 조율이 이루어지고 전체 방향이 맞춰져 조율되는 것이다. 그만치 조직 전체의 커뮤니케이션 능력이 더욱 요구될 것이다. 어떤 경우에는 정책을 바꿔 해결함으로써 프로그래밍을 하지 않는 것이 시스템 전체 운영과 내용에 더 효과적일 수도 있다. 실제 현장에서는 실무자의 생각이 관리자와 C-level에게 잘 전달되지 못하는 결과를 낳는다. 이러한 복잡한 상황에서 정해진 프로젝트 마감 시간에 쫓기는 구조가 덧붙여져 프로그래머를 단순 노동자의 수준으로 떨어지게 만든다.

이러한 복잡한 상황을 해결할 수 있는 역량을 우리는 학교에서 가르치지 못하고 있다. 그 결과는 매우 회의적이다. 아무도 가르쳐주지 않았던 복잡한 양상을 관리해야 하고 기업의 이익을 최우선으로 하는 경영자의 입장에서 매순간 기업의 이익과 다양한 분야에서 참여한 IT엔지니어의 고통 사이에서 변증법적 균형을 유지하기란 쉽지 않다. 이러한 사회심리적 문제 해결 역량의 부족을 프로그래밍 심리학으로 개선하고 보완할 수 있다. 프로그래밍 사회 심리역량을 증가시켜야 한다. 그리하면 장기적으로 경영자의 부담도 줄어들 것이며 나아가서 기업에도 큰 이득이 될 것이다.

2부

앞서가는 프로그래머, 성격도 능력이다!

이번에 다룰 내용은 프로그래머의 성격 문제이다. 자신의 성격 특성이 프로그래밍 과정의 어떤 역량과 관련이 있는지 알면 자신을 이해하고 현재에 만족하며 미래를 확신할 수 있을 것이다. 이것은 정서 관리와도 매우 관련이 깊다. 현대의 복잡한 경쟁에서 살아나가야 하는 프로그래머라면 무엇보다 정서 관리능력이 매우 중요하다.

프로그래밍 성격심리학의 첫 번째 목적은 자신의 이해를 통한 정서적 안정이다. 또 자신과 팀 구성원들의 성격적 특성을 잘 이해한다면 좀 더 효율적으로 일할 수 있을 뿐만 아니라 자신과 팀 전체에게 적절한 프로그래밍 업무를 위해 다양한 변화를 시도해볼 수 있다.

성격은 프로그래밍 작업과 IT프로젝트의 작업 내용에 큰 영향을 미친다. 프로그래머의 거의 모든 행동은 심리학으로 해석할 수 있다. 프로그래머들에게 심리검사로 심리분석 프로세스를 사용하면 보다 협력적이고 효과적인 작업을 이끌 수 있기 때문이다.

특히, 소프트웨어 개발 과정에 있는 엔지니어들은 "제한된 기간 내에 한정된 인력을 통해 팀 전체가 협력하여 목표로 하는 결과물을 만들어가는 과정"을 수행한다. 기간과 인력이 충분하고, 아무런 예외 상황이나 변수가 없이 제품의 납기에 맞춰 개발을 완수한다면 전혀 문제가 없을 것이다. 하지만 소프트웨어 개발 업무는 제한된 시간에 너무나도 다른 성격을 가진 사람들이 모여서 일을 하게 되므로 다음과 같은 문제들이 개발 프로세스에서 종종 발생한다.

- 의사소통 오류
- 의사결정 기능의 차이로 인한 오해
- 정보수집 기능의 차이를 능력으로 바라보려는 이기적 유전자의 기능

- 대우에 대한 팀 내부 경쟁자와의 갈등
- 기술 수준과 질의 차이에 대한 열등감

의사소통은 일상에서 수없이 벌어지지만 급변하는 기술을 습득해야 하는 IT엔지니어에게는 큰 장애로 변하기도 한다. 누구도 어제 나온 새로운 기술을 어느 정도 익히고 있는지를 터놓고 말하지는 않는다. 어떤 사람은 상대방이 어떤 감정인지 잘 모르고 논리적인 체계만으로 의사결정을 한다. 그러나 어떤 사람은 상대방의 감정을 고려하여 의사결정을 한다. 갈등 장면이나 상황에서 한쪽은 비합리적이라고 상대를 공격하고 다른 한쪽은 피도 눈물도 없는 냉혈한이라고 비난한다.

이와 같은 상황은 의사결정에 대한 심리적 기능이 달라서 일어나는 일이다. 결과적으로 IT엔지니어들의 의사소통을 매우 힘들게 만든다. 인간은 모두 자신의 생존에 유리한 방향으로 움직이도록 설계된 이기적인 유전자가 작동하는 존재들이다. 주변 정보를 수집할 때 중요한 부분만을 받아들이면서 건너뛰든지 하나씩 하나씩(step by step) 돌다리를 두들기면서 진행하든지 마찬가지다. 모두 자신의 방법이 생존에 유리하며 항상 자신을 긍정적인 방향으로 이끌었다는 확신이 들어 일상을 지배하는 삶을 살도록 프로그래밍되어 있는 존재이다. 또 연봉으로 정리되는 자신의 능력에 회의감이 밀려왔다면 일하는 동안 상대적인 비교로 괴로워하는 존재이기도 하다. 이러한 차이를 합리적으로 비교하는 방법이 프로그래밍 성격심리학을 통해 문제에 접근하는 것이다.

일상생활에서 가장 흔히 사용하는 용어 중 하나가 '성격'이다. 그러나 정작 성격을 정의하기란 쉽지 않다. 심리학자들은 성격(Personality)을 "한 개인의 특징적 사고, 행동과 감정 양식"으로 정의하고 있다. 성격이 프로그래밍에 어떤 영향을 미치는가를 알기 위해서는 성격을 측정하는 검사 도구들을 다루어야 한다.

성격심리학에는 응용할 분야가 많고 대중이 자신에 대한 이해를 돕는 도구라는 점 때문에 일반인의 관심도 높다. 성격에 대한 연구는 심리학이 거대한 학문적 내용으로 완성되면서 대이론(大理論:Grand Theory)을 중심으로 전개되는 특징이 있다. 심도 있는 이해를 위해서 이론과 그 이론을 창시한 이론가들도 같이 이야기되는 분야이다.

이제 성격에 대해 같이 생각해보자. 자신의 가족 중 한 사람이 함께 TV를 보다가 문득 화를 냈다고 하자. 자신의 과거 힘들었던 기억이 TV 장면 중 한 장면과 겹쳐지면서 자기도 모르게 화를 냈는지 모를 일이다. TV 속 연기자의 모습에서 자신의 원가족* 중에서 자신과 사이가 좋지 않았던 누군가에 대한 감정이 올라와 화를 냈을 수도 있다. 아니면 평소 정서조절에 어려움이 있어 TV 속 어떤 모습에 문득 화가 났는지 알 수 없다. 오랜 세월을 살아온 부모나 자식이라도 도통 그 속을 알 수 없는 것이 사람이다.

인간 깊숙이 존재하는 복합적이고 통합적인 내면을 외부에서 관찰하기란 정말 어렵기 때문이다. 인간의 이해에 어려움을 더하는 또 다른 측면은 상대적 위치 파악의 어려움이다. 어떤 사람이 자신을 외향적이라고 생각한다고 하자. 대인관계에서 상호작용의 첫 훈련장소인 가정에서 가족 구성원인 아버지, 어머니, 형제가 자신보다 내향적이라는 이유로 자신이 외향적인 것으로 판단하기도 한다. 가정 내의 상대적인 위치에 따라 외향적으로 판단되더라도 사회집단 전체의 위치에 따라 내향적으로 작동하는 이기적인 유전자로 해석될 수도 있다. 기업과 같은 하나의 조직이든지, 가정이든지 그 안에서 자기 성격에 대한 상대적 위치를 알거나 그 특징을 파악

---

* 부모가 형성했던 가족을 이르는 말

프로그래머는 왜 심리문제에 골몰하는가?
메타인지를 위한 프로그래밍 심리학

하기란 참으로 어렵다. 심리학 전문가들조차 자신의 위치를 파악하기 어려워한다.

정리하면 내적작용으로 인한 관찰의 어려움과 상대적 위치 파악의 어려움이 존재한다. 직장에서 만난 다양한 성격의 IT엔지니어들이 프로그래밍 습득이나 작업에 성격이 어떻게 작용하는지를 판별하는 것은 그래서 정말 어려운 일이다.

심리학의 발전으로 인한 표준화 심리검사가 성격의 이해를 돕고 있다. 오랫동안 심리학자들이 '성격이란 무엇인가'에 대하여 연구한 덕분에 인간 이해의 폭을 크게 확장했다.

2부에서는 프로그래밍 성격심리학을 통해서 IT엔지니어들의 기능을 향상시키고 협업 능력을 키우는 방법을 살펴볼 것이다. 궁극적으로는 정서 관리 능력을 극대화하고 모두 IT엔지니어로서 기능을 잘 해나가도록 돕는 것이 목적이다. 결국 이 모든 것의 최종 목적은 메타인지를 향상시키는 것이다.

프로그래머를 위한 성격검사들

한 개인의 성격을 형성하게 만드는 요인이 무엇인지는 명확하지 않다. 심리학의 발전으로 성격을 설명하는 다양한 분야들이 만들어졌고 그 분야에서 성격을 정의하고 그 정의에 맞는 성격검사 도구가 만들어졌다. 2000년대에 들어서면서 이러한 심리학의 발전이 HCI*에 관한 연구들에 크게 영향을 미쳤다.

과거의 음성인식, 문자인식의 기계적 해결론적 관점에서 인간 중심적 관점과 인간존재적 관점의 접근 방법으로 확장되면서 프로그래밍에 대한 사람 간의 차이 연구가 진행되었다. 인간의 성격을 측정하는 검사 도구는 매우 많다. 그중 다음의 검사 도구들은 국내 표준화 작업이 이루어졌거나 프로그래머에 대한 연구가 이루어진 도구들이다. 따라서 당장이라도 프로그래머와 IT엔지니어들을 도울 수 있는 도구들이다.†

· 무의식의 정신 과정에 대한 검사 : MBTI 검사
· 목표 설정을 위한 열정의 힘 : 그릿(grit)

MBTI(마이어스-브릭스 유형 지표 : Myers-Briggs Type Indicator)

---

* Human Computer Interaction/Interface(인간과 컴퓨터 상호작용) : 컴퓨터 과학의 한 분야.
† 다른 도구들도 있으나 SW·AI분야의 전공자들이 이해하기 어려운 것들은 기술하지 않았다.

는 무의식의 정신과정‡에 따른 이론인 분석심리학에서 출발한 검사 도구이다. 그릿은 끊임없이 공부하며 목표달성을 해야 하는 분야의 사람들을 위해 활용된다. 꾸준한 노력과 열정을 측정할 수 있는 유용한 검사이다. 이러한 연구들은 심리학과 공학이라는 영역이 함께 연구해야 하는 학제적 성격을 가진다. 따라서 연구된 결과가 검증되고 새로운 연구로 발전되기에 노력이 많이 들고 시간도 길게 소요된다. 양쪽 학문을 통합하여 정리해야 하므로 시간이 더딜 수밖에 없다. 그중에서 특히 2000년대초부터 미국, 호주, 영국, 캐나다를 중심으로 MBTI 검사를 활용하여 프로그래머의 성격을 이해하고 SW·AI기술에 접목하는 방법에 대해 많은 연구가 진행되었다.

MBTI

일반인이 가장 쉽게 접근할 수 있는 성격 검사 도구가 MBTI 검사다. 이 검사 도구는 오랫동안 같이 생활하거나 교류한 주변 사람의 성격을 이해할 수 있어 실생활에서 가장 광범위하게 활용 가능한 검사 도구이다. 한국에서는 오랫동안 노력하고 활동한 전문가들 덕분에 가장 대중적으로 활용중인 성격검사로 누구나 쉽게 정보를 접할 수 있다. 심지어는 초·중·고등학교 재학시절에 자신의 정보를 너무나 많이 가져간다는 생각에, 이 검사 자체를 지겨워하거나 거리감을 느끼는 사람조차 있다. 심리검사만 하고 해석을 통

---

‡ 정신역동의 한 분야이다.

해서 그 사람의 내면을 이해하거나 그 사람의 어려움을 고민하는 방법으로 활용할 재정적 여유와 교육 및 상담 시간을 배정하기 어려운 탓일 것이다.

MBTI 검사는 미국의 캐서린 쿡 브릭스(Katharine Cook. Briggs)와 그의 딸 이사벨 브릭스 마이어스(Isabel Briggs. Myers)가 칼 융(Carl Gustav Jung)의 심리 유형론을 근간으로 1962년 개발했다. 지금은 전 세계에서 매년 2억 5천만명 이상의 사람들이 널리 사용하고 있는 심리검사이다.

브릭스 모녀(母女)는 사람들의 차이점과 갈등을 이해하고자 자서전 연구를 통해 성격 분류를 하고 있었다. 제2차세계대전으로 남자들이 전선으로 나가자 중공업 분야까지 여성들이 진출하게 되었는데, 두 모녀는 여성들에게 성격에 맞는 일을 권하기 위해 연구를 시작했다. 더욱이 전쟁을 겪는 동안 인권이 쓰레기 취급을 받는 것을 매우 안타깝게 여겼다. 두 사람은 심리학자가 아니었으며 딸 마이어스는 집에서 부모에게 교육을 받고 16세에 대학에 진학하여 정치학을 전공했다. 수석으로 졸업했으며 19세에 결혼을 했고 추리소설을 쓰기도 했다. 이 두 사람의 연구 결과는 1926년 발표된 『새로운 공화국』이라는 저서로 네 가지의 심리유형으로 발표하게 된다.

두 사람은 1923년 구스타프 융이 만들어낸 심리 유형론의 번역본을 접한 후 융의 이론을 타당화*하고 응용하는 일을 위해 일생을 바쳤다. 1921년에서 1975년까지 55년 동안 성격유형 선호

---

* 어떤 검사의 목적과 정밀성을 측정하기 위하여, 검사 점수에서 이끌어낼 수 있는 추론의 적절성과 정확성에 따라 검사를 평가하는 기준 – 위키백과

프로그래머는 왜 심리문제에 골몰하는가?
메타인지를 위한 프로그래밍 심리학

지표를 연구 개발했다. 이들 모녀는 내향적인 성격의 소유자들인 탓에 주로 단독으로 연구에 임했다. 그러나 심리학자가 아닌 관계로 자료의 통계처리나 타당성 조사를 위해 필라델피아 은행의 인사담당자였던 에드워드 헤이(Edward N. Hay)의 도움을 받게 된다.

1943년부터는 선호지표와 유형을 추측할 수 있는 검사 문항을 개발하기 시작했다. 첫 문항인 Form A는 1943년에 공개되었고 두 사람의 심리학과 무관한 경력 때문에 학계에서는 냉담한 반응을 보였다. 이 과정에서도 의과대학생 5천 명과 간호사 1만 명을 대상으로 문항을 개발해나갔다. 불굴의 연구 끝에 1956년 미국의 교육 분야 검사 전문기관인 ETS(Educational Testing Service)로부터 인정받게 된다. 그리고 1962년 MBTI라는 이름으로 검사를 정식으로 발표하게 된다. 그후로도 손자인 피터 마이어스(Peter Myers)까지 무려 3대에 거쳐 70여 년 동안 연구 개발을 계속했다.

MBTI는 인간 이해를 위한 자기보고식[†] 성격유형 검사이다. 1975년에는 미국의 CCP(Consulting Psychologist Press)에서 저작권을 인수하고 전문가 교육을 통해 보급하기 시작했다. 이 과정에서 이들은 융의 이론에 판단과 인식(J-P) 기능까지 추가하는 우월성을 발휘했다. 점차 임상심리 분야나 상담 관련 전문가들에 의해 폭넓게 활용되기 시작하게 되었다.

MBTI는 미국 공군대학의 대령과정(AWC: Air War College) 및 소령과정(ACSC: Air Command and Staff College)과 각종 기업의 리더십 과정에 정규과목으로 채택되어 널리 활용되었다. APT(Association for Psychological Type)에서는 학술지와 소식지

[†] 골방에서 자기 자신에게 보고하는 마음으로 검사에 임해야 한다.

를 통해 관리, 상담, 교육, 인간관계, 그리고 리더십 분야에 걸쳐 다양한 연구 논문을 게재 홍보하고 있다.

우리나라에서는 서강대학교 김정택 신부와 부산대학교 심혜숙 교수가 연구에 연구를 거듭하여 1990년부터 사용하게 되었다. 문화적인 차이를 고려한 번역 과정 및 엄격한 표준화 과정을 거쳐서 사용되고 있다. 처음 개발된 미국에서는 산업영역에서 발전했으나 우리나라에서는 마이어스와 브릭스의 뜻대로 교육 장면에서 널리 사용되고 있다. 요즘은 초등학교부터 대학까지 폭넓게 사용되고 있다. 컴퓨터 프로그램 프로젝트 강좌에서도 성격유형별로 지도하여 효과를 얻고 있다.

MBTI 검사는 비진단검사이기도 하다. 성격이 좋고 나쁨을 보여주는 것이 아니다. 어떤 쪽의 경향을 선호하는지를 보는 선호도 검사인 것이다. 따라서 MBTI 검사는 자신과 타인의 심리역동을 이해하기에 아주 유용한 도구이다. 더욱이 깊은 분석을 통해 개인 간 갈등 국면의 원인을 파악할 수 있는 검사로 발전했다. 지금은 4개의 지표 검사를 하는 Form G 검사뿐만 아니라, Form K 검사를 통해 20개의 다면 척도 분석을 할 수 있는 훌륭한 자기 분석 도구가 되었다. 2012년부터는 From G를 대신하여 From M이, From K를 대신하여 From Q 검사 도구가 시행되고 있다.

MBTI가 알려주는 것들

이 검사의 근간이 되는 융의 심리 유형론은 인간의 무의식 정신 과정에 초점을 둔다. 심리 유형론에서 출발했기에 심리학의 패러다임 중 정신역동 계열로 구분된다. 성격유형론을 주장하는 융에

의하면 인간에게는 타고난 선천적인 마음의 경향이 있으며 타고난 인식과 판단의 경향이 존재한다. 자신의 선천적 경향성을 알고 이해한다면 자신을 이해하고 수용하여 발달과 성숙에 큰 도움이 될 것이다. 즉, 인간은 자신을 사랑하고 수용하는 만큼 타인을 수용하고 이해할 수 있기 때문이다.

우리 생활 주변에는 과일들이 대단히 많고 그 과일들이 서로 다르다는 것을 인정하고 수용한다. 그러나 인간관계에서는 남이 나와 다르다는 관점을 가지는 것이 여간 어려운 일이 아니다. 누구나 세상을 바라보고 살아가는 자신의 관점이 있으니 당연할 것이다. 남이 나와 비슷한 관점을 가진 사람이기를 기대하고 그 기대가 채워지지 않으면 불편하고 갈등을 겪게 된다.

MBTI 성격유형 검사의 검사 목적도 성격유형론에 입각하여 인간이 각자 가지고 태어난 선천적인 경향을 알아보는 것이다. 내면의 색깔, 향기, 마음의 모습을 알아보는 것이다. 자신의 선천적인 성격의 경향과 잠재력을 알고 그것에 대한 인식을 높이고, 수용할 수 있도록 하는 것이다. 체험을 통해 나는 남과 다르며, 남 또한 나와 다르게 존재한다는 것을 터득하고 공감하는 것이 또 하나의 핵심이다. 이처럼 자신을 안다는 것은 성장의 토대가 된다. 남을 이해하고 좋은 관계를 성립해나갈 수 있는 바탕이 되는 것이다.

기업 장면에서도 기업 내에서 직업인들의 역동을 설명할 수 있을 뿐만 아니라 인사경영에도 효과적으로 활용할 수 있도록 발전되었다. 팀 쿡(Timothy Donald Cook)이 애플의 CEO가 된 후, 첫 제품발표 키노트를 스티브 잡스처럼 멋지고 카리스마 있게 해내지는 못했다.* 이 때문에 외국뿐 아니라 국내 방송사들도 앞다투어 이를 보도했다. 그러나 두 사람은 성격유형과 리더십이 다른 만큼 전혀 다른 키노트를 기획한 것이라고 해석하는 것이 옳다.

미국은 우리나라와는 달리 기업경영 중심으로 MBTI가 발전하고 있다. 만일 팀 쿡이 강력한 리더십을 선호하는 유형이었다면 스티브 잡스가 CEO로 일했을 시기에 COO로서 옆에서 그를 보좌하지 못했을 것이다. 성격유형으로 볼 때 상호보완의 위치에 있는 것이 확실하며, 미국은 기업 장면에서는 이를 잘 활용하고 있다. 특히 미국의 경우, 고급 공무원이 되기 위해서는 MBTI 교육을 필수로 이수해야 할 정도로 정부 기관과 기업 중심으로 폭넓게 활용되고 있다.

MBTI의 활용

Myers-Briggs 유형 지표는 반대 개념의 쌍을 사용하여 내향적 또는 외향적, 직관적 또는 감각적, 사고 또는 감정을 식별하고 개인이 판단하거나 인지하는 방식을 구분한다. 컴퓨팅 과학자들의 성격과 관련된 가장 많은 연구가 MBTI로 수행되었다. 이러한 연구의 방향은 크게 다음과 같이 구분할 수 있다.

- 국가 및 사회 전체의 성격유형 분포와 IT엔지니어의 성격유형 분포를 통한 SW·AI기술이 가지는 특징의 설명
- 개인의 성격과 소프트웨어 개발주기의 상관 연구에 따른 업무배치
- 프로그래머에서 CIO까지 성장하는 동안 적합한 심리 기능의 확인을

---

* 못한 것이 아니라 자신이 직접 하지 않고 팀을 통한 발표를 선택한 것이다.

프로그래머는 왜 심리문제에 골몰하는가?
메타인지를 위한 프로그래밍 심리학

통한 개인의 성장목표 설정 및 확인

- 팀의 성공을 분석하여 소프트웨어 개발 과정에 적용

GRIT(그릿)

심리학계에서는 "인간의 무엇이 탁월한 성취를 가능하게 하는가?"
에 대한 다양한 논쟁이 있어왔다. 성취를 만들어내는 주요한 요소
로 볼 때 우수한 지능, 타고난 지능, 개인의 노력에 따라 이루어진
다는 연구 결과가 심리학 분야를 오래 지배했다. 이는 철학적 심리
적 연구를 모두 포함하는 거대한 학문적 변화를 의미한다. 이러한
논쟁 끝에 성장마인드셋(Growth Mindset)으로 그릿(grit)이라는 개
념이 탄생했다.

인간의 다양한 요소를 측정하는 최근 개념 중에 성장마인드셋
은 IT엔지니어들의 많은 관심을 받았다. 한 개인이 열정, 노력, 훈
련을 거치면서 탁월하게 성장한다는 개념이다. 특히 IT엔지니어
들이 그릿에 집중하는 것은 그릿이 중요시하는 사항들이 SW·AI
산업 종사자들에게 매우 필요한 능력이기 때문이다.

- 도전을 통해 성장한다.
- 장기목표를 위한 꾸준한 노력과 열정을 보인다.

성장마인드셋 소유자는 도전을 통해 성장하는 모습을 보인다.
도전이 거세고 어려운 것일수록 더 많이 성장한다. 이에 비하여

고정마인드셋 소유자들은 모든 상황이 안전하고 쉬운 경우에 성장한다. 도전이 어렵고 자신의 재능이 부족하다고 느끼면 금세 흥미를 잃어버린다. 성장마인드셋 소유자는 역경에 맞서 싸우지만 고정마인드셋 소유자는 쉽게 포기한다. 성장마인드셋 소유자는 노력을 완성의 도구로 생각하지만 고정마인드셋 소유자는 노력을 하찮게 여긴다.

성장마인드셋 소유자는 비판으로부터 배우려 하지만 고정마인드셋 소유자는 비판이 옳더라도 무시한다. 성장마인드셋의 소유자는 남의 성공을 보고 교훈과 영감을 얻지만 고정마인드셋 소유자는 위협을 느낀다. 성장마인드셋 소유자는 지능은 성장할 수 있다고 믿는 반면에 고정마인드셋 소유자는 지능은 정해져 있는 것이라고 생각한다. 성장마인드셋 소유자는 더 많이 배우고자 하는 욕구에 충만해 있는 데 반하여 고정마인드셋 소유자는 남들에게 보이는 부분을 강조하여 똑똑해 보이는 데 집중한다.

결과적으로 고정마인드셋 소유자는 현재 수준에 정체되고 잠재력을 발휘하지 못하지만 성장마인드셋 소유자는 잠재력을 발휘하고 최고의 성과를 낸다. 유독 다른 직종에 비해 IT엔지니어는 급변하는 기술적 변화와 기업환경으로 고난한 심리적 경험 속에 빠져 있다. 뿐만 아니라 직업적, 사회적 압력을 매우 크게 받으며 스티브 잡스나 빌 게이츠의 경우처럼 선도적인 일을 하기 위한 창업을 비롯한 커다란 도전에 욕구를 느끼기도 한다.

IT엔지니어들은 자신의 지적 능력을 활용한 다양한 무대를 찾게 되고 창업과 같은 도전적인 일에 몰두하게 되면서 다양한 심리적 경험을 하게 된다. 이러한 문제의식에 항상 집중하는 IT엔지니어는 다양한 가능성을 제시하는 그릿에 대해 커다란 관심을 가질 수밖에 없다.

그릿의 특징

그릿의 주요 개념은 사람의 능력을 결정짓는 것은 타고난 요인이나 지능 또는 노력이 아니라 '마인드셋(마음가짐)'이라는 것이다. 능력은 얼마든지 발전시킬 수 있다고 믿는 마음가짐이 만들어지면 성공할 가능성이 훨씬 높아진다는 개념이다. 개인이 가진 자질은 노력이나 전략 또는 타인의 도움을 통해 얼마든지 길러질 수 있다는 믿음에 바탕을 두고 있다.

뛰어난 성취를 이룬 사람들의 공통적인 특징을 "장기목표를 위한 꾸준한 노력과 열정(perseverance and passion for long-term goals)"을 가진 사람으로 정의한다. 이 개념은 2007년 더크워스(Duckworth)가 주장했다. 더크워스의 그릿 검사 척도는 두 가지 요인으로 구성되는데 하나는 흥미에 대한 지속성이고 다른 하나는 끈기 있는 노력이다. 그릿 이론과 함께 이를 측정하는 척도(문항)에 대해 다양한 문제가 제기되었다. 대체로 다음 세 가지 문제로 요약된다.

- 목적, 열정, 인내라는 성취와 관련된 비인지적 주요 개념들을 아우르는 새로운 개념이지만 연구가 부족하고 유사 구인의 의구심이 있다.
- 문항의 내용이 조작적 정의를 충분히 반영하지 못하여 문항 신뢰에 의문이 있다.
- 성실, 학업, 직업적 성공과의 연관성에 대한 비일관성 문제가 있다.

더크워스 검사 문항의 두 가지 척도인 '흥미에 대한 지속성'과 '끈기 있는 노력'이 "장기목표를 위한 꾸준한 노력과 열정"이라는 그릿의 조작적 정의*를 제대로 반영하지 못한다는 점이 꾸준히 제시되었다. 두 요인이 조작적 정의와 맞지 않기 때문이라는 지적이다. 또 설문 문항에서 그릿의 첫 번째 척도인 흥미에 대한 지속성 척도의 6개 문항이 모두 역코딩†으로 구성되어 응답자의 주의를 환기시키고 오차를 줄이기에는 지나치다는 지적도 계속되었다. 그리고 성실성과 그릿의 관계의 비명확성, 학업성취와의 상관성, 그릿과 직업적 성공과의 연관성에 대한 의문이 있다.

한국형 그릿 삼원척도

그릿 문항의 문제점을 인식한 이수란, 안태영, 박수빈, 양수진 팀이 한국형 삼원 그릿 척도 개발과 타당화를 진행했다. 이 연구에서 그릿의 개념을 재구조화했다. 기존의 두 요인은 지지되었으나 다음과 같이 노력-열정의 두 요인으로 재구성하고 역문항의 문제점도 개선했다. 노력을 노력-지속성으로 열정을 열정-즐거움과 열정-의미로 재분류하여 삼원척도를 완성했다.

한국형 심원 그릿 척도의 하위 구성

· 노력-지속성 : 10문항

· 열정-즐거움 : 5문항

· 열정-의미 : 5문항

---

* 操作的 定義(Operational definition) : 사물 또는 현상을 객관적이고 실험적으로 기술하기 위한 정의이다. 대개는 절차적 과정순서와 수량화할 수 있는 내용으로 만들어진다.- 위키피디아
† 묻고자 하는 내용을 반대로 측정하는 방법

이 연구에서는 그동안 논쟁이 되었던 성실성과 그릿의 연관성 문제를 확인했다. 그릿은 삶의 만족도와 정신적 안녕감, 학업성취와는 정적 상관을 보였으나 성실성은 삶의 만족도와 정신적 안녕감과는 관련성이 없었다. 따라서 그동안 IT엔지니어들이 관심을 가져온 그릿을 활용할 수 있는 개량된 척도가 마련된 셈이다.

그릿은 직업 장면에서도 많은 관심을 모았다. 프로그래머 집단이 일하는 태도에 그릿이 어떤 영향을 미치는지는 좀 더 깊은 연구가 필요하다. 특히, 창의성과 도전성이 크게 권장되는 IT엔지니어에 대한 활용을 위해 더 깊은 연구가 필요하다.

물론 그릿은 기업의 사회적 책임이라는 점에서도 관심이 높다. 첨단 SW·AI기업을 성공으로 이끈 사람들이 어떤 특성을 보일지와 연관성이 있기 때문이다. 최근에는 지능정보기술을 구현함에 따라 수많은 도전을 해야 하는 IT엔지니어의 발전과 변화에 대해 많은 설명을 해줄 것으로 기대된다. MBTI와 그릿을 이해하고 활용하기 위해서는 일정한 노력이 필요하다. 그러나 그 노력 뒤에 찾아오는 메타인지의 향상은 프로그래머에게 매우 필요한 것이다. 지속적으로 학습하고 끊임없는 노력을 경주해야 하는 직업이기 때문이다. 성격 검사들은 이렇게 자기 이해를 통한 메타인지 향상과 관련이 깊다.

프로그래머의 성격 특성

MBTI에서는 성격을 16개의 성격유형으로 구분한다.* 일반 성인들의 각 성격 비율을 표시하는 분포표와 IT엔지니어 분포표를 보면 소프트웨어 기술이 가지는 업무 특성이 어떤 성격유형에게 더 많이 선호되고, 덜 선호되는지 비교할 수 있다. 그 결과 SW·AI기술의 특성을 설명할 수 있는 매우 유용한 자료가 되었다.

다음의 표들은 우리나라 성인 유형 분포표와 소프트웨어 엔지니어의 성격유형 분포표이다. 두 연구는 연구의 시기 차이가 크고 두 연구 모두 확률 표집을 이용하여 이루어진 연구는 아니다. 따라서 연구의 상관성이 낮아서 절대적인 비교가 어렵다.

다만 우리나라 일반인과 컴퓨터 프로그래머 성격 분포의 비교를 통해 프로그래밍 기술이 특정 유형별로 비율이 높고 낮음에 일정한 규칙이 있음을 확인할 수 있다. 즉 ENFP를 제외하고는 감정(Feeling)을 의사결정 수단으로 하는 모든 유형의 분포 비율이 프로그래머 집단에서 상대적으로 적다.

적은 표집으로 인하여 ENFP가 일정한 규칙으로 설명되지 않는지에 대한 후속 연구가 필요하다. 의사결정을 할 때 감정(Feeling)과 사고(Thinking) 중에서 감정을 의사결정 수단으로 사용하는 그

---

* 16가지 성격유형 각각의 자세한 성격 설명은 MBTI 성격유형을 전문적으로 다룬 도서를 참조해 주기 바란다.

프로그래머는 왜 심리문제에 골몰하는가?
메타인지를 위한 프로그래밍 심리학

룹들이 SW·AI기술에 적응하기 어렵다는 것을 보이는 결과로 해석할 수 있다.

IT엔지니어 성격유형 분포

ISTJ	ISFJ	INFJ	INTJ
22%	4.2%	1.4%	5,6%
ISTP	ISFP	INFP	INTP
8.1%	3.8%	1.4%	4.7%
ESTP	ESFP	ENFP	ENTP
6.6%	4.2%	4.7%	3.8%
ESTJ	ESFJ	ENFJ	ENTJ
20.7%	4.2%	1.4%	3.3%

우리나라 전체 성인 성격유형 분포

ISTJ	ISFJ	INFJ	INTJ
21.37%	8.17%	2.44%	5,48%
ISTP	ISFP	INFP	INTP
7.88%	6.34%	3.73%	3.33%
ESTP	ESFP	ENFP	ENTP
5.39%	5.38%	3.07%	2.20%
ESTJ	ESFJ	ENFJ	ENTJ
14.09%	5.60%	1.87%	3.46%

더욱이 미국 IT엔지니어들의 성격유형을 연구한 5개의 문헌 연구(meta analysis) 결과에서는 미국 전체 인구에 대한 성격 분포와 프로그래머들의 성격 분포의 차이를 뚜렷하게 알 수 있다. 심리 내적 기능의 선호도인 ST, NT의 경우 전체 인구에 비해 높은

분포를 보였다. NF, SF의 경우 상대적으로 낮은 분포도를 보였다.
이 메타 연구의 결과는 컴퓨터 프로그래밍을 습득하여 직업적으
로 사용할 때 심리적 내적 선호유형인 ST나 NT일수록 다른 유형
보다 더욱 적극적인 태도를 보인다는 것을 말한다. SF이거나 NF
일수록 다른 유형보다 덜 적극적인 태도를 보인다는 것을 말한다.

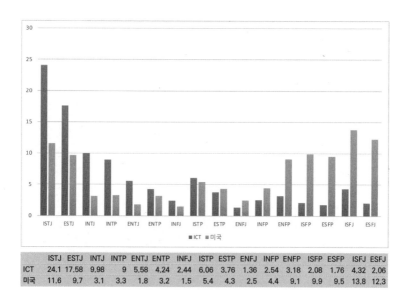

	ISTJ	ESTJ	INTJ	INTP	ENTJ	ENTP	INFJ	ISTP	ESTP	ENFJ	INFP	ENFP	ISFP	ESFP	ISFJ	ESFJ
ICT	24.1	17.58	9.98	9	5.58	4.24	2.44	6.06	3.76	1.36	2.54	3.18	2.08	1.76	4.32	2.06
미국	11.6	9.7	3.1	3.3	1.8	3.2	1.5	5.4	4.3	2.5	4.4	9.1	9.9	9.5	13.8	12.3

IT엔지니어 관련 5개 연구의 메타분석 결과

이는 심리적 선호(preference) 기능이 소프트웨어 엔지니어들
에게 주어진 개발환경과 상호작용할 때의 측정의 적절성을 반영
하는 것이다. 즉, 논리체계적인 TJ 유형에게는 프로그래밍이라는
작업이 절차적 과정과 논리적 판단의 연속이므로 상대적으로 더
큰 적극성을 가지게 됨을 알 수 있다. 다른 집단과는 달리 프로그
래머들은 TJ가 상대적으로 더 많은 이유가 프로그래밍 작업의 적

극성을 표현하게 된 것이다.

SF와 NF를 막론하고 F(Feeling: 정서)를 중요한 의사결정 요소로 사용하는 모든 유형에서 프로그래밍 집단이 그 분포가 적다는 것을 확인할 수 있다. 그렇지만 성격별로 프로그래밍 작업 과정에 유불리가 결정되어 있다고 생각하는 것은 매우 위험하다. 왜냐하면, TJ의 경우 협업 과정에서 필요한 다른 팀과의 협상 장면에서 조차 논리적 사고 판단에 매몰되어 팀 간의 갈등을 촉발시킬 수도 있기 때문이다. 많은 사람들이 프로그래밍의 80% 이상이 커뮤니케이션과 사전 작업이라는 점을 고려하지 않는다.

이 성격유형의 선호도 문제를 프로그래밍에 입문하는 시기와 그 이후의 시기에 어떻게 적용해야 할까? 융이 이야기했던 심리유형론으로 돌아가 살펴볼 필요가 있다. 융은 성격의 발달이 다음과 같은 과정을 거친다고 했다.

- 출생~6세 : 미분화
- 6~12세 : 주기능 발달 (ISTJ의 경우 Si)
- 12~20세 : 부기능 발달 (ISTJ의 경우 Te)
- 20~35세 : 3차 기능 발달 (ISTJ의 경우 F)
- 35~50세 : 열등 기능 발달 (ISTJ의 경우 Ne)

융은 출생에서 35세까지는 페르소나*를 개발하는 단계라고 했다. 한 쪽 성향을 발달시킨 사람은 나이가 들수록 다른 한 쪽까지 자연스럽고 적절하게 사용할 수 있도록 통합해야 한다. 융의 주장

---

* 사회적 신분에 맞는 역할을 표현한 말

으로 볼 때 20세의 대학생이 되기 전에는 주기능과 부기능이 발달 과정 중에 있다.

　프로그래밍에 처음 입문하는 시기가 중고등학생인 사람들은 주기능과 부기능이 발달하는 시기이므로 이때의 학업방법을 주기능과 부기능에 맞추어 프로그래밍을 하도록 돕는 것이 적합하다. 이는 대학 저학년생이라도 같다고 하겠다. 직장을 얻어 기업에서 활동하는 IT엔지니어는 3차 기능이 발달하게 되므로 이때부터는 주기능과 부기능에 적합한 공정에서 점차 다른 공정을 익히도록 안내할 수 있다. 임원이나 CIO로 성장하는 시기는 열등기능을 바라보는 시기이므로 조직의 전체를 바라보고 이끄는 능력이 골고루 발달하도록 도울 수 있다.

최신 경향의 프로그래밍 심리학을 활용하려면

심리학 관점에서 컴퓨터 프로그래밍은 컴퓨터 언어를 읽고 쓰는(reading and writing) 것, 학습(learning)하는 것, 문제해결(problem solving)과 추론(reasoning) 등의 인지(cognitive) 행위이다. 또한 IT프로젝트 진행 과정에서 개인과 집단의 성격에 따라 다양한 문제에 직면하며 제시된 문제해결을 하면서 역동적 상호작용이 벌어진다.

이러한 역동적 상호작용 속의 중심에 있는 팀의 리더들이나 중요한 의사결정을 하는 위치에 있는 CIO들도 개인과 집단의 성격에 따라 프로젝트의 성공을 이끄는 방법과 기술에 크게 영향을 받는다. 그러다 심리적 어려움으로 SW·AI분야를 떠나거나 번아웃(Burn-out) 같은 심리적 현상들을 겪기도 한다.

대학에서의 프로그래밍 심리학 연구분야를 살펴보자. 최근의 프로그래밍 심리학 연구는 프로그래머의 인지적 문제, 프로그래밍과 관련된 행위의 도구와 방법, 프로그래밍 교육 방법론이 매우 포괄적으로 연구되고 있다. 그러나 국내 대학의 컴퓨터공학과 심리학이 공과대학과 인문대학에 따로 떨어져 있어 서로의 학문적 접근에 강한 이질감이 존재한다.

컴퓨터공학과에서는 문제해결 능력(Problem Solving Ability)을 갖춘 인력을 양성하는 것이 중요 목적이지만 심리학과는 인문학이 추구하는 인간 존재적 사고(Human Centric Thinking)를 기반으로 하는 학풍을 지닌다. 프로그래밍 심리학은 학제적 성격을 가지는 분야라 할 수 있으므로 프로그래밍 심리학이 우리나라 대학에서 대중화하여 교육되기는 어려운 상황이었다.

교육대학에 속해 있는 컴퓨터교육학과는 2010년 이후 소수의 대학에서만이 학과와 학문적 명맥을 유지하고 있다. 전 세계적으로 겪고 있는 컴퓨터 교육의 어려움으로 컴퓨터적 사고(CT : Computational Thinking)를 기반으로 문제 해결력의 증진이라는 목표를 중등교과에 적용하는 일에 집중할 수밖에 없다. 국내에서는 프로그래밍 심리학이라는 학문을 받아들이고 적용하기에는 다양한 어려움이 존재하는 것이다.

대학의 프로그래밍 교육도 인간의 행위로 보는 심리학적 접근이 아니라 문제해결에만 집중하여 가르치고 있다. 프로그래밍 과정에서 고려해야 하는 복잡한 문제들을 인간 행위의 관점들로 분리하고 구분해 내는 방법을 고려하지 않는 것이다. 내밀한 개인의 심리 상황에 의해 좌우되는 점을 적절히 코칭하거나 인간에게 주어지는 환경이라는 측면의 접근을 하지 못하고 있다.

미국에서는 인간을 보다 독립적으로 바라보는 서양의 문화적 특성을 활용하여 현장실무 근무자들이 코칭 방식으로 대학생의 프로그래밍 기술을 습득시키는 방법론이 발전했다. 그 결과 미국을 중심으로는 애자일 방법이, 유럽을 중심으로는 PPIG에서 제안하는 프로그래밍 심리학이 현장에서 적용되어 발전했다. 최근 고등교육의 개혁적 모델로 소개되고 있는 미네르바 대학, P-Tech 대학, 플랫아이언 스쿨(Flation School)에서 프로그래밍을 가르치는 방식이 소프트스킬(Softskill)을 중심으로 현장 중심형 코칭 스타일로 제시되고 있다.

신뢰성 있고 타당하며 합리적인 방식으로 산업 발전을 이끌어야 하는 기업에서는 합리적이고 통일적인 방법으로 문제에 접근하기를 원한다. 즉 프로그래밍 행위의 심리학적 관점과 그 행위에서 파생되는 문제, 인공지능 프로그래밍에서의 심리학 활용을 산업 현장에서 바로 적용하여 프로그래머의 역량을 높임으로써 기업의 역량으로 연계할 수 있다.

반면 국내에서는 프로그래밍 심리학의 연구와 홍보가 크게 부족하여 알려지지 못하고 있다. 또 동양에서는 인간의 행위의 원인을 개인에게 귀결시키는 문화적 특성과 현장 실무 근무자들이 초보대학생들의 프로그래밍 기술 습득에 참여하지 못하고 학교(대학) 중심형 지시적 교육 방법에 머물러 있다.

전술한 바와 같이 프로그래밍 심리학은 지능정보화기술을 기반으로 하는 연구 분야들이 크게 확대되면서 꼭 필요한 분야라고 하지 않을 수 없다. 앞으로 소프트웨어중심대학과 인공지능대학원대학교를 중심으로 고등교육기관에서 프로그래밍 심리학을 널리 활용할 수 있도록 해야 한다. 또 프로그래머, 개발자, CIO들의 성장을 통하여 기업의 이익으로 연결될 수 있도록 하고 현장 중심형 코칭 스타일로 교육체계를 변경하도록 하는 것이 주요 과제이다.

글로벌 IT리더들의 성격유형은 어떨까?

글로벌 SW·AI기업을 이끄는 혁신적인 IT리더의 특징을 분석하거나 설명하고 그들을 따라 배울 것을 이야기하는 수많은 책들이 있다. 그들의 행동을 소개하는 기사들도 쉽게 접할 수 있다. IT혁신가로부터 배우라는 압력이 일상에 존재하는 것이다. SW·AI업무를 하는 사람들 모두가 혁신가의 삶을 추구하며 살아야 할까? 그러면 팔로어나 현재를 유지하는 일은 누가 해야 할까?

성격유형이 역할에 크게 영향을 미친다. 혁신가를 추구하는 성격유형의 소유자는 혁신적인 삶을 살면 된다. 물론 혁신가의 성격유형이 아니어도 혁신가의 성격유형을 따를 필요를 느끼는 사람이라면 그래도 된다. IT리더들의 성격유형 분석을 통해서 성격에 따른 각자 자신의 IT리더십을 어떻게 발휘할 것인지 생각해보자.

SJ	SJ	NF	NT
SP	SP	NF	NT
SP	SP	NF	NT
SJ	SJ	NF	NT

SJ: 보호자   SP: 장인, 예술가
NF: 이상주의자 NT: 합리주의자

MBTI 기질별 분류 출처 : 어세스타(재구성)

MBTI 검사의 네 가지 기질 분류는 IT리더들의 성격유형을 분석하는데 매우 유용하다. NT와 NF, SJ와 SP로 분류되며 이들은 각각 고유의 리더십 특성을 보인다.

먼저 NT 기질을 보이는 IT리더를 살펴보면 빌 게이츠(Bill Gates: ENTJ), 스티브 워즈니악(Steve Wozniak: ENTJ), 마윈(Jack Ma: ENTP), 스티브 잡스(Steve Jobs: ENTP), 세르게이 브린(Sergey Brin: INTP)과 래리 페이지(Larry Page: INTP), 마크 주커버그(Mark Zuckerber: INTJ), 일론 머스크(Alan Musk: INTJ) 등이 있다.

빌 게이츠와 스티브 잡스는 많이 알려져 있으므로 혁신가로서의 모습에 대해서는 더 이상의 설명이 필요 없을 것이다. 애플의 공동창업자인 워즈니악도 NT 기질을 가졌다. 구글의 공동 창업자 세르게이 브린과 래리 페이지도 같은 INTP 유형이다. 이 두 사람은 2019년 12월 동시에 구글에서 은퇴를 발표했다. 구글 창업의 순간 만큼 퇴장이 멋지다. NT 기질을 가진 사람들의 순기능적인 선굵은 행동양식을 여지없이 드러낸 일이기에 그 성격을 알고 있는 사람들에겐 별로 놀랄 일이 아니었다.

페이스북의 창업자 마크 주커버그와 혁신적 자동차를 넘어서 우주 로켓까지 쏘아올리는 일에 열정을 보이고 있는 일론 머스크, 이 두 사람은 모두 INTJ 성격으로 N(i)*의 기질이 창업과정에서 그대로 드러났다. INTJ들의 사고 체계는 일반인이 이해하기 어려운 면이 존재한다. INTJ의 기질적 특성을 일론 머스크의 발언에서 찾을 수 있다. 그의 언어 표현에 대해 많은 사람들이 이해하기 어렵다는 반응을 하는데, 그의 성격 특성을 그대로 반영한 것이다.

---

* 내향직관을 표현하는 기호

"인간의 뇌에도 인공지능 칩을 심어 인공지능과 경쟁하자."고 거침없이 이야기하는 일론의 성격유형이 바로 INTJ이다. 이들은 다른 사람의 정서를 이해하는 능력에서는 열등한 기능을 가졌다고 알려져 있다. 그럼에도 우주 로켓 발사(스페이스 X), 자동차(테슬라), 태양전지(솔라시티), 인공지능(오픈AI), 뇌 컴퓨터 인터페이스(뉴럴링크)와 관련된 회사들을 꾸준히 창립했다. 머스크의 도전 정신은 그 성공 여부를 떠나 인류를 새로운 세계로 이끌고 있는 것은 확실해 보인다. 인류 역사의 큰 획을 긋는 사람 중에 NT 기질의 소유자가 많으며 현대의 혁신사회에서 자신의 역량을 이와 같은 방법으로 발휘하는 것이다.

현대 컴퓨터의 원형인 노이만형 컴퓨터로 컴퓨터 출현에 혁혁한 기여를 한 헝가리 수학자 존 폰 노이만(John von Neumann: ENTP) 또한 NT 기질을 가졌다. 합리적인 기질을 가진 이들은 지식지향적이며, 비전을 중요시하며 이론적이며 논리적으로 자신감 실현의 욕구로 충만해 있다.

그렇다면 NT들이 지닌 리더십은 무엇일까? 그들은 합리주의자로 불리며 복잡한 문제도 논리적으로 분석해서 해결하며 이론적인 근거를 제시하는 전문성을 보인다. 원리원칙을 준수하며 업무 관련자들에게 기대하는 바가 높아 팀원들이나 주변 사람들 중에서 힘들어하는 사람들이 많다. 예들 들어 스티브 잡스는 '해군이 아니라 해적이 돼라!(Pirates! Not the Navy!)'라는 문구가 적힌 티셔츠를 직원들에게 나눠준 적이 있다. 엘리베이터 안에서 만난 직원에게 여러 질문을 던진 후 답을 못한 직원을 엘리베이터에서 내리자마자 해고했다는 일화가 유명하다. 물론 그 당시에 애플이 처한 위치가 매사에 혁신이 필요한 상황이기는 했으나 비전(vision)을 중시하는 NT기질의 특성이 그대로 반영된 것으로 해석할 수 있다.

INTP	ENTJ
"제가 독립적이고 자율적인 업무 선호해서 팀원들도 그런 환경에서 생산성이 더 높을 것이라 생각했어요. 하지만 독립성이나 자율성만큼 팀원들과의 상호작용도 중요하다는 것을 나중에 깨달았습니다."	"저는 전략을 세우고 일을 빠르게 추진합니다. 하지만 '목표'에 지나치게 집중한 나머지, 팀원들을 의사결정에 참여시키는 것을 가끔 잊어버릴 때가 있습니다."

ENTP	INTJ
"저는 업무에 있어 다양성을 추구해서 많은 대안과 가능성을 고려하는 편입니다. 그런데 저의 이런 태도 때문에 시간을 낭비하고 있다고 생각하는 팀원들이 있는 것 같아 고민입니다."	"저는 팀원들이 일을 할 때 제 방식을 따라주길 바라다 보니 그 기대가 어긋날 때 스트레스를 받아 힘들었습니다. 요즘은 다른 사람들의 방식을 더 존중하고 수용하기 위해 의식적으로 노력하고 있습니다."

NT의 리더십

출처 : 어세스타 (재구성)

NT들은 IT리더십을 발휘하면서 항상 혁신을 염두에 둔다. 단순하면서 분석적인 답을 요구한다. 팀원들을 상호작용이나 의사결정에 참여시키거나 상호작용 자체의 중요성을 잊어버리는 일이 많다. 자기 기준이 높으니 팀원들에게도 당연히 자신의 기준에 맞게 자신이 불필요하다고 생각하는 부분을 생략해버리고(다른 사람에게는 매우 중요한 부분임을 미처 생각하지 못하는 것이다.) 높은 기준을 요구한다.

NT들의 특성 중 다른 하나는 다른 어떤 기질들보다도 독립적이라는 것이다. 반면 전통을 존중하고 현실을 중요하게 생각하는 SJ, SP 기질은 독립성과 혁신 추구 성향이 부담스러울 수밖에 없다. NT와 SJ, SP들의 차이점을 이해하고 모두를 중재할 수 있는 사람인 NF의 기질을 가진 사람들이 조직에서 매우 중요하다.

NF 기질을 가진 사람들은 이상주의자라고 불리며 대표적인 NF 기질의 IT리더로는 야후의 창업자인 제리 양(Jerryt Yang: ENFP)과 현재 애플의 CEO인 팀 쿡(Tim Cook: INFJ)을 들 수 있다. 제리 양은 닷컴 1세대로 불리며 성공을 거듭하다가 구글과 페이스북에 떠밀린 야후에서 2012년 최고 경영자 자리에서 물러났다. 그후 역사상 최대의 상장으로 평가되는 알리바바를 설립하는 데 크게 기여했다. 그의 열정과 인간중심 철학은 '사람을 먼저 생각하라, 기술은 그 다음이다'라는 모토로 표현된다. 인간에 대한 따스한 감성리더십을 특징으로 하는 NF의 기질을 그대로 나타내는 것이다.

팀 쿡은 어떨까? 스티브 잡스가 CEO에서 물러나고 팀 쿡이 승진해 CEO가 된 후의 첫 프레젠테이션을 상기해보자. 각 부분의 전문가들에게 대부분의 프레젠테이션을 맡기고 자신은 주요한 부분에서만 직접 프레젠테이션에 참여했다. 당시 이와 관련하여 애플의 미래를 걱정하는 기사들이 많이 쏟아졌는데, 이에 필자는 실소하지 않을 수 없었다. NF 기질의 따뜻한 리더십을 오해한 것으로 해석됐기 때문이다. 잡스가 CEO였던 시기에도 잡스의 도전적이며 다른 사람의 감정을 잘 모르는 특성을 팀 쿡이 보완해 애플을 성장시킨 것이라고 해석하는 것이 타당하다. 그것은 팀 쿡에 대한 잡스의 신뢰에서도 알 수 있는 부분이다.

INFJ	INFP
· 타인의 성장과 개발을 강조하는 환경에서 변화를 이끌어내는 분야 · 창의성을 발휘하고 자신의 가치를 표현할 수 있으며 새로운 아이디어가 수용되는 곳 · 개인적인 통찰이 보상을 받는 곳 · 조용하게 숙고할 수 있는 시간과 공간이 있는 곳 · 조화롭고 배려하는 분위기 · 계획적으로 조직화된 환경	· 중요한 가치에 초점을 맞춘 즐겁고 헌신적인 환경 · 창의적인 아이디어가 환영 받는 분야 · 프라이버시가 보장되는 곳 · 밝고 협조적인 분위기 · 유연성, 융통성 있는 환경 · 비관료적인 환경 · 성찰의 시간과 장소가 허용되는 환경

ENFP	ENFJ
· 인간의 성장과 복지를 중요하게 여기는 곳 · 다양한 사람들과 다양한 관점을 접할 수 있는 곳 · 친밀한 관계를 형성할 수 있고 재미와 즐거움이 어우러진 환경 · 융통성 있고, 격식이 없으며, 자유로운 분위기 · 아이디어와 변화를 장려하는 곳 · 새롭고 도전적인 일이 브레인스토밍을 통해 창출되고 시행되는 곳	· 공동의 이익 향상과 변화에 관심을 가진 구성원들이 있는 환경 · 지적이고 감사를 표현하며, 창의적인 곳 · 인간 중심적이고 사교적인 분위기 · 조화와 공감의 정신이 공유되는 환경 · 자기표현을 격려하는 분위기 · 안정적이고 결단력 있는 환경 · 책임과 질서를 추구하는 경향

NF가 선호하는 업무환경

출처 : 어세스타 (재구성)

ISTJ	ISFJ
· 행정적인 분야 특히 관리, 재무, 기록과 관련된 업무 · 독립적이고 실무적인 과제나 프로젝트 · 성실하고 업무 중심적이고 사실과 성과에 중점을 두는 동료 · 자신에게 기대되는 바가 명확하고, 목표 달성에 대한 보상이 일정 수준 지속되는 곳 · 장기적인 안정성이 보장되는 환경 · 프라이버시를 존중하는 조용한 곳	· 인간적이고 친절하며 성실하게 일할 수 있는 서비스 분야 · 실질적이고 정확하게 규정된 역할 · 책임감 있고 친절하며 성실한 동료 · 개인적인 공간이 있는 조용하고 차분한 분위기 · 충분한 마무리와 철저한 접근방식을 요구하는 환경 · 안전하고 예상 가능하며 조직적인 곳

ESTJ	ESFJ
· 경영 및 행정 분야 · 직접적이고 명확하며 실제적인 필요 중심의 프로젝트 · 성실하고 과업지향적이며 재미있는 일을 계획하는 동료 · 구조와 체계가 갖추어진 환경 · 안정적이며 예측 가능한 곳 · 성취한 목표에 대한 보상이 주어지는 곳	· 우호적이고 서로 인정해주며 활동적인 분위기의 관리분야 · 서로 돌보고 목표 달성을 위해 구조와 절차가 제시되는 곳 · 양심적이고 협력적인 동료 · 조직화와 효율성 그리고 충성이 보상을 받은 곳 · 사실과 가치가 모두 고려되고 전통이 존중되는 곳

SJ가 선호하는 업무환경

출처 : 어세스타 (재구성)

프로그래머는 왜 심리문제에 골몰하는가?
메타인지를 위한 프로그래밍 심리학

ISTP	ISFP
· 즉각적인 문제해결이나 위기 개입에 집중하는 행동지향적인 동료	· 조용하게 업무에 정진하는 협조적인 동료
· 프로젝트 지향적이고 과업에 초점을 맞춘 환경	· 개인의 공간이 허용되는 환경
· 직접적이고 실용적이며 필수적인 업무	· 협력적이고 지지적이며 화합을 추구하는 분위기
· 논리적 사실에 주목하는 환경	· 융통성과 독립성, 업무의 안정성이 보장되는 환경
· 문제에 대한 빠른 대응이 보상받는 환경	· 친절한 동료들과 함께 일하는 환경
· 자신이 생각하기에 적합한 방식으로 일할 수 있는 곳	· 질적인 성과를 추구하는 환경

ESTP	ESFP
· 활기차고 결과지향적인 동료	· 현실에 초점을 두는 에너지가 넘치는 낙천적인 동료
· 즐기는 시간이 허용되는 환경	· 관계지향적이고 팀 중심적인 곳
· 최신의 장비를 갖춘 기술지향적인 곳	· 서로에게 우호적이고 감사하는 곳
· 순간적 요구에 민감하게 대응해야 하는 환경	· 순간의 임기응변을 발휘할 수 있는 곳
· 행동지향적이고 실질적인 프로젝트와 업무	· 빠르게 진행되지만 안정적이고 안전한 직업환경
· 분명한 목표는 있지만 달성 과정에서 융통성을 발휘할 수 있는 곳	· 활기 있고 행동중심적이며 주변 환경이 다채로운 곳

SP가 선호하는 업무환경

출처 : 어세스타 (재구성)

언어적 문제를 컴퓨터에 적용할 수 있게 만드는 데 커다란 영향을 미친 인물이며 현대 컴퓨터의 출현에도 크게 기여한 변형생성 문법을 제시한 노암 촘스키(Noam Chomsky: INFJ)도 NF 기질의 소유자이다. 촘스키는 언어학자로서 20세기에 가장 중요한 공헌을 하였다. 그가 언어학으로 인간의 존재를 설명함으로써 정치, 경제, 문화, 과학에 끼친 영향을 보면 NF들이 가지는 이상주의적 기질의 발현을 그대로 이해할 수 있다. 이와 같이 NF들은 이상주의자적 기질을 보이며 성장지향의 성향을 보인다. 의미를 찾고 심사숙고하며 더 나은 세상을 만들기에 전념하며 자아실현의 욕구로 가득 차 있다.

SJ 기질과 SP 기질을 가진 사람들은 어떨까? SJ는 보호자, SP는 장인으로 불리곤 한다. SJ 기질의 IT리더로는 아마존의 CEO 제프 베조스(Jeff Bezos: ISTJ)를 들 수 있다. 그는 생산성 극대화를 통해 아마존을 세계적인 온라인 쇼핑몰로 성장시킨 신화적 인물이다. 2021년 7월, 27년 만에 아마존 CEO에서 공식적으로 물러났다. 이제는 그 리더십이 블루오리진을 통한 민간 우주비행을 실현시키려 하고 있다. 블루오리진의 유인 우주선 '뉴 세퍼드'를 직접 타고 우주 여행 사업을 준비하고 있다. 민간 우주비행 시대를 열려는 그의 창의적인 모습은 NT 기질의 일론 머스크(INTJ)와는 대비되는 유형의 창의력이다. SJ 기질을 가진 리더들은 보호자적 기질을 가지고 있다. 현실적 의사결정을 하는 전통주의자들이다. 위계질서를 존중하며 경험과 체득을 통한 책임 완수의 리더십을 가진다.

SP 기질을 가진 IT리더에는 잭 도시(Jack Dorsey: ISTP), 조나단 아이브(Jonathan Ive: ISFP), 데니스 황(황정목: Denis Hwang: ISFP)

을 들 수 있다. 잭 도시는 프로그래머 출신으로 트위터의 프로그램을 작성했다. 세상의 사람들이 이 순간 무엇을 생각하고 어떻게 느끼고 있으며, 무엇을 하고 있고 어디에 관심이 있는지, 그리고 그들이 지금 무엇을 먹고, 어디로 가고 있는지 실시간으로 알수 있는 서비스다. 지금은 당연하게 느껴지지만, 처음 이런 도구를 생각해낸 그의 발상은 대단한 것이지만 그의 성격적 특성인 감각형의 정보수집 기능과 일치한다. 그의 트위터 개발이 당연하다는 것을 느낄 수밖에 없다. 잭 도시는 비트코인 옹호자이다. 2021년 7월 현재 NT 기질의 일론 머스크와 함께 비트코인 전도사로 "The B World" 컨퍼런스에서 비트코인 담화자로 나섰다. 잭 도시의 SP 기질이 탐험가로서의 기질로 발전하는 양태를 보이고 있다. 이것이 SP 기질의 발달이다.

조나단 아이브는 애플의 최고디자인책임자(CDO)로 아이폰 디자인에 깊이 관여했던 인물이다. 조나단 아이브는 2019년 7월 애플에서 퇴직했는데 그때 애플 주가에 영향을 미치기도 했다. 퇴직 후 '러브 프롬'이라는 회사를 창업했다. 데니스 황은 한국인으로 구글의 초창기부터 참여한 수석 디자이너였다. 이 두 사람은 모두 ISFP로 SP의 장인기질을 가진다. 특이 데니스 황은 2017년에는 나이앤틱으로 옮겨 포켓몬 캐릭터의 개성을 그대로 살리면서 증강현실 기술의 몰입도를 높이는 작업을 주도했다. 게임업계에서는 "그가 없었다면 포켓몬 고 열풍도 없었을 것"이라는 말이 나올 정도다. 모두 알다시피 포켓몬고는 제페토와 함께 메타버스를 주도하는 성공적인 가상현실 도구로 유명하다. SP 기질의 소유자들이 가지는 예술가적 기질이 잘 반영되고 있는 것이다.

이와 같이 각 SW·AI기업에서 중요한 역할을 담당하던 SP 기질의 인물들이 퇴직 후 자신이 창업을 주도하면서 자신의 주기능과 부기능을 넘어서 열등기능인 도전적 창업에 몰두하여 자기발전을 도모하며 동시에 기질적 특성이 잘 반영된 업무에 집중하고 있는 것이다.

그밖에도 현대 컴퓨터의 아버지라 불리는 앨런 튜링(Alan Turing: ISTP)도 SP 기질의 유형이다. SP 기질을 가진 사람은 정서(F)에 기반한 의사결정을 한다. 매우 따뜻하고 언어의 표현이 부드러우며 예술적 창의성의 성향이 강하다. 또 장인 예술가적 기질을 지녔다. 자연스럽고 충동적이며 자발적이며 절충과 적응으로 실천을 가장 중요한 리더십으로 삼는다.

물론 우리나라의 환경과 미국의 환경은 너무 다르다. 기본적으로 지식기반사업을 지원하는 사회적 분위기가 다르다. 미국처럼 '메이커'를 우대하지도 않는다. 어린 시절에는 레고 조립을 잘하는 자녀들을 보고 물개박수를 치지만 성장하여 현장 중심의 일을 하려고 하면 지식노동적인 일을 하라고 강요하는 사회적 구조이다. 창업을 권장하는 금융 시스템과 행정적인 지원은 수많은 시행착오를 거쳐 이제서야 조금씩 선진국들의 모델을 따라가고 있다. IT리더들의 성격유형과 리더십 유형의 이해를 통해 자신에게 가장 자연스러운 IT리더십을 모델링*한다면 우리 모두는 자신에 맞는 방식으로 창의적 IT리더십을 발휘할 수 있을 것이다.

---

* 여기서 말하는 모델링은 따라하기의 Modeling이다.

프로그래밍 심리학의 현대적 정의

프로그래밍 심리학(PoP : The Psychology of Programming)은 컴퓨터 프로그래밍을 하는 사람이 경험하는 모든 심리적 문제들을 말한다. 그 경험에는 성격, 인지, 행동, 발달, 사회 심리를 포함한다. 프로그래머들이 컴퓨터를 이용한 프로그래밍 작업 과정에서 경험하는 많은 문제들은 심리문제와 관련이 있다.

초보 프로그래머들은 인지기술의 미숙함에서 성숙으로 발전하지만, 논리적 사고 기술의 미숙함으로 때로는 좌절하기도 하고, 사고모의에 대한 개념적 문제의 어려움으로 괴로워하기도 한다. 기업에 첫발을 딛는 사회 초년 프로그래머는 리더(leader)와 팔로어(follower)로 구분되는 프로그래머들의 세계에서 상대와의 관계를 통해서 능력을 빠르게 향상시킨다. 이때 적응하는 것이 힘들어 쉽게 직장을 바꾸기도 하는데 프로그래머가 가져야 하는 인간관계의 특징과 중요성을 느끼기 시작한다.

팀의 리더로 성장한 프로그래머들은 팀 내에서의 자신의 위치나 역할에 대해 새로운 경험을 하고 끝없이 새로운 도구의 기술을 습득해야만 한다. 팀원들과의 관계 속에서 어려움을 느끼거나 미숙한 팀원들의 성장을 이끄는 자부심으로 그 시절을 보내게 된다. 리더 프로그래머는 인공지능의 발전으로 지식 구축의 최전선에서 인간이 축적한 귀납법이라는 과학적 방법론으로 특정한 방식의 사고모의와 그 구현을 통해 인지, 추론, 학습 능력을 구축하는 독창적 길을 가면서 앨런 튜링의 사고모의를 재현하고 발전시켜야 한다.

CIO이거나 CIO로 성장하고 싶은 리더들은 급속히 변화하는 SW·AI 기술의 습득과 끊임없이 몰려오는 업무의 과중함으로 심리적 어려움이 발생하고 결국 번아웃(Burn-out)되어 SW·AI업무 자체에서 멀어지기를 원하여 직장을 떠나버리기도 한다.

초보 프로그래머에서 CIO까지 프로그래밍과 관련된 일을 하는 거의 모든 사람들은 평생에 걸쳐 프로그래밍 심리학의 영역 내에서 생활하며 성취의 행복과 좌절의 고통을 경험하는 것이다. 프로그래밍 심리학은 프로그래머들이 컴퓨터 프로그래밍의 과정에서 경험하는 심리문제들과 관련된 모든 것들이다. 다시 정리해보면 다음과 같다.

- IT엔지니어들 사이에서 얽히는 인간관계
- 인지, 추론, 학습 능력 구축 등의 과정에서 고도의 지식활동을 끝없이 해야 하는 어려움과 회의감
- 프로그래밍 학습, 프로그래밍 과정, 소프트웨어 개발주기 단계에서 개인 성격의 선호도와 상관성에 따른 차이
- 번아웃(Burn Out)과 같은 심리적 어려움의 발생과 심리기능 유지를 위한 성숙

현대에 와서는 프로그래밍 행위와 그 관련된 문제들은 인간의 심리적 문제와 떼려야 뗄 수 없는 관계가 되었다. 이는 컴퓨터 기술이 발전한 초창기부터 연구되었다. 최근에는 프로그래밍 작성의 효과와 그 문제까지 연구 발전하고 있는 상황이다.

CIO의 MBTI 성격유형 탐구

오늘날의 CIO는 참으로 다양한 역할을 한다. 정보기술이 그 출발은 재무에서부터 적용되어온 역사적 발전 순서 때문에 최고재무책임자(CFO)와도 깊은 연관이 있다. 생산, 구매, 판매와 관련된 ERP가 도입되어 프로세스 혁신과 관련된 산업공학의 요소와도 매우 깊은 연관성이 있다. 기업 혁신과 비즈니스 역량이 강조되었으며 필요에 따라 조직 내의 정보보호 책임자(CSO)의 역할까지도 해야한다. 최근에는 다양한 국제적 이슈에 적용하기 위해서 에너지 환경 문제와 관련된 의사결정, 경제 위기 탈출을 위한 혁신의 임무까지도 주어진다.

이와 같이 CIO는 다양한 임무를 수행하면서도 새로운 기술 발전 동향을 파악하고 기술을 도입하는 적절한 시점을 찾을 수 있어야 한다. 모든 요소에서 조직에 미치는 영향을 고려한 결정을 해야 하므로 엔지니어들의 현재 역량과 능력의 파악과 현재의 심리 상태까지도 고려해야 한다. 분석심리학을 통해 CIO들의 성격유형이 조직에서 어떻게 발휘되는지 살펴보자.

내향형 CIO

2014년 베를린에 있는 경영기술대학의 조 피퍼드 교수는 10년 동안 200명을 연구를 통해 CIO의 70%가 내향형이라고 발표했다. 많은 영역의 업무와 연관된 CIO가 자신의 역할을 잘 수행하기 위해서는 당연히 소통 능력이 중요하므로 외향형이 많을 것으로 생각하기 쉽다. 활발히 소통하는 외향형(Extrovert)보다 월등히 많은 70%가 내향형(Introvert)이라는 점을 믿기 어려워하는 사람이 많을 것이다. 물론 이 연구는 독일에서 한 연구이므로 국가별 기업 환경에 따라 우리나라에서의 편차를 고려해야 한다.

하지만 다른 연구에서도 CIO보다 더 막중한 임무를 가지는 CEO조차 내향형이 70~80%에 육박하는 것으로 알려지고 있다. 심리학 연구자들은 내향형의 비중이 높은 것이 CEO 그룹에서 매우 일반적이므로 CIO 그룹도 그렇다는 점에 새삼 놀라지 않는다.

휴식을 통해 에너지를 충전하는지 활동을 통해 에너지를 충전하는지에 따라 성격을 구분하는 내향형과 외향형은 매우 오래된 구분법이다. 이는 융(Carl Gustav Jung)의 업적 중 하나로 성격을 구분하는 중요한 요소로 현대의 모든 심리학자들이 인정하고 있다. 더군다나 다른 종류의 성격특성과는 달리 오랜 시간 같이 생활해온 주위의 사람이라면 그 특성을 인식할 수 있는 지표이기도 하다.

- 특성 : 오랜 동안 같이 생활한 대상자는 쉽게 판별할 수 있다.
- 휴식을 통해 에너지를 충전한다.

프로그래머는 왜 심리문제에 골몰하는가?
메타인지를 위한 프로그래밍 심리학

- 사색을 열심히 한다.

이번에는 심리학자가 아닌 CIO나 CIO가 되고자 하는 사람들의 관점에서 이 문제를 다루어보자. 내향형의 특성 중 유리할 수밖에 없을 것으로 보이는 CIO의 역할을 다음과 같이 정리할 수 있다.

- 복잡한 의사결정 구조에 대처하는 방법
- 데이터에 근거한 결정
- 수학, 물리학, 공학, 컴퓨터 과학 등 규범적 논리적 주제를 다뤄야 하는 경향성
- 혁신을 요구 받음

복잡한 의사결정 구조에 현명하게 대처해야 하는 리더로서는 그 특성상 사색의 긍정적인 활용이 가능해야 하므로 내향형이 더 유리해 보인다. 특히 데이터에 근거한 결정을 하는 것이 무엇보다 중요하다. 그런데 근거 파악을 위한 시간을 충분히 소모하지 않고 즉각적으로 결정하는 것은 CIO들에게는 익숙하지 않을 것이다. 데이터뿐만 아니라 규범적 논리적 주제를 다루어야 하므로 복잡한 계산 결과에 문제가 없는지 탐색해야 하는 CIO에게는 내향적 에너지 소비가 더 적합해 보인다.

내향형과 혁신

2014년 이후 CIO들은 인공지능의 활용과 응용이라는 새로운 혁신적 상황에 직면하게 되었다. 혁신적 위기 상황에서 내향형이 어떤 역할을 하는지를 살펴보도록 하자. 다음은 「경제위기를 비즈니스 성장의 계기로 삼기 위한 CIO의 전략」에서 제시한 혁신을 주도해야 하는 CIO의 전략 네 가지이다.

- 혼돈에서 기회 발견
- IT를 이용해 비즈니스 혁신 추진의 시각을 견지
- IT 조직 내에서 가치에 집중
- 사례를 통한 변화 주도

최근과 같은 경기 후퇴의 위기에서는 경쟁업체를 앞지르기 위해 업무체계를 신속하게 합리적으로 재편해야 한다. 이 경우, 신속한 움직임이 외향성을 의미하지는 않는다. 업무체계를 합리적으로 재편하는 일은 내향형 CIO가 유리하다. 항상 조직의 업무 흐름을 효과적으로 파악하는 신중함이 있기 때문이다. 즉, 업무에 내포된 가치에 집중하고 있으므로 내향형 CIO가 절대적으로 유리하다.

CEO, CFO, CIO 들 모두에게 IT의 역할이 더욱 더 주어질 것으로 예측되고 있다. SW·AI기술의 변화 발전을 신중하게 바라보는 내향형 CIO가 더욱 빛을 발할 것이다. 기업에 가치에 집중하기 위해서 조직은 높은 응집력과 적절한 비즈니스 솔루션의 아웃소싱 등을 판단해야 한다. 이는 신중한 내향형 CIO에게 적절하다.

IT조직 내에서 가치에 집중하려면 지루한 협상 과정도 마다하지 않아야 한다. 관계의 촉진은 내향형에게 적절치 않으나 내향형은 신중하게 고난하고 길고 긴 협상 과정을 현명하게 대처할 수 있는 내적 힘을 가지고 있다. 사례의 축적은 혁신 과정에서 마주칠 위기 상황에서 CIO의 능력을 보일 수 있는 기반이 될 것이다. 내향형은 하나의 사물에 깊이 몰입할 수 있는 에너지 저장 역량이 있다. 혁신을 주도해야 하는 내향형 CIO는 사례 축적을 통한 혁신에 더욱 유리할 것이다.

내향성이 CIO의 역할에 장애를 줄 수 있을까?

대답을 먼저 하자면 "그렇다!"이다. 다음 몇 가지를 생각해보자.

- 철수하거나 회피하는 듯한 인상을 줄 수 있다.
- 심리적 문제가 신체화하여 육체적 정신적 어려움을 겪을 수 있다.

중요한 업무 협상을 주도해야 하는 상황에서 조직 내부가 조율되지 않았거나 예상하지 않았던 문제에 대응을 준비하지 못했다면 협상 상대방에게 철수하거나 회피하는 듯한 이미지를 줄 수 있다. 물론, 그러한 상황이 발생하지 않도록 충분히 준비하는 게 맞다. 하지만 복잡한 현대사회에서 모든 경우에 잘 대처한다는 것은 정말 어려운 일이다. 상대방에게 좋지 못한 인상을 주게 된 점을 오랫동안 곰곰이 되돌아 보고 싶다면, 에너지 순환의 적절한 방법을 찾기 권한다. 명상과 같은 정신적 에너지 처리 방법이나 혼자서 할 수 있는 헬스, 수영 등을 통해 가능하다.

CIO라면 중년으로 넘어가는 기준 나이인 35~45세를 넘어서게 된다. 이 나이는 자연히 자신이 가지지 못하는 반대기능을 바라보는 시기이다. 이 시기를 잘 보내면 완숙한 중년을 보내는 현명한 심리적 대응 능력을 가지게 된다. 많은 사람이 이때 중년의 위기가 오기도 하지만 그 위기를 스스로 인식하기란 매우 어렵다.

중년의 심리적 위기를 만났을 때 내향성이 신체화하여 질병으로 발전할 수 있다는 점에 유의해야 한다. 내향형이 가지는 심리적 어려움 중 하나가 자신의 심리적 문제를 신체화하여 육체적, 정신적 질병으로 이끄는 것이라는 점은 잘 알려진 심리학적 사실이다. 만약 이러한 위기에 처해 있다면 반대 기능으로 보충하는 것이 좋다. 활발한 소통을 위해 테니스, 배드민턴과 같은 다수가 참여하는 활동성 운동과 멀리 나가서 여러 사람을 만나야 하는 골프도 내향성의 역기능을 극복하기 위한 유용한 도구가 될 것이다. 이처럼 프로그래밍 심리학은 내향형 CIO를 위한 메타인지 향상에 크게 도움이 된다.

외향형 CIO

생각해보자. CIO 중 왜 30%만이 외향형일까? 외향형이 CIO라는 직무에 부족할 수 있다는 인식에 초점을 둔다면 심리학적으로 설명하기 어려워지는 인식 오류의 함정에 빠지게 된다. 내적 이미지와 형상을 자신의 밖으로 잘 이끌어내는 역량이 무엇보다 필요한 영역인듯한 CIO라는 역할에서 외향형이 다수를 차지 못하는 이유는 무엇일까?

2014년 독일 베를린 소재 경영기술대학의 조 피퍼드 교수는 10년 동안 200명 대상 연구를 통해 CIO의 30%가 외향형이라고 발표했다. 우리는 상대적인 비교가 될 때 위축된다. CIO 중에서 소수라고 비교 당한 외향형 CIO들도 위축될지 모른다. CIO의 역할이 점차 확대되어 최근에는 복잡한 국제적 이슈에 적응하고 에너지 환경 문제의 의사결정까지도 관여해야 한다. 또, 경제위기 탈출을 위한 혁신의 임무까지 감당해야 한다. 그토록 복잡하고 다양한 문제를 해결해야 하는 CIO 중 30%라는 소수가 외향형이라는 것이 참으로 역설적으로 들릴 것이다. 당연히 활발한 소통이 CIO의 미덕일 텐데 말이다.

외향형은 소통으로 에너지를 충전하는 것으로 특징을 설명한다. 내향형은 사색을 열심히 하지만 외향형은 소통을 열심히 한다. 주변인과 이야기를 하지 않을 때는 전화라도 들고 남과 대화를 하고 있다. 바로 이 점이 외향형의 CIO가 주의해야 할 첫 번째 사항이다.

「새로운 CIO : CIO 리더십 센터에서 배양되는 통찰력」에서는 CIO의 가장 중요한 역량은 리더십이라고 말하고 있다. 리더십은 관계에서 출발한다. 내향형은 외향형과의 갈등이 발생하면 '외향형은 관계의 깊이가 없다'고 공격한다. 외향형은 폭넓은 관계의 추구를 하기 때문에 깊이를 추구하는 내향형에겐 그렇게 보이는 것이다. CIO는 갈등 관계를 극복해야 하는 막중한 자리이다. 내향형들이 요구하는 깊이 있는 관계를 바로 볼 수 있다면 내향형 CIO가 70%라는 점에 초점을 두지 않을 것이다. 자연히 상대적 비교에서 오는 외향형 CIO의 열등감도 사라질 것이다.

내향형은 하지 못한 일을 후회하지만 외향형은 한 일을 후회한다. 외향형은 에너지의 소비가 외부로 향하므로 주어진 환경에서 활발히 소통하는 조직에서 중요한 역할을 수행한다. 그러나 외향형 CIO들이 기억해야 할 것이 있다! "이 세상 사람의 절반은 깊이를 원한다."* 물론 억울할 것이다. 외향적인 사람은 대상을 긍정적으로 보며 행동한다. 대상의 의미를 긍정하여 자신의 태도를 항상 대상에 맞추면서 대상과 관계를 맺는다. 자신의 가치보다는 상대의 의미를 높이려는 행위인데 최소한 절반의 사람들(내향형)은 그렇게 보지 않는다.

모든 인간의 심리적 어려움은 상대적 위치를 알지 못하기 때문에 발생한다. 오늘날 기업들은 양적이고 질적인 모든 측면에서 유능한 CIO 확보에 어려움이 있다. 이들은 자신이 보유한 기술 및 능력이 자신보다 한두 직급 아래 직원의 기술 및 능력에 비해 상당히 큰 격차가 있다. 외향형 CIO가 소수인 것은 CIO 직급으로 올라갈수록 적임자의 숫자가 더 줄어드는 현실과 관련이 있다.

내향형은 대상에 대하여 추상적 태도를 취한다. 내향성은 정보 수집의 방법인 직관과 감각을 사용하면서 심화되고 성숙해진다. 사색으로 충전하는 내향형의 CIO가 많은 이유는 부하직원들의 기술 및 능력과 월등한 차이가 있음에도 깊이라는 측면을 함께 가지고 갈 수 있기 때문이다. CIO가 된 후라면 다음의 요구가 더해질 것이다.

---

* 최근의 국내 연구에서도 전체인구의 외향형과 내향형 비율이 유사하게 측정되고 있다.

- 복잡한 의사결정 구조에 대처하는 방법
- 데이터에 근거한 결정
- 수학, 물리학, 공학, 컴퓨터과학 등 규범적, 논리적 주제를 다뤄야 하는 경향성
- 혁신의 요구

이와 같은 것들을 충분히 소화해야 하니 이들에 시간을 투여하기에는 외향형이 불리하다는 점을 의식해야 한다. 즉, 경쟁자들이 더 편하게 쓰는 기능이라면 깊은 관심이 필요한 것이다. 다행히 내향과 외향을 처음 학문적으로 언급한 카를 구스타프 융은 중년(35~45세)에는 반대기능을 바라보게 된다고 했다. CIO라면 중년에 이르렀을 것이고, 특히 건강한 외향형 CIO라면 분명 중년의 어려움을 떨쳐버리고 내향의 기능도 편안하게 바라보고 있을 것이다.

외향형 CIO의 또 다른 힘, 행복을 느끼는 기술!

인간이 행복감을 느끼는 주요한 요인은 무엇일까? 일반인의 예상과는 달리 성별, 나이, 교육, 수입, 건강, 종교, 지능, 여가, 사건[†]은 설명력의 총량이 20%를 넘지 못한다. 성별, 나이, 교육, 지능, 건강, 외모는 거의 의미 없는 수준이고 종교와 즐거운 사건[‡], 여가는 다소 영향을 미치기는 한다. 주목할 만한 점은 나머지 80%가 '주관적 안녕감'과 '고통을 느끼는 정도'에 의해 행복감이 결정된다

[†] 사회인구학적 변인들
[‡] 예) 친구들과의 소통

는 것이다.

20%의 영향력이 있는 사회인구학적 요인 중에서 다소 영향이 있는 세 가지로 종교, 즐거운 사건, 여가를 살펴보자. 외향형은 개방적이고 사교적이다. 명랑하거나 친절하고 붙임성 있으며 다른 사람과 관계를 잘 맺는 기술과 관련이 높다. 모두 외향형에게 유리한 요인이다. 뿐만 아니라 내향형의 주관적 행복감은 5점 척도에서 2.5이지만 외향형의 주관적 행복감은 3.5라고 알려져 있다.

소통을 중심으로 하는 외향성은 20%의 설명력을 가지는 사회인구학적 요인과 80%의 설명력을 가지는 주관적 행복감 모두에서 긍정적인 영향을 받는다. 말하자면 외향형이 더 행복감을 느끼면서 삶을 영위한다는 것이다. 이것이 외향형 CIO의 힘이다. 앞서 반대기능을 바라보기 시작한 중년의 외향형 CIO라면, 주체가 아닌 객체에 집중하며 상대에 의미를 두는 과정에서 상대방의 태도에 관대하며 상처받지 않는 태도가 몸에 배어 있으리라!

외향성이 CIO의 역할에 도움이 되는 점

앞서 언급한 것들 외에 외향성이 CIO 역할에 도움이 되는 점은 다음과 같다.

- 사고나 행동이 객관적이어서 행동 판단 기준이 외부 여건을 기준으로 이루어진다.
- 인간관계의 폭이 넓으며 도덕적인 행동 기준이 사회적이다.

사고나 행동이 객관적인 것은 CIO들에게는 필수적인 덕목이다. 수많은 의사결정 과정에서 사회성을 제외하거나 기업의 생사가 걸린 사회적 문제를 고려하지 않은 의사결정을 할 일은 없기 때문이다. 행동 기준이 사회성에 부합하는 도덕성을 중요시하므로 사회적 피드백의 결과를 즉각 고려하여 의사결정을 한다. CIO에게는 필요한 기능을 기본적으로 가지고 있는 것이다. 이들의 객체주의 적응 방식은 기업이 사회적 역할에 순응하도록 이끌며 현실에 빠르게 적응하도록 한다.

외향형 CIO의 정신건강 문제들

외향형 CIO라면 매우 바쁜 일상을 강요받을 것이다. 정신없이 일과를 보내는 외향형 CIO라면 다음 두 가지를 점검해야 한다.

- 자기의 주체를 소홀히 할 위험에 빠져 있지는 않은가?
- 히스테리성 신경증 증상이 발생하지 않게 충분한 휴식으로 보충하고 있는가?

외향형은 객체에 빠지는 만큼 자기 주체에 소홀하기가 쉽다. 주관적 특성을 억압한다면 객관성을 유지하는 장점도 무너진다는 점을 잊지 말아야 한다. 객체를 중요시하는 만큼 자신의 주관에 충실한 시간을 가져야 한다. 히스테리 증상도 비슷하게 설명할 수 있다. 주관적인 것이 의식에서 배제되어 무의식에 억압된다. 이때 환상작용이 나타나면 의식을 괴롭히게 된다는 점을 알아야 한다. 만일 이 두 가지에서 어려움이 발생하거나 미리 예방하고자 한다면, 디폴트 모드 네트워크(내적 상태 회로: DMN) 훈련이 유용하다.

DMN은 뇌과학 용어로 2001년 워싱턴 의과대학 마크스 케리클 교수팀이 발견한 개념이다. 뇌과학 발전에 힘입어 명상, 걷기, 멍 때리기 과정에서의 뇌 상태를 과학적으로 설명하게 되었다. 이 디 폴트 모드 네트워크 상태를 자유자재로 유지는 능력을 가지고 있다면 이 두 가지 위협으로부터 안전하게 된다. 이와 같이 프로그래밍 심리학은 외향의 CIO의 메타인지를 향상시켜 잘 기능하도록 돕는다.

직관형 CIO

세계적 기업을 일군 많은 리더들이 직관형(iNtuition)*이다. 그러나 CIO의 업무수행에는 직관형들의 심리적 태도가 적합하지는 않다. 직관으로 정보를 수집하는 CIO는 어떻게 자기 역량을 관리해야 할까? 직관형 CIO들의 역량 관리 방법을 살펴보자.

직관형의 정보수집

"직관형"이라는 말은 MBTI 검사 중 감각기관을 이용하여 정보를 수집하는 방법 하나를 설명한 것이다. 직관의 반대 개념으로 정보를 수집하는 것이 감각형이다. 감각형과는 달리 직관형은 육감과 직감을 통한 가능성과 그 숨은 의미를 중요시하여 정보를 수집한다.

직관적으로 정보를 수집하는 것이 CIO 업무에 적절할까? 아니면 세세하고 사실 그대로의 방식으로 정보수집을 선호하는 감각

---

* 앞절의 〈글로벌 IT리더들의 성격유형〉 참조

프로그래머는 왜 심리문제에 골몰하는가?
메타인지를 위한 프로그래밍 심리학

형이 적절할까? 이 문제의 해결 실마리를 제시한 미국 심리학회 (APA: American Psychology Association)는 CIO에게 가장 적절한 성격유형을 ESTJ로 설명하고 있다. 직관형이 자신의 장점 중에 하나인 미래 가능성에 집중하다보면 현재 일어나고 있는 실제에 대해 집중하기 어려울 수 있다. 실용적이고 현실적이며 사실적이면서 결단력이 있고 신속한 판단이 필요한 CIO의 역할을 바라볼 때 매우 적절한 지적이다.

감각형은 직관형에 비해 역사적 중요성(historical significance)에 더 중점을 두고 정보수집을 한다. 당연히 검증된 방법으로 선택하여 조직을 위험으로부터 안전하게 지켜야 하는 것이 CIO 역할이다. 비록 직관형의 성격유형일지라도 세세하고 눈에 보이는 방식으로 정보를 수집하는 기능도 같이 발달했을 것이다. 누구라도 실패 확률이 높은 방법을 선택할 이유는 없다. 역량보다는 역할에 초점을 두고 정보 수집의 방법에 따라 의사결정이 조직에 미치는 영향을 고려해야 한다. 그래야만 비록 직관형의 CIO라도 CIO로서 최적의 결정을 할 수 있지 않을까? 에너지의 순환 방향에 따라 내향직관형(IN)과 외향(EN)의 차이를 살펴봄으로써 분석해보자.

내향직관형(IN) CIO와 외향직관형(EN) CIO의 유의사항

IN(내향직관형)은 내향적인 태도와 주기능[†] 또는 부기능[‡]의 직관을 짝으로 사용하는 유형이다. 이러한 CIO들은 에너지를 안으로

[†] 가장 편하고 즐겨 사용하는 심리적 기능.
[‡] 주기능을 보좌하고 심리적 균형을 유지하기 위해 사용하는 기능.

순환하고 관련 지식을 학술적으로 다룬다. 아이디어, 이론, 이해의 깊이 등 지식에 관심을 기울인다. 가장 비실용주의적 유형으로 '사려 깊은 창안자'라고 부른다.

또 EN(외향직관형)은 외향적인 태도와 주기능 또는 부기능의 직관을 짝으로 사용하는 유형이다. 외향 직관형 CIO는 가능성이나 새로운 것을 추구하며 도전하고 관심의 폭이 넓어 새로운 양식과 관계 찾기를 좋아한다. 그래서 '행동지향적인 창안자'로 불린다.

직관형 CIO들은 언제 능력을 발휘할까? 다음은 『CIO Korea』의 「경제위기를 비즈니스 성장의 계기로 삼기 위한 CIO의 전략」이라는 칼럼에서 언급한 CIO의 전략이다.

- 혼돈에서 기회 발견
- IT를 이용해 비즈니스 혁신 추진의 시각을 견지
- IT 조직 내에서 가치에 집중
- 사례를 통한 변화 주도

초점은 "경제 위기"에 있다. 이 상황에서 CIO들은 혁신을 요구받는다. 직관형은 누구보다 어려움을 잘 해결할 수 있는 심리적 기능을 가지고 있다. 위의 네 가지 중에서 "IT 조직 내에서 가치에 집중"하는 점은 세세하게 사물을 바라볼 수 있는 감각형에게 유리한 기능이다. 나머지 세 가지는 모두 직관형의 입장에서 쉽게 성취될 수 있는 것들이다. 따라서 혁신적 상황에서는 그저 자신의 심리적 기능을 열심히 사용하여 정보 수집을 하고 의사결정을 하면 될 것이다.

IN(내향직관형) CIO나 EN(외향직관형) CIO 모두 기업이 혁신을 요구하지 않는 일상에서조차 혁신적 사고를 하고 있지 않는지 항상 염두에 두어야 한다. "세상의 절반은 남자고 세상의 절반은 여자"라는 식으로 바라봐서는 곤란하다. 세상의 절반이 감각형이 아니고 직관형도 절반이 아니다. 7:3이나 8:2로 직관형이 적을 수 있다. 그러한 조직에서 혁신이 요구되지 않은 상황에 혁신의 잣대를 들이대는 경우라면 조직원들이 힘들어 할 것이다. 역시 직관형은 현재 사실을 보는 데 어려움이 있는지를 되돌아볼 일이다.

미래를 준비하는 직관형 CIO

직관형 CIO가 자신의 길에 대한 후회의 감정을 오랫동안 느끼거나 새로운 도전에 대한 감정을 숨길 수 없다면 새로운 도전을 시도하길 권한다. 성공한 CEO들은 월등히 직관형이 많다. 페이스북 창립자인 마크 주커버그(INTJ)가 그렇고, 테슬라, 스페이스 X 등의 새로운 프로젝트에 도전하고 있는 일론 머스크(INTJ)가 그렇다. 구글의 공동 창업자 세르게이 브린과 래리 페이지는 두 사람 모두 INTP인 직관형으로 분류된다. 항상 영감을 주고 영감에 사로잡혀 있던 모든 인류의 영웅 스티브 잡스(ENTP)와 애플 공동창업자인 스티브 워즈니악(ENTJ)도 두 사람 모두 직관형이다. 야후의 창업자이면서 알리바바의 투자에 몰두했던 제리양(ENFP)과 창업한 마윈(ENTP)도 직관형이다. 애플을 이끌고 있는 팀 쿡(INFJ)조차 직관형으로 판단된다. 트위터의 공동창업자인 잭 도시(ISTP)와 아마존의 창립자이면서 CEO인 제프 베조스(ISTJ)정도만이 감각형으로 분류된다.

한국의 창업, 투자 등 경영 환경이 미국과는 크게 다르기 때문에 미국의 성공한 CEO들과의 상대적인 비교가 어려울 수는 있으나 한눈에 봐도 직관형은 CIO보다는 CEO가 어울릴 수밖에 없다. CIO가 되었거나 CIO가 되려는 직관형은 미래를 조망하는 능력이 발휘되지 못하는 환경에 적응하기 어려울 수 있다. CIO들은 심리적 어려움에 봉착할 수 있으며 중년에 심리적 위기로 다가올 수 있음을 명심하기 바란다.

중년에는 자신이 가지지 않은 반대기능을 바라보기 시작한다는 카를 구스타프 융의 말처럼, 현재의 중요성을 인정하고 이를 받아들이기 어려운 직관형의 CIO라면 CEO에 도전해보기 바란다. 심리적 어려움을 수용하기 힘들다면 CEO에 도전하여 자신의 역량을 더 잘 발휘할 수 있는 길을 찾아야 한다. 단, CEO에게도 현실을 냉정하게 바라보는 감각형의 능력이 중요하다는 것을 잊지 말기를 바란다. 이와 같은 직관형 CIO들이 자신을 잘 바라볼 수 있도록 돕는 것이 프로그래밍 심리학의 효과이다. 이는 결국 메타인지를 향상하도록 돕는다.

감각형 CIO

탁월한 관리자들은 대부분 감각형(Sensing)이다. 전통을 존중하고 오감을 중심으로 정보수집을 하는 감각형 CIO에게 혁신의 상황은 어려움으로 느낄 수 있다. 감각형 CIO는 어떻게 자기 역량을 관리해야 할까? 이번에는 감각형 CIO를 위한 분석이다.

감각형 CIO의 어려움

CIO는 매우 다양한 일을 수행하지만 특별히 가장 고통스런 포인트는 조직에게 필요한 다음 기술을 찾는 일이다. 이를 위해서 CIO는 기술 진보를 끊임없이 탐구할 수밖에 없다. 2014년 이후로 들어서면서는 인공지능부터 보안 및 침해대응, 4세대 프로그래밍 언어(Go, Rust, Kotlin, Swift), 시맨틱 앱들이 눈부시게 발전하고 있다. 이러한 다양한 기술들에서 현재 조직에 필요한 적절한 기술을 찾는 것이 CIO에게 가장 필요한 역량이다. 그 어려움은 CIO의 커다란 고통의 포인트로 설명된다.

모든 CIO가 이것을 고통으로 느끼고 있을까? 또 이 능력의 개발에 많은 시간을 투자하고 있을까? 감각형 CIO라면 고통의 포인트라는 말이 잘 이해되지 않을 것이다. 그만치 감각형은 오감으로 들어오는 정보의 파악을 잘 해낸다. 필요한 다음 기술을 찾아 기술 조합 역량을 발휘하는 것이 고통의 포인트로는 잘 느껴지지 않을 것이다.

미국 심리학회(APA: American Psychology Association) 의견에 따르면, CIO에게 가장 적절한 성격유형은 ESTJ이다. 감각형 CIO는 태생적으로 자연스럽게 역량을 발휘한다. ES(외향감각형)의 CIO라면 기술 진보에 대한 엄청난 학습력으로 필요 기술들을 찾아내야 하는 고통을 약화시키기에 충분할 것이다.

감각형의 장점 중에 하나는 현실에서 보이는 세세한 내용들을 일목요연하게 정리하는 데 많은 시간과 노력을 들이지 않는 것이다. 감각형은 역사적 중요성(historical significance)에 더 중점을 두기 때문이다. 당연히 검증된 방법으로 선택하여 조직을 위험으로부터 안전하게 지켜야 한다. 이러한 CIO의 직무는 어려움 없이 대응했을 것이다. 이러한 점은 실용성, 현실성, 사실적 판단이 필요한 감각형 CIO에게 매우 적합하다.

CIO에게 필요한 다양한 혁신적 요구를 살펴보자. 가트너는 2022년까지 인공지능 프로젝트의 95%가 잘못된 결과를 도출할 것이라고 예측했다. 이는 지능정보화 기술로 빠르게 옮겨가야 하는 CIO에게는 매우 커다란 도전임을 나타낸다. 매킨지 보고서가 머신러닝과 인공지능이 상용화되려면 10년은 더 걸릴 것이라고 예측했음에도 불구하고 451리서치의 「기업가의 목소리: 2018년 AI와 머신러닝 도입 유인 및 이해관계자들」 설문조사에서는 50%의 기업인들이 금년(설문 당시)에 이미 머신러닝을 전개했거나 향후 1년 이내에 전개할 예정이라고 답했다. 이러한 결과는 감각형 CIO에게 커다란 혁신적 자세가 요구된다. 다시 디지털 트랜스포메이션을 시작하고 기술과 사람에게 투자하고, 기술을 통합하고 전사의 조직에 프로그래밍 심리학(에자일 프렉티스, MBTI 프로그래밍 협업, 프로그래머의 성격이해 등)을 시행해야 한다. 이 모두는 혁신 속에서 이루어져야 하는 일들이다.

감각형 CIO는 실패 확률이 매우 높은 인공지능 프로젝트에 어떤 대응 자세를 보일까? 실패 확률이 높다 해도 선택할 수 있을까? 물론, 잘 발달된 감각형 CIO라면 혁신과 변화의 대응 기술도 잘 준비되어 있을 것이다. 이제 이것을 에너지의 순환 방향에 따른 내향감각형(IS)과 외향감각형(ES)의 차이로 분석해보자.

내향감각형(IS) CIO와 외향감각형(EN) CIO가 주의할 점

IS(내향감각형)은 내향적인 태도와 감각의 주기능 또는 부기능을 짝으로 사용하는 유형이다. 이러한 CIO들은 어떤 아이디어든 사실을 입증할 수 있는지 검토한다. 신중하고 차분한 마음으로 실제적이고 사실적으로 문제를 다루는 '사려깊은 현실주의자'라고 부른다.

또 ES(외향감각형)는 외향적인 태도와 감각의 주기능 또는 부기능을 짝으로 사용하는 유형이다. 외향감각형 CIO는 활동적이고 현실적인 행동자이다. 다른 유형들과 비교해볼 때 가장 실용주의적인 유형이다. 유용하게 적용할 수 있는 문제의 경우 가장 학습력이 좋은 '행동지향적인 현실주의자'라고 부른다.

감각형 CIO들은 언제 능력을 발휘할까? IBM이 발행하는 『The Essential CIO』는 전세계 3천여 명의 CIO를 직접 만나 실시한 인터뷰를 바탕으로 그 과제들을 찾아냈다. 「글로벌 CIO Study에서 얻은 통찰력」에 실린 CIO의 네 가지 과제는 다음과 같다.

- 활용(Leverage) 과제 : 운영 능률화 및 조직의 실효성 제고
- 역할 확대(Expand) 과제 : 비즈니스 프로세스 정립 및 협업 활성화
- 혁신(Transform) 과제 : 관계 개선을 통한 산업의 가치사슬 변경
- 개척(Pioneer) 과제 : 제품, 시장 및 비즈니스 모델의 근본적인 혁신

첫 번째는 활용 과제로 조직 운영을 능률화하고 조직의 실효성을 제고하는 것이다. 이는 내향감각(IS)과 외향감각(ES) 모두에게 발달되어 있는 기능이다. 두 번째로 역할 확대 과제이다. 이것은

비즈니스 프로세스를 정립하고 협업을 활성화하는 과제이다. 내향감각형과 외향감각형 모두 현실주의자로서 현재 조직의 상태를 잘 파악하고 있는 감각형 CIO라면 잘 발달되어 있는 기능일 것이다. 그러나 아래쪽 두 과제는 감각형보다는 직관형 CIO에게 잘 발달되어 있을 기능이다. 혁신과제는 관계 개선을 통해 산업 가치 사슬을 변경해야 한다. 현재의 구조를 탈피하고 새로운 구조로 만들어내야 하는 과제는 세세한 정보에 집중하는 감각형이 쉽게 발달되어 있는 부분이 아니다. 개척과제는 혁신을 기반으로 하는 과제이니 이 역시 마찬가지로 직관형에게 유리한 과제일 것이다.

결과적으로 2개의 과제는 감각형 CIO에게 적절히 개발되어 있는 성향일 수 있으나 다른 2개의 과제는 직관형 CIO에게 더 적합한 과제라고 할 수 있다. 감각형 CIO는 혁신 과제와 개척 과제에서 조차 조직의 능률화와 실효성 및 협업이라는 틀 속에서 판단하고 있지 않은가 면밀히 되돌아봐야 한다. 임무의 절반 이상이 감각형 CIO에게는 잘 개발된 기능이 아닐 수 있다는 말이다. 혁신과 개척 과제의 경우 경쟁 상대나 하급자가 혁신 과제를 선점하여 감각형 CIO가 위협받을 수 있음을 잊지 말아야 한다.

감각형 CIO의 미래 준비

미국에서 가장 유명한 C-suite*로는 트위터의 공동창업자인 잭 도시(ISTP)와 아마존의 창립자이면서 CEO였던 제프 베조스(ISTJ)가 감각형으로 분류된다. 나머지 많은 C-suite들은 직관형이다. 마크 주커버그(INTJ)가 그렇고, 일론 머스크(INTJ)도 그렇다. 세르

---

* C-level을 부르는 다른 말

프로그래머는 왜 심리문제어 골몰하는가?
메타인지를 위한 프로그래밍 심리학

게이 브린과 래리 페이지(모두 INTP)가 그렇고 스티브 잡스(ENTP)와 스티브 워즈니악(ENTJ), 마윈(ENTP)과 제리양(ENFP)도 팀 쿡(INFJ)도 직관형으로 판단된다.

잘 성장한 감각형 CIO라면 혁신과 통찰이 요구되는 직관의 성격도 같이 개발되어 있을 것이다. CIO들은 심리적 어려움에 봉착할 수 있으며 중년의 심리적 위기로 다가올 수 있음을 생각해보기 바란다. 심리적 어려움을 수용하기 어렵거나 혁신의 상황에 오랫동안 지쳐 있어 심리적 에너지가 소진된 CIO라면 C-suite에는 매우 다양한 역할이 존재한다는 점을 생각해볼 수 있을 것이다.

CIO의 역할은 CFO와 많은 갈등 요소를 담고 있다는 것은 이미 알려진 사실이다. 그만큼 업무의 공통분모가 많다고 할 수 있다. 또 최근에는 CISO(최고정보보안책임자)가 CIO를 넘어서 CEO, CFO, COO 등으로 확대되고 있다. 과거 자신의 활동 영역을 되돌아보면서 CFO, CCO, CSO, CISO 등의 C-suite로 역할을 바꾸는 방법으로 심리적 어려움과 소진을 탈피하는 것도 좋은 방안이 될 것이다. 이와 같이 감각형 CIO가 자신의 문제에 더욱 체계적으로 접근하게 만드는 프로그래밍 심리학의 역할이 점점 커진다. 이 역시 메타인지 발달을 돕는 과정이다.

사고 판단형 CIO

미국 심리학회 APA는 C-level 중 CIO와 CMO에게 가장 적절한 성격유형을 ESTJ와 ENTJ로 설명했다. 이는 의사결정을 하는 기능이 사고(Thinking)을 중심으로 하는 CIO 업무에 효과적이라는 것이다. 정말 C-level의 의사결정에 사고형이 적합할지에 대해 생각해보자.

"사고형(Thinking)"이라는 용어는 MBTI 성격유형 16가지 중에서 네 가지 성격유형(ISTJ, INTJ, ESTJ, ENTJ)을 지칭할 때 사용한다. 의사결정을 할 때 정서(Feeling)보다는 사고(Thinking)를 중심으로 하고 일상생활 습관이 적응(Perceive)적이라기보다는 판단(Judge)적으로 발달한 성격유형을 말한다. 사고형이라고 말하기보다는 '사고적 판단형'이라고 해야 정확한 표현이 될 것이다.

사고적 판단형(Thinking-Judging)은 아이디어를 논리적으로 연관시키는 기능이다. 인정에 얽매이지 않고 인과원리에 따라 의사결정을 하며 이 기능을 사용하는 사람은 분석적이고 객관적이고 정의와 공공성의 원리에 관심을 기울이며 비판적이고 과거 현재 미래 사이의 관계를 중시한다. CIO와 CMO 등의 C-level은 조직의 안녕과 발전을 위해 현재의 상태를 분석적이며 객관적으로 볼 수 있어야 하므로 어찌 보면 당연한 것이다.

외향사고적 판단형(ESTJ, ENTJ)

MBTI 성격유형 각각은 주기능, 부기능, 3차 기능, 열등기능의 조합으로 각각의 성격유형을 설명한다. ESTJ와 ENTJ의 심리적 기능을 살펴보자. 주의해서 봐야 할 점은 두 유형 모두 주기능이 T(e)라는 점이다. 모두 외향형(E)으로 사고를 밖으로 쓰는 유형이다. 논리와 분석력이 뛰어나고 폭넓은 활동력이 성장하면서 자연히 체득된 것이다. 분명 조직을 앞에서 이끌고 관리해야 하는

C-level에게 중요한 역량임을 쉽게 발견할 수 있다.

ESTJ
- 주기능 T(e)
- 부기능 S(i)
- 3차기능 N
- 열등기능 F(i)

ENTJ
- 주기능 T(e)
- 부기능 N(i)
- 3차기능 S
- 열등기능 F(i)

정서형(Feeling) CIO는 상대적인 가치와 장점을 고려하여 의사결정을 하므로 어떤 어려움을 가질지 쉽게 알 수 있다. 인식(S/N: 정보수집)과 판단(T/F)의 조합에 따른 감각사고형(ST)과 직관사고형(NT)의 차이를 살펴보자.

감각사고적 판단형(STJ) CIO와 직관사고적 판단형(NTJ) CIO

ST(감각사고형)는 실제적이고 사실 중심적 유형으로 설명된다. 인식(정보수집)할 때는 주로 감각에 의존하고 판단할 때는 주로 사고를 사용한다. 보고, 듣고, 말하고, 세고, 무게를 재고, 측정을 통해 수집하고 증명할 수 있기 때문에 사실에 관심을 둔다. 수집된 사실을 바탕으로 의사결정을 할 때에는 인정에 얽매이지 않고 논리적인 분석을 통해 결정을 내린다. 왜냐하면 감각사고형 CIO는 경영에 대한 판단을 할 때 신뢰하는 것은 사고이다. 원인에서 결과, 가정에서 결론에 이르기까지의 단계적 논리적 추리 과정을 선호하기 때문이다. 냉정한 분석이 요구되는 분야인 CIO에게 적절한 유형이다.

NT(직관사고형)는 인식할 때 직관의 사용을 선호한다. 그러나 판단할 때는 사고의 객관성을 중요하게 여긴다. 이들은 가능성, 이론적 관계, 추상적인 양식에 초점을 맞추지만 인정에 얽매이지 않는 객관적이며 합리적 분석을 바탕으로 판단을 내리려 한다. NT형은 추구하는 가능성이나 인간적인 요소가 중요하지 않은 기술적, 과학적, 이론적 관리 분야에서의 두각을 나타낸다. 이들은 자기들이 관심을 가지는 분야에서 문제해결에 역량을 발휘할 수 있는 능력이 요구되는 CIO에게 적절한 유형이다.

ST(감각사고형)와 NT(직관사고형) 중에서 ESTJ와 ENTJ는 사고를 밖으로 사용하는 T(e) 성격유형이다. 조직을 안정적으로 관리하는 경우에는 ESTJ형 CIO가 역량을 발휘할 것이고 도전적이고 혁신적으로 조직을 관리해야 한다면 ENTJ형 CIO가 능력을 보일 것이다.

ESTJ CIO와 ENTJ CIO는 언제 능력을 발휘할까? 다음은 「경제위기를 비즈니스 성장의 계기로 삼기 위한 CIO의 전략」에서 CIO의 전략 네 가지를 유형의 적절성으로 표기한 것이다.

CIO의 전략	T(e)유형의 적절성 비교
혼돈에서 기회 발견	ENTJ > ESTJ
IT를 이용해 비즈니스 혁신 추진 시각을 견지	ENTJ > ESTJ
IT 조직 내에서 가치에 집중	ENTJ < ESTJ
사례를 통해 변화 주도	ENTJ > ESTJ

　여기에서 초점은 "경제 위기"와 관련된 "혁신"에 있다. 혁신을 요구받으므로 직관형 CIO(ENTJ)는 누구보다 어려움을 잘 해결할 수 있는 기능을 가지고 있다. 위의 네 가지 중에서 "IT 조직 내에서 가치에 집중"하는 것은 세세하게 사물을 바라볼 수 있는 감각형(ESTJ)에 유리한 기능이다. 나머지 세 가지는 모두 직관형이 적절하게 성취될 수 있는 것들이다. 이러한 혁신적 상황에서는 그저 자신의 심리적 기능을 열심히 사용하여 정보수집을 하고 의사결정을 하면 될 것이다.

　다음으로 IBM의 『The Essential CIO』에서 발행한 「글로벌 CIO Study에서 얻은 통찰력에서 CIO의 4가지 과제」에서 성격유형의 적절성을 비교해보자. 전세계 3천여 명의 CIO를 직접 만나 실시한 인터뷰를 바탕으로 찾아낸 CIO의 과제들이다. 여기서는 첫 번째 활용의 과제와 역할 확대의 과제에서 ESTJ가 더 적절해 보인다. 혁신과 개척의 과제에서는 ENTJ가 더 적합할 것이다.

CIO의 전략	T(e)유형의 적절성 비교
활용(Leverage)과제 : 운영능률화 및 조직의 실효성 제고	ENTJ < ESTJ
역할 확대(Expand) 과제 : 비즈니스 프로세스 정립 및 협업 활성화	ENTJ < ESTJ
혁신(Transform) 과제 : 관계 개선을 통한 산업 가치 사슬(Value Chain) 변경	ENTJ > ESTJ
개척(Pioneer)과제 : 제품, 시장 및 비즈니스 모델의 근본적인 혁신	ENTJ > ESTJ

외향사고적 판단형 CIO의 어려움

두 유형 모두의 열등 기능은 F(i)이다. 자신의 내적 정서를 돌보는 일에 취약하다. 사고적 판단형이 심리적 에너지가 소모되었다면 건강상의 이유일 수 있다. 융의 분석심리학에 의하면 열등기능은 쉽게 개발되지 않는다. C-level이 되면 중년에 도달해 있을 것이다. 열등기능의 개발은 힘들지라도 적절한 휴식과 자신의 내면이 하는 이야기에 귀를 기울이면서 자신을 돌보는 일을 잊지 말아야 한다. 하나더 추가하자면 자신의 감정을 달래는 일이 어색할 것이므로 남의 감정에 대해서도 같을 것이다. 만나고 즐기고 휴식하는 일에 관심을 가지면서 일의 성취를 얻는 균형을 찾기를 권한다. 사고판단형 CIO들이 자신을 이해하고 찾아나가기 위해서는 프로그래밍 심리학을 가까이해야 한다. 이 과정에서 결국 메타인지를 향상시킬 것이다.

대상별 유형별 목적별 프로그래밍 심리학의 활용법

교육기관에서의 활용

거의 모든 심리학 분야와 심리측정 도구와 심리치료법이 대학에서 실험되고 발전했다. 마찬가지로 프로그래밍 심리학도 대학에서 많은 실험이 이루어졌다. 그렇다면 프로그래밍 심리학을 활용하여 프로그래밍을 가르치는 사람은 심리학과 컴퓨터 영역을 모두 알아야 할까?

미국, 영국, 캐나다, 호주의 몇몇 대학에서는 컴퓨터학자와 심리학자가 하나의 강좌를 협업으로 진행하고 있다. 팀 빌딩을 통해 컴퓨터 프로그래밍을 하는 강좌에서 컴퓨터공학과 교수가 프로그래밍을 가르치고, 심리학자가 심리유형에 따라 팀을 조직하고 팀 구성원들의 상호 이해를 증진하여 팀 내부의 갈등을 조정하는 방식이다.

책임교수와 참여교수로 나누어 복수의 교수가 수업을 진행하고 있다. 이러한 구조를 국내에서 실행하기 위해서는 대학 본부와 협조해야 하는 부담이 있으나 최근 교육부가 협업강좌의 개설을 적극적으로 지원하고 있으므로 이를 활용하면 좋겠다. 뿐만 아니라 PBLs* 교육을 권장하고 있으므로 이에 적극적으로 활용하면 어려운 문제는 아닐 것이다. 특히, 과학기술정보통신부에서 지원하는 소프트웨어중심대학과 인공지능대학원대학교와 같이 정보기술을 중점 학습하는 교육체계에서 더욱 적용이 쉽고 유용할 것이다.

---

* Problem Based Learning / Project Based Learning

고등학교에서의 활용에서도 유사한 방식으로 적용할 수 있다. 또, IT 리더들의 MBTI 성격유형은 발달과정에 있는 청소년들과 대학생들이 롤 모델로 삼을 대상을 찾는 데 유용하다. 소프트웨어공학에서는 소프트웨어 개발주기와 성격의 상관성을 실무에 적용하면 조직과 팀의 발전에 밑바탕이 될 것이다. 또 지능정보기술 구현에 대한 심리적 행위를 설명하기 위해서도 프로그래밍 심리학은 매우 유용하다.

기업이 외부 기관에 위탁하여 활용하는 방법

기업은 기본적으로 영리를 목적으로 활동한다. 기업의 사활이 걸린 중대한 문제와 프로그래밍 심리학을 이용한 유연한 개발 환경 구축이라는 점이 상호 충돌할 때 우선순위 문제가 발생한다. 기업에서 프로그래밍 심리학 관련 부서를 두고 운영하는 것은 쉽지 않다. 특히, 소규모의 기업들이라면 더욱 그럴 것이다. 이때 기업은 외부 전문 기관을 통해 프로그래밍 심리학에 대한 접근을 하는 것이 합리적이다. 방법과 그 효과는 다음과 같다.

- 경영자가 구성원들에게 프로그래머를 비롯한 IT엔지니어의 내밀한 심리적 정보를 수집하지 않는다는 점을 꾸준히 알려야 한다. 이때 외부 기관의 교육 및 훈련 과정은 신뢰감을 가지게 되어 전체적인 진행이 안정적으로 이루어질 수 있다.
- 외부 기관 위탁형식을 사용하므로 인력 투입과 행정력의 직접적인 노력 없이도 가능하다. 그 결과만을 관리하므로 빠르게 기업에 적용할 수 있다.

· 인간의 심리적인 문제를 고려하여 집단의 가치와 능력을 높이는 수단으로 사용해야 하므로 오랜 시간에 걸쳐 노력하여 효과를 이끌어내야 한다. 따라서 기업의 역량을 직접 투여하는 데 많은 에너지와 시간이 필요하게 되는데 외부 기관에 위탁하는 방법을 사용하면 조직 내의 부담이 줄어든다.

이 방법은 기업이 프로그래밍 과정에서 벌어지는 다양한 문제를 직접 관여하지 못하므로 문제해결에 직접 참여하기는 어렵다. 투여한 노력에 비해 조직의 응집력, 개인 능력의 확인, 프로그래밍을 위한 사고모의와 인지, 추론, 학습의 사고 능력과 수준의 지표 확인이 어려운 한계가 있을 수 있다.

기업에서 직접 활용하는 방법

프로그래머가 자신이 속한 기업의 발전과 자신의 발전을 하나의 연계된 축 상에서 생각한다면 분명 회사에 대해 자부심을 가질 것이다. 모든 인간이 그렇듯 하루에도 수많은 도전과 기회가 함께하는 현대사회에서 프로그래머가 자신의 발전과 기업의 발전을 항상 같은 선상에 일치시키기란 쉽지 않다. 프로그래밍 심리학은 프로그래머가 자기 내면을 밖으로 들어낼 수 있을 때 긍정적인 결과가 나타나기 시작한다.

기업이 직접 프로그래밍 심리학을 활용한다는 것은 이익을 창출해야 하는 긴장된 상황과 동등한 비중으로 다루기엔 어려운 면이 있다. 게다가 자신이 속한 회사에서 자신의 내밀한 심적 정보를 수집할 수도 있다는 불안감은 프로그래밍 심리학을 기업에서 직접 활용하는 데 장애가 된다. 많은 C-level들은 인간 내면의 정보를 이익 창출과 연결시키고 싶어한다. 섯부른 시도는 프로그래머들의 저항을 일으키게 된다. 이익 창출과 내밀한 정보보호 문제의 상호 충돌은 프로그래밍 심리학을 기업에서 직접 활용하기 어렵게 만든다.

기업에서 직접 프로그래밍 심리학을 활용하기 위해서는 C-level들이 두 지점의 변증법적 균형을 유지할 수 있도록 기업의 체질개선 의지와 함께 노력과 관심이 절대적으로 필요하다. 컴퓨터산업 종사자들에 대한 이해와 심리학 이 두 분야에 대한 안목과 시야가 있어야 가능할 것이다. 극심한 스트레스를 받는 C-level들이 여기에 균형을 유지할 마음의 여유 공간이 없다면 직접 기업에 적용하기는 쉽지 않다. 다시 말해서 최고경영자의 프로그래밍 심리학에 대한 경영철학이 필요한 것이다. 개인정보 보호에 대한 철저한 관리와 개인의 내면 정보에 대한 깊은 이해에서 비롯된 제도적 관리 장치를 마련해야 한다. 조직의 장기적인 발전을 이끌면서도 인간에 대한 따뜻한 이해와 통찰력 그리고 적절한 전략을 수립할 수 있어야 한다.

인간의 내면을 이해한다는 것은 어렵고 인내가 필요하다. 기업의 이익과 SW·AI기술자들의 심리적 저항이 부딪혀 이해 충돌이 발생할 때 CEO는 기업 내의 다른 C-level들을 설득해야 한다. 다양한 분야의 전문적 지식을 이용하여 기업의 이익 창출을 돕는 C-level들을 이끄는 적극적인 경영이 요구된다.

개인별(프로그래머, 개발자, CIO)로 활용하는 방법

프로그래머, 개발자, CIO라면 이 책을 네 가지 방법으로 활용할 수 있다.

1. 자신의 이해를 통한 심리문제 해결
2. 팀 빌딩의 수단
3. 리더로 성장하기 위해 프로그래머들이 접하는 심리문제를 이해할 수 있는 기본 자료
4. 지능 정보기술의 방향을 설명할 수 있는 심리정보화 기술에 대한 총론적 해설

급속한 정보기술의 발전과 세계화는 개발자들을 화이트칼라에서 블루칼라로 취급받는 상황으로 내몰았다. 시장이 국제적으로 확대되었으나 모듈을 나누고 설계하는 일종의 단순 작업 형태의 일을 수행하게 되었다. 그 결과 심리적 안정감이 낮아지는 직업군으로 내몰리는 현상이 발생했다. 이러한 어려움을 개발자들 개인이 혼자 견디기에는 많은 어려움이 있다. 마감 시간에 쫓기고 관계의 어려움으로 심리적 위기를 겪을 확률이 더욱 높아진 것이다. 개발자라면 이 책의 내용을 이용하여 어려움을 이겨나갈 수 있을 것이다.

리더라면 5부 프로그래밍 능력과 메타인지의 만남이 팔로어를 안내하는 데에 도움이 될 것이다. 팔로어라면 1부에서 리더로 성장하려 할 때 해야 할 일들의 이해를 얻을 수 있을 것이다. 2부의 프로그래밍 성격 심리학에서 프로그래머들의 기질과 본인의 직업 발달과정을 이해하고 협업 능력에 기초를 다질 수 있다. 또 주어진 환경에 대한 탐색능력을 배가하고 팀 빌딩에 필요한 자신의 심리적 선호도와 관련된 지식을 얻을 수 있다.

지능정보화 사회의 도래로 인류는 보이지 않는 세계를 탐험하는 새로운 무기를 가지게 되었다. 이러한 무기를 사용하여 문제해결을 해야 하는 개발자들은 컴퓨터공학을 중심으로 공학 학위를 취득하기 위해 대학에서 공부한다. 하지만 막상 현장에서 해결해야 하는 문제들 대부분은 컴퓨터공학 영역 밖의 지식이 필요하다. 회계관리, 인사관리, ERP 프로그램은 회계 및 경영지식이 필요하고 AI 프로그래밍에서는 다양한 인문사회적 지식이 필요한 것이다.

이 책에서는 사회인문학적 지식 중에서 인간의 이해와 관련된 내용도 다룬다. 3부와 4부의 내용은 프로그래밍 인지심리학과 응용인지심리학으로 컴퓨터공학 일부에서 취급하는 내용과 개념을 확장한 것이지만 그 방향과 내용을 이해하기 위해서는 심리학 지식이 다소 필요하다. 지금의 지능정보기술들은 기계학습(machine learning)과 합성곱 신경망(Convolution Neural Network), 순환신경망(RNN: Recurrent Neural Network), 생성적 적대 신경망(GAN: Generative Adversarial Network)을 이해하고 사례에 따라 모델을 찾는 과정을 프로그래밍으로 수행해야 한다. 인류는 엄청난 도구를 가지게 된 것이다. 그러나 이 도구로 어떤 황금을 어떻게 캐낼지에 대해서는 체계적으로 알려주지 못하고 있다. 보이지 않는 세계를 어떻게 탐험할지는 인문사회적 지식과 경험을 통한 방법 말고는 배울 방법이 없기 때문이다. 이 책은 그 인문학적 지식 중 프로그래머에게 가장 필요한 심리학의 내용을 다룬다. 프로그래머, 개발자, 소프트웨어 분석가, 임원, C-level들은 심리학의 어떤 영역을 이용하여 문제를 해결할 수 있는지 이해의 폭을 넓힐 수 있을 것이다.

그릿은 프로그래머에게 매우 필요하다

프로그래밍 관련 직종은 일반적으로 일이 힘들고 오랜 시간이 걸리는 작업을 한다고 널리 알려져 있다. 어떤 사람은 죽음의 행진이라고까지 이야기하기도 한다. 밤새는 일이 비일비재하고 주 52시간 근무 시대가 열려도 남의 일로 여기는 것이 프로그래밍업계 문화이다. 이러한 일은 타의로 벌어지기도 하지만 개발 시간을 지켜야 하는 상황에 몰려 자의로 벌어지기도 한다.

우리가 정해진 마감 시간에 얽매이지 않는다면 가족들을 위해 요리를 하면서 여유로운 시간을 보내는 와중에 문제를 해결할 수도 있고, 여행을 하면서 문제 해결을 위한 포인트를 찾을 여유를 가질 수 있다. 그러나 프로그래머에게는 문제해결을 위해 그런 시간이 주어지지 않는다.

프로그래밍을 처음 배우는 초보 프로그래머든 직장에서 처음 상업적 프로그램을 작성하는 초보 직장인이든 시니어 프로그래머든 최고 개발자이든 많은 IT엔지니어들이 힘들어하는 것은 실제로 수행하는 "프로그래밍" 자체가 아니다.

초보 프로그래머는 전체 프로그램 및 개발체계를 이해하지 못한 상태일 뿐 아니라 사고모의의 속성을 정확히 이해하지 못한 상황에서 문제해결 과제를 만난다. 연산기능과 제어기능과 저장기능을 구분하여 사고모의의 전체적 구도를 상상하기 쉽지 않은 초보 프로그래머들은 프로그램의 결과가 성공적으로 수행될 때 성취를 느껴나가면서 포인터, 객체 등의 개념을 넘어서면 다시 그러한 기법이 어디에 쓰이는지를 실무에서 탐험해야 한다. 끊임없이 새로운 도전에 직면하는 것이다.

그러나 그것은 포인터, 객체, 스레드 등의 개념을 이해하고 이해하지 못하는 문제가 아니다. 프로그래밍은 한동안 돌아서서 다른 각도에서 바라보거나 심리적으로 위축되지 않고 끊임없이 도전하는 마음가짐의 문제에 더 가깝다. 그래서 초보 프로그래머에게도 그릿이 중요하게 다가온다.

초보 직장인들은 리더 개발자와의 관계 속에서 프로그래밍하며 성장하는데 소수와의 관계를 통해 이루어지는 업무의 속성으로 리더와의 관계가 매우 중요하다. 특히 리더와의 관계나 리더와 협업하는 과정에서 벌어지는 어려움은 SW·AI산업 전체의 역동적 변화에 적응하는 일 못지 않은 어려움이라고 호소한다. 그러한 어려움에 비하면 새로운 프로그래밍 기법을 배우는 것은 큰 어려움도 아니다. 불가능한 오류에 대한 해결책을 온라인에서 찾는 과정에서 느끼는 것 같은 좌절감을 느낄 수 있다.

능력을 보였거나 성공한 개발자들은 코딩도 더 이상 어려워하지 않는다. 새로운 기술을 배우는 것도 어려워하지 않는다. 그들이 힘들어하는 것은 좋은 프로그래밍을 위한 개발 과정과 그 과정에서의 스타일이다. 그들이 어려워하는 부분은 개발자 이후 삶의 변화와 그 변화에 따른 실패에 대한 두려움이다.

개발자들이 힘들어하는 것은 빌드가 계속 실패하거나 테스트가 계속해서 실패하는 것을 지켜봐야 할 때나 팔로어들이 따라오지 못할 때다. 개발자들은 이러한 실패의 원인이 무엇인지 왜 그런지 몰라 자존심이 상하고 그것을 복구하기 어려울 때 매우 힘들어 한다. 결국 프로젝트의 실패를 뜻하기 때문이다.

프로그래머들은 이러한 과정에서 성공의 의미를 찾게 된다. 사실 대부분의 IT엔지니어는 성공에 대한 용어를 한 분야로 한정하여 명확히 설명하지 못할 만큼 다양한 역할을 수행한다. 프로그래머, 시스템 개발자, 시스템 운영자, 팀 내에서의 리더나 팔로어, 경영자 등 매우 다양한 역할이 주어지게 된다. 이러한 과정에서 궁극적으로 달성하려는 마지막 목표를 향한 가장 효율적인 방법에 대한 의문이 큰 화두가 된다.

모든 개발자와 분석가들이 좋은 해결책을 찾는 방법은 올바른 질문을 하는 것이다. 이것은 특히 소프트웨어 구축에서 첫 번째로 맞닥뜨린다. 개발 과정에 있는 모든 팀원은 바쁜 일상을 보낸다. 정해진 날짜가 있기 때문이다. 이때 무엇보다 중요한 것은 올바른 질문을 제시하는 것이다.

다른 팀원에게 하는 질문뿐만 아니라 봉착한 문제를 해결하기 위해 자신에게 하는 질문이 더 중요하다. 이때 그릿이 필요하다. 명백한 문제와 그 해결책에 대해 어려운 질문을 하기 위해서는 인내심이 필요하다. 어떤 사람은 마음을 비우며 산책을 할 수 있고 어떤 사람은 음악을 들으며 정서적 안정을 취하기도 한다. 동료나 지인에게 도움을 구할 수도 있다.

- 마음이나 정신의 견고함
- 고난이나 위험에 처한 불굴의 용기

더크워스의 말처럼 그릿은 타고난 것이 아니며 누구든 개발하여 단계를 밟으며 문제를 해결하는 방법을 배운다면 스스로 반복하는 오류의 형태를 확인하고 대응할 수 있다. 프로그래머들이 봉착하는 문제해결을 위한 프로그래밍 지식보다는 올바르게 생각하는 과정이 강조되는 것은 그릿을 개발 과정에 적용하고자 하는 강력한 동기가 된다.

프로그래머를 위한 그릿 향상법

더크워스는 그릿을 향상시킬 방법을 찾아냈다고 말한다. 그릿은 훈련할 수 있으며 그릿을 발달시키기 위해 다음 네 가지 차원에서 노력해야 한다고 강조한다.

첫째, 관심을 가져야 한다. 자신이 하는 일에 열정을 가져야 한다는 것이다. 더크워스는 열정을 발견하고 키우라고 강조한다. 프로그래머는 어디서 열정을 발견하고 키울 수 있을까? 어떤 이는 게임, 통신, 데이터베이스 등의 특정 영역에서 흥미를 발견하고 열정을 가지는 것과 관련이 있다. 어떤 이는 프로그래밍이나 프로젝트를 구축하는 과정에 흥미를 느끼고 열정을 느낄 것이다. 어떤 것이건 SW·AI 업무 차체의 일에 푹 빠져서 열정을 느끼고 사랑해야 한다. 열정을 가지고 있지 않다면 열정의 대상을 찾아라.

스스로 자신에게 질문을 해야 한다. 나는 어떤 기술이나 분야의 생각에 자주 빠지는가? 프로그래밍 기술로 구현되는 다른 분야*에 자주 빠지는가? 내 마음은 어떤 기술로 향하는가? 나는 무엇에 가장 관심이 가는가? 내게 중요한 의미는 통신, 게임, 데이터베이스 중 어떤 것인가? 나는 어떤 분야에 관하여 시간을 보낼 때 즐거운가? 반대로 어떤 분야가 가장 견디기 힘든가? 이 질문에 답하기 어렵다면 프로그래머 이전 다른 직업에서 관심을 가졌던 시절을 회상해보는 것도 열정을 찾는 방법이 된다. 대략적인 방향이라도 잡히면 즉시 대상이 되는 흥미 요소를 자극해야 한다. 관련 도서를 찾고 서핑해야 하며 코칭해주고 가이드해줄 사람을 찾아야 한다.

둘째, 연습이다. 어제보다 잘하려고 매일 단련하는 끈기를 말하는 것이다. 통신 분야에 관심을 가졌다면 온 마음으로 집중하고 기술을 연습하고 숙달시켜야 한다. 프로토콜 기술들의 정의를 다시 살펴야 한다. 데이터베이스 기술에 관심을 가졌다면 최근 DB 엔진들을 구현하는 동향 기사를 수집하고 관련 기업을 서핑해야 한다. 이러한 연습을 습관으로 만들면 그릿은 발달한다. 더크워스는 최고가 되고 싶다면 의식적으로 연습하라고 권한다.

관심을 쏟는 양뿐 아니라 질도 중요하다. 그 기술을 발전시킨 인물들을 찾아서 그들의 족적을 찾아가는 것도 질적인 관심을 가지는 방법이다. 그 인물이 어떤 내용을 구현했는지 찾아본다면 반복되는 연습 방법을 찾을 수 있다. 예들 들면 역대 '튜링상'이나 '존 폰 노이만상'†을 받은 인물 중에 자신이 관심을 가진 분야의

---

* 인문학일 수도 있고 경영학의 일부일 수도 있다.

† 알다시피 컴퓨터 분야에는 노벨상이 없다. 튜링상이나 노이만상이 노벨상급이라고 할 수 있다.

인물이 있는지 찾아보는 것도 질적인 관심을 유지하는 매우 유용한 방법이다. 또는 자신의 성격유형과 이 책에서 설명하는 IT리더의 경우를 찾아 그의 관심거리가 무엇인지 확인해보고 따라하는 방법도 좋다.

셋째, 자신을 뛰어넘는 높은 목적의식이다. 그 기술을 이용해서 무엇을 할지 생각하는 목적의식이 중요하다. 즉 이타적 동기가 도움이 된다. 스티브 잡스가 가진 이타심을 상상해보자. 모든 인류를 위한 이타심이라는 거대한 목표를 가질 필요까지는 없다. 그러나 자신이 가진 목적의식이 이기적인 목표로 제한될 때 우리의 노력에는 한계가 생긴다.

이타적 동기를 발견하기 위해, 지금 하고 있는 일을 통해 사회에 기여하는 방법을 생각하라. 목적의식이 확실한 역할 모델을 찾아 조언을 구하라. 그릿의 기초가 되는 동기는 이타심이기 때문이다. 더크워스는 목적의식을 기르는 방법을 다음과 같이 제시했다.

- 어떻게 하면 나의 관련 기술로 세상을 더 살기 좋게 만들 수 있을까?
- 작지만 의미있는 변화로 나의 일과 삶의 핵심가치‡의 연관성을 찾아라.
- 나에게 더 나은 프로그래머가 되도록 자극을 줬던 사람을 생각해보고 그가 자극이 되었던 이유를 찾아라.

넷째, 희망을 유지해야 한다. 희망은 위기에 대처하게 만드는 끈기를 말한다. 그릿의 마지막 단계에서만 희망이 필요한 것이 아니며 앞선 관심-연습-목적의 모든 단계에서 희망은 필요하다. 상

---

‡ core value : 개인의 본질적이면서 변하지 않는 지속적인 신념이나 신조

황이 어려울 때나 의심이 들 때도 계속 앞으로 나가기 위해 처음부터 끝까지 희망을 유지하는 일이 중요하다. 더크워스는 희망을 가르치는 법을 다음과 같이 제시하고 있다.

- 성장형 사고 방식 → 낙관적 자기 대화 → 역경을 극복하려는 끈기

희망을 스스로 가르치는 3단계를 제시했다. 단계마다 내가 관심 있는 기술을 신장시키기 위해 필요한 것이 무엇인지 자문하길 권한다.

그릿을 약화하는 표현들
- 나는 타고났어! 마음에 든다.
- 적어도 노력은 했잖아! 참 잘했어! 굉장한 재능이구나.
- 어려울 거야. 설령 못 하더라도 상심할 것 없어.
- 이건 네 강점이 아닌가 보다. 네가 기여할 다른 일이 있을 테니 걱정 마.

그릿을 강화하는 표현들
- 열심히 했구나 마음에 든다.
- 결과가 안 좋았네. 어떤 식으로 했는지, 이제 어떻게 하면 나을지 이야기해보자.
- 참 잘했어, 더 개선할 부분은 무엇이 있을까?
- 어려울 거야. 아직 못 한다고 해서 상심할 것 없어.
- 나는 목표를 높게 잡아. 같이 그 기준에 도달할 수 있도록 내가 이끌어줄게.

이 과정에서 위와 같이 성장형 사고방식과 그릿을 강화하는 표현을 쓰도록 노력해야 한다. 이렇게 하는 것이 낙관적 자기 대화를 하도록 돕는다. 회복 탄력성도 대화식 훈련으로 증진시킬 수 있다. 핵심은 부정적 자기 대화가 되지 않도록 하는 것이다. 이러한 절차를 거치면 끈기가 발생한다고 더크워스는 말하고 있다.

프로젝트와 그릿

프로그래밍은 쉬운 작업이 아니다. 재미있고 흥미롭고 고양될 수도 있지만 때로는 매우 힘들고 깊은 우울을 느낀다. 때로 우리는 적절한 해결책을 찾는 데 많은 시간을 소비한다. 어떤 때는 초기화를 잊은 변수 하나를 찾는 오류에서 포인터 버그를 추적하려고 디버그를 돌리면서 몇 시간을 보내곤 한다. 이와 같은 일을 처음 겪을 때 프로그래머는 모두 어처구니없어 하며 자신을 한심하게 생각하는 우를 범하기 쉽다. 이러한 종류의 장애물을 만나면 끈기 있게 대응하는 것은 프로그래머에게 반드시 필요한 요건이다.

에러를 만나서 디버깅할 때 끈기와 결과물을 위한 열정을 보일지 말지는 프로그래머에게 선택 사항이 아닌 필수다. 끈기와 열정이 없이는 좋은 프로그래머가 될 수 없을 뿐만 아니라 평범한 프로그래머조차 될 수 없다. 그러나 훌륭한 프로그래머가 되려 한다면 그릿은 많은 도움이 될 것이다.

좋은 프로그래머의 자질 중 하나는 많은 일을 처리하는 것이다. 특히 도구 수정 및 확장, 핵심 인프라 개선과 같은 것을 포함한다.

프로그래머는 자신의 코드가 수준에 도달하기 위해 적절한 인프라에 영향을 받는다는 것을 알게 될 때 인프라를 개선하고 여러 가지를 시도하게 된다. 그릿은 항상 활용하던 라이브러리의 성가신 버그를 다른 사람이 고치기 전에 직접 고치도록 돕는다. 그릿은 라이브러리의 개선을 남이 먼저 하도록 두지는 않는다. 프로젝트가 진행되면 될수록 종속성이 커진다. 모두 아는 바와 같이 늘어나는 기능 목록을 지원하기 위해 더 많은 코드가 작성돼야 하기 때문이다. 이것은 발전하는 것이기도 하지만 취약성을 증가시키기도 한다. 양날의 검과 같은 것이다. 견고함을 유지하면서 약한 연결 문제에 주의해야 한다.

만일 하나의 의존성이 깨진다면 문제의 근원을 찾는 과정에서 프로젝트 전체가 혼란에 빠질 수 있다. 어떤 때는 문제가 자체 코드와 관련이 없을 수도 있다. 이는 인내심이 요구되는 순간이다. 프로그래머는 코드 작성을 긴장 모드에서 하게 된다. 그러나 에러를 발견하거나 문제를 통찰할 때는 약간의 이완 모드가 더 유리하다. 더 정확히 말하면 긴장 모드에서 이완 모드로 변화할 때나 이완 모드에서 긴장 모드로 변할 때 오류를 쉽게 발견할 수 있다. 따라서 큰 오류에 봉착하면 잠시 쉬면서 주의를 돌리는 것이 매우 중요하다.

당장의 코드에 집중해야 하는 초보 프로그래머가 그릿의 중요성을 이해하는 데는 오랜 시간이 걸린다. 그릿을 가진 프로그래머는 복잡성이 큰 프로젝트에 참여하는 것을 두려워하지 않는다. 그럴 때 복잡한 알고리즘에 익숙해지는 것의 두려움을 떨칠 적절한 기회를 포착할 수도 있다.

자기 스스로 두렵거나 싫어하는 일을 하도록 조절하지 않으면 좋은 프로그래머가 될 수 없다. 크고 복잡한 문제를 처리할 수 있는 힘을 기르려고 하고 고급 알고리즘을 이해하고 적용하는 데 시간과 노력을 투자해야 한다. 예를 들어 새롭게 등장했다는 코틀린 코딩에 뛰어드는 것을 두려워하지 않는다. 그릿으로 성취된 프로그래머는 복잡한 코드 경로를 머릿속에 담는 것을 훨씬 쉬워한다. 초인적이라는 것과는 거리가 멀지라도 매일 조금씩 열정과 끈기가 늘어가는 변화에 기쁨으로 하루하루를 맞이할 것이다. 이와 같이 그것을 개발함으로써 프로그래밍 심리학이 추구하는 메타인지가 발달한다.

요약

2부에서는 프로그래머의 성격에 대하여 살펴보았다. MBTI 성격 검사는 1부의 소프트웨어 개발주기에서 자신의 발달과정을 돕는 기본 자료다. 자신의 성격을 이해하는 것은 삶의 기본이지만 프로그래머가 CIO로 성장하는 전과정에서 메타인지를 향상시킬 수 있는 도구이다. IT리더들의 성격유형은 자신의 성격과 일치하는 리더를 찾아 성공과정을 탐색하고 따라하기를 통하여 자신의 것으로 만들 수 있다. 매우 효과적인 메타인지 향상 기법이다. IT리더로 성장하려는 프로그래머들은 CIO나 그밖의 직무를 수행하기 위한 최적의 성격유형이 어떤 것인가를 알 필요가 있다. 그 과정에서 메타인지가 발달하게 된다. 그릿은 끊임없이 공부하며 목표 달성을 해야 하는 프로그래머들에게 매우 유용한 도구이다. 꾸준한 노력과 열정이 필요한 프로그래머의 메타인지를 향상시킬 수 있다. 성격을 안다는 것은 정서 관리의 기본이다. 자신의 탐색 도구로 활용되는 프로그래밍 성격심리학은 결국 SW·AI산업의 적응을 위한 정서 관리의 기본 도구이다. 이제는 각자의 현장에서 프로그래밍 성격심리학의 유용성을 확인할 수 있을 것이다.

실제 프로그래밍 작업은 20%밖에 안 된다

무엇보다 우리나라에서는 프로그래밍의 결과물을 비즈니스의 가치와 창의력이라는 가치의 관점으로 보지 않는다. 매달 얼마나 진도를 나갔는지, 소위 man/month로 계산하고 비용을 산정한다. 실제 프로그래밍을 하기 위해서는 전체 시간의 80% 이상이 준비시간으로 소요된다. 이 기간에는 문제를 논리적으로 정리하고 그것을 해결하기 위한 밑그림을 그린다. 프로그래밍을 비즈니스의 가치와 창조적 행위로 보지 않으니 자연히 결과물을 만들기 위해서 무리한 시간 테이블을 만들어 과제를 수행하고 전투 치루듯이 진행하려 한다. 그러나 현장에서 필요한 것은 소통이다.

　예를 들어 새로운 일이 제시되었을 때 프로그래머들은 복잡한 의사결정을 해야 한다. 이 일이 시스템의 속도를 개선하는 것으로 해결될 일인가? 아니면 프로그램 처리의 속도 개선만으로 완성될 작업인가? 원하는 새로운 기능을 추가하기 위해 할 일이 무엇일까? 이 일이 버그만 수정하면 되는 일인가? 다른 팀과도 협업해야 할 일인가? 문서화를 위해 소요되는 시간은 얼마나 되는가? 문서화해야 한다면 얼마나 자세하게 문서를 정리해야 할까? 지금 소속된 팀이 가지고 있는 소프트웨어 개발 능력으로 달성할 수 있는 일인가? 그래서 새로운 팀원이 필요한 상황인가? 새로운 팀원이 필요하다면 회사 내에서 쉽게 협력을 받을 수 있는 상황인가? 일일이 나열할 수도 없이 많은 경우의 수를 따져볼 시간이 필요한 것이다. 이러한 내용을 팀 구성원, PM 디렉터, 프로젝트 디렉터, 본부장이 모두 소통할 시간도 필요하다. 이러한 시간에 20% 정도의 실제 작업 시간이 더 소요되어 프로그래밍이 완성되는 것이다.

이 과정에서 프로그래밍 결과는 새로운 비즈니스 모델을 만들게 되고 창의적 행위로써 새로운 기술발전으로 이어진다. 성격지도에 전세계 모든 사람의 성격을 점으로 찍는다면 79억 인구 모두 다른 곳에 점이 찍힐 것이다. 그만큼 인간은 독립적이며 개별적 개체이다. 우리는 모두 다른 성격으로 순간 순간 수많은 의사결정을 수행한다. 그러니 의사결정 방법도 결정기준도 모두 다른 것이다. 프로그래머가 자신과 팀원의 성격을 이해한다는 것은 이러한 복잡한 의사결정 순간을 원만히 이끌어나가기 위한 초석이다.

또 프로그래밍 작업은 무엇보다 팀 작업이 중요하다. 팀 작업을 수행하려면 그만큼의 대화와 커뮤니케이션이 중요한 것인데도 그외에 해결해야 하는 다른 문제를 더 중요시 여기는 풍토가 존재한다. 프로그래머들의 성격이 가지는 의사결정 차이를 이해함으로써 이 문제에 접근해야 한다. 이를 잘못 수행하며 목표 달성을 원하는 의사결정권자의 권위에 파묻혀 다음 작업에 문제를 일으킨다. 프로그래머의 성격을 이해하지 못하면 프로그래밍 작업에 팀원들의 소통 장애가 생긴다. 결과물을 성공적으로 내놓는 한 명의 프로그래머를 스타로 만들어 팀의 중요성을 무색하게 만든다. 프로그래머의 성격을 이해하지 못하면 팀 내에서 상호 신뢰를 이끌어내는 장점을 활용하는 데 장애가 생긴다. 잦은 이직으로 조직에 적응하는 시간이 반복적으로 발생하여 관계를 형성하고 커뮤니케이션이 원활해지는 시간이 필요해질 수 있다.

3부

컴퓨터, 소프트웨어,
인공지능은
인간 탐구의 결과물

프로그래밍 인지심리학*은 1950년 앨런 튜링이 인간의 계산에 대한 기계적 처리를 모델링한 튜링 모델로 시작되었다. 이후 튜링모델의 하드웨어 기반 위에서 소프트웨어 모델링, 신경 모사(imitate, copy)를 통한 신경망 모델링을 거쳐 이제는 양자의 변환을 활용한 양자 모델이 하드웨어로 구현되면서 인지기술의 새로운 형태들이 특이점을 이끌어나갈 것으로 보인다. 이러한 다양한 모델링들은 딥러닝, 뉴로모픽 칩, 양자컴퓨터의 구현에 사용되는 중요한 요소들이며 학습, 추론, 인지 능력을 구현하는 첨단기술 발전 배경의 요체다.

프로그래밍 인지심리학에서 사용되는 기술들은 통합적으로 구축되고 발전하여 특이점/트랜센던스(singularity/transcendence)로 가는 과정에서 주요 역할을 담당하게 될 것이다. 더욱이 그 진행은 지능정보기술을 이용하여 사람의 인지정보처리 체계를 탐구하거나 인지정보처리 기계를 창조할 수 있다. 전자는 인지과학이나 계산신경과학의 연구 영역에 속하는 반면, 후자는 컴퓨터공학과 인공지능 연구의 주 관심사로 인지컴퓨팅을 포함하는 영역이다. 특이점으로 가는 과정에서 이것은 상호 선후 없이 영향을 미치면서 구분이 모호해질 것이다. 이와 같이 계산기계 구축에서 프로그래밍 인지심리학에서 사용되는 모델링들은 인간정보처리 모델링의 발전과 함께하고 있다.

클로드 섀넌의 정보 이론은 튜링이 만들어낸 지능의 기계모의 결과를 전자기술로 구현하는 데 크게 기여했다. 섀넌을 비롯한 1950년대 선각자들은 이미 정보와 물리를 따로 떼어 생각할 수 없다는 것을 알고 있었다. 전자의 위치를 확률에 기초한 통계값으로 설명하고 있다. 그 유명한 맥스웰의 악마에 기초하여 전자기계를 이해하고 있었던 것이다. Maxwell's

---

* 인지공학 기술을 구축하는 방법론을 컴퓨터공학적 관점에서 설명하는 용어

demon은 스코틀랜드의 물리학자 제임스 클러크 맥스웰이 1871년 한 사고 실험으로, 열역학 제2법칙을 위반하는 것이 가능한가에 대한 사고 실험이다. 1960년대로 오면 란다우어의 원리가 정보와 물리의 통합을 설명하게 된다. 란다우어의 원리(Landauer's principle)란 정보를 지울 때 항상 주위 환경으로 빠져나가는 열이 발생한다는 원리이다. 이 에너지 손실은 정보를 어떤 식으로 지우든, 정보의 종류가 어떤 것이든 무관하다. IBM의 롤프 란다우어가 1961년 처음으로 주장했다. 그 당시에는 미시시계와 중간세계가 어떻게 연결되는지 중간세계가 거시세계와 어찌 연결되는지를 설명할 수 없었다. 따라서 학문의 발전 과정상 물리와 정보라는 학문이 하나로 묶이기에는 과학적 증명의 어려움 등으로 서로 긴밀하게 교류하려는 노력이 결실을 맺지 못했다. 그 노력 중 대표적인 것이 1952년 미국에서 열린 인공두뇌(Cybernetics) 학회이다.

그 이후에 클로드 섀넌이 0과 1이라는 bit의 개념을 정보전달의 개념에 적용하고 존 폰 노이만이 진공관을 이용하여 이를 구현함으로써 디지털의 세계가 열렸다. 그후 하드웨어와 소프트웨어의 발전에 힘입어 이제는 물리량을 정보로 표현하는 영역이 엄청나게 커졌다. 이제는 거의 모든 일상의 아날로그 정보가 디지털 정보로 표현할 수 있게 되었다. 그 결과 물리와 정보의 중간세계를 표현할 수 있는 다양한 방법들이 각 학문 분야에서 체계화되어 정립되고 있다. 예를 들어 성격의 특징, 행복을 느끼는 정도를 측정하고 질병 발생 가능성을 수치화하여 표현할 수 있으며 사람들 간의 긴밀함을 숫자로 표현하고 있다. 또 뇌파로 대화를 하거나 카톡 상대와의 연애감정 정도와 양태를 측정할 수 있게 되었다.

이제는 행렬 연산과 통계, 미분을 활용한 인공지능이 빅데이터 처리로 중간세계를 탐험하기 시작한 것이다. 1950년대의 선각자들이 미처 시작하지 못했던 커다란 인류의 발걸음이 70여년 만에 마련되어 거시세계에서 중간세계로, 그리고 다시 미시세계를 탐험할 수 있게 되었다는 것을 의미한다. 이 과정은 소프트웨어 수준의 지능혁명이 아니라, 상변화메모리, 뉴로모픽 칩, GPU를 이용한 하드웨어 단계에서 이루어지기 시작한 것이다. 미시세계의 탐색을 위한 강력한 수단을 가지게 된 것이다. 더욱이 비결정형 튜링머신인 양자컴퓨터가 이 과정을 돕게 될 것이고, 결국 인류는 확실히 문명사의 새로운 단계에 진입하기 시작했다.이러한 일이 가능해진 프로그래밍 인지심리학의 관점에서 그 과정과 내용을 살펴봐야 한다. 그것은 인간의 인지기능을 모델링하는 과정과 내용이다.

시각 처리용으로 적절한 신경망이나 자연어 처리를 위한 적절한 신경망에 맞도록 모델링이 발전하고 있다. 이제까지의 모델링은 병렬처리와 순차처리 개념부터 순환기법 등 인류가 축적한 지식의 합이 다양하게 적용되고 있다. 지금도 다양한 모델링이 진행되고 있으며 많은 연구자들이 인공지능을 발전시키고 있다.

인공지능의 원리를 알고자 하는 사람이나 프로그래밍을 통해 심리적 현상을 구현하기 위해서는 3부에서 제시하는 모델링의 맥락을 잘 이해하고 있어야 한다. 그에 따라 개발된 모델을 적절히 활용을 할 수 있어야 하기 때문이다. 즉 물체인식, 동적 시각, 주의력 등이 포함된 시각, 촉각, 운동과 관련된 낮은 레벨의 인지에서부터 기억의 높은 레벨의 인지 단계까지 어떻게 구현하고 관련 함수를 불러 쓸 수 있을지를 이해하고 모델링해야 하는 과제가 있는 것이다.

인간의 계산, 인지, 학습, 추론, 사고, 신경망이 어떻게 모델링되었는지를 살펴보자. 모델링의 과정과 내용 및 발전과정을 IT엔지니어들이 이해한다면 새로운 통찰을 얻고 이를 새로운 모델링을 함으로써 새로운 기술이 탄생될 것이기 때문이다. 뿐만 아니라 인공신경망 소프트웨어가 동작하기 위한 기본구조 속에서 하드웨어 모델링을 신경망에 최적화하는 방법으로 그 방향이 빠르게 옮겨가고 있다. 이러한 변화는 연산처리에 새로운 혁명이 이루어져 특이점의 시기를 더욱 앞당길 것이다. 특이점에 대한 설명으로 유명한 레이 커즈와일은 『특이점이 온다』라는 책에서 존 폰 노이만이 언급한 말을 다음과 같이 인용해 말했다.

> '기술의 항구한 가속적 발전으로 인해 인류 역사에는 필연적으로 특이점이 발생할 것이며, 그후의 인간사는 지금껏 이어져온 것과는 전혀 다른 무언가가 될 것이다.' 여기서 노이만은 '가속'과 '특이점'이라는 두 가지 중요한 개념을 언급했다.[*]

필자는 레이 커즈와일의 언급을 다시 인용한다. "기술의 항구한 가속적 발전의 시작이 현재와 미래를 연결하고 있다." 이 장의 내용을 통하여 인류가 인간의 기능을 기계적으로 구현해나가는 과정을 살펴봄으로써 IT엔지니어들이 수행하는 업무의 이해를 높일 수 있다. 이 역시 메타인지를 높이는 방법이다.

---

[*] 『특이점이 온다』, 커즈와일. p.28

인간의 수많은 기능을 모델링하다

모델링을 설명할 때 일정한 분야에서만 사용하는 개념으로 한
정하기는 참으로 어렵다. 역사적으로 모델링은 모방(imitation)
과 함께 논의되었다. 컴퓨터의 탄생에 지대한 공헌을 한 튜링의
1950년 논문 「계산기계와 지능」의 첫장의 제목조차 모방게임
(Imitation Game)이다. 모델링은 모방과 유사하지만 차이가 있다.
모방보다는 모델링이 더 포괄적이고 합리적인 개념이다. 모방은
타인의 행동을 수정하지 않고 있는 그대로 따라하는 것이다. 아기
는 엄마의 말을 따라하면서 언어 학습을 하는데 이때 벌어지는 언
어 학습 상황이 대표적인 모방이다. 모방 과정에서 아이는 무엇을
배우고 있다는 것을 거의 의식하지 못하고 무작정 따라한다. 광고
나 유행어를 그대로 따라하는 것도 모방이다.

역사적으로 볼 때 모방이란 행동 전수의 중요한 수단으로 취
급되어왔다. 고대 그리스인들은 미메스(mimessis)라는 단어를 사
용했다. 다른 사람의 행동과 문학과 도덕적 품격을 증명하는 추
상화된 모델에 대한 관찰학습을 의미한다. 그밖에도 본능이나 발
달 또는 조건 형성(conditioning)이나 도구적 행동(instrumental
behavior)과 관련된다.

그렇다면 모델링이란 무엇인가? 모델링은 모방학습*과 같은 말

---

* 모방학습은 행동주의 원리를 이해하기 위해서 반드시 알아야 하는 이론이다.

프로그래머는 왜 심리문제에 골몰하는가?
메타인지를 위한 프로그래밍 심리학

이며 행동주의 심리학을 설명하는 기본적인 이론 중 하나이다. 이 현상은 인간행동의 다양한 영역에 영향을 끼친다. 베르테르 효과[†], 피해자와 가해자 등의 사회문제의 발생도 기본적으로 모델링을 통해서 발생한다. 인간의 학습에 대한 욕구도 책임감 분산과 내집단 편향으로 설명된다. 책임감 분산(Diffusion of responsibility)은 방관자 효과(Bystander Effect)라고도 한다. 사람들이 집단에 속하게 되면, 때로 개인적 책임을 적게 느끼게 되어 주위에 사람들이 많을수록 어려움에 처한 사람을 돕지 않게 되는 현상을 말한다. 내집단 편향 현상은 합당한 이유 없이 내집단을 외집단에 비해 편애하거나 우대하게 되는 경향을 말한다. '가재는 게 편이다' '팔이 안으로 굽는다'와 같은 속담을 생각하면 될 것이다. 책임감 분산과 내집단 편향 현상을 보면 인간이 일상에서 얼마나 모델링을 통해 생활하는지를 이해할 수 있다.

모델링을 시행하는 간단한 방법이 있다. 자신이 되고 싶은 다른 사람을 선정하여 롤 모델(Roll Model)로 삼고, 그 모델의 행동을 자신의 행동에 적용하는 것이다. 롤 모델이 행동하는 여러 행동 중에서 특정한 행동을 취사선택한다. 그후 '따라하기'를 반복하면서 학습한다. 모델링은 모방보다 더 적극적이며 더 목적지향적이다. 즉, 개인이 모델을 선정하고 그 모델의 특정 행동과 그 결과를 관찰하여 그 행동을 실제로 재현하는 것이 모델링이다. 학습 이론으로 잘 알려진 고전적 조건화와 조작적 조건화가 개인의 경험을 통한 학습의 개념을 설명하는 것이라면, 모델링은 간접학습

---

† 텔레비전 등의 미디어에 보도된 자살을 모방하여 벌어지는 현상으로 유명인의 자살이 있은 후에 유사한 방식으로 잇따라 자살이 일어나는 현상을 말한다. -위키피디아

으로 설명되며 타인의 경험에 대한 관찰과 인지적 처리를 통해 이루어진다.

예를 들어 한 남자 모델*이 자신의 애인에게 생일날 특정한 브랜드의 선물을 사주고 애인의 사랑†을 받는 광고를 생각해보자. 이 광고를 본 남성 소비자가 애인의 사랑을 얻기 위해 그 브랜드의 제품을 구입하여 애인에게 선물하는 것이 모델링이다. 롤 모델‡의 특정 행동이 보상을 받는 것을 보고 자신도 보상을 얻기 위해 그 행동을 재현하게 되는 것이 모델링이다.§

이 책에서 기술하는 프로그래밍 심리학의 관점은 심리학의 패러다임 중에 하나인 인간정보처리이론에 그 뿌리를 두고 있다. 인간정보처리이론은 사회인지이론에 기초하여 발달했다고 보는 것이 합리적이다. 사회인지이론은 학습이론에서 사용되는 핵심적인 개념이기 때문이다. 이제 사회인지이론의 개념으로 모델링을 바라보자. 모델링이란 하나 이상의 모델을 관찰하여 그 모델에서 나타나는 행동적, 인지적, 정의적 변화를 가리킨다.

모델링은 관찰학습(Observational Learning)이나 대리학습(Vicarious Learning)이라는 용어와 서로 혼용되기도 한다. 사회인지학자인 반두라는 모방의 개념을 발전시켜 모델링의 주된 기능을 반응 촉진(Response Facilitation), 억제와 탈억제(Inhibition and Disinhibition), 관찰 학습(Observational Learning)으로 구분하여 정의했다.

---

* 여기서 모델은 직업이 모델인 사람을 가리킨다.

† 이때 애인의 사랑은 보상이 된다.

‡ 광고 속의 남자

§ 출처 : 『50인의 심리학 거장들』, Noel Sheehy, 학지사

컴퓨터 기술은 이제 인공지능을 모델링하면서 인류를 새로운 세계로 이끌고 있다. 역사적으로 컴퓨터 기술이 발전하는 과정에서 수많은 모델링이 있어 왔다. 어떤 모델링은 잠시 나타났다 사라졌으며 어떤 모델링은 지금도 SW·AI기술 전반에 강력한 영향을 미치고 있다. 프로그래밍 심리학을 이해하기 위해서 SW·AI기술발전을 이끈 모델링의 역사를 차례대로 살펴보자. 그 과정은 튜링이 수행한 모델링에서 인공지능 모델링까지이다.

컴퓨터에 사용된 모델링은 어떤 것들이 있을까?

튜링 이전의 기계적 모델링

컴퓨터 기술의 모델링을 체계적으로 이해하기 위해서 튜링 이전의 모델링을 살펴보는 것이 무척 도움이 된다. 튜링 모델 이전의 모델링은 기계로 구현되었으며 단순한 계산만을 모델링한 "계산 모델링"이라고 볼 수 있다. 대표적인 계산 모의는 네 가지로 요약된다. 네이피어 봉, 파스칼 린, 라이프니치의 계산기, 배비지의 차분기관이 그것이다. 네이피어 봉과 파스칼 린, 라이프니치의 계산기는 계산 중심의 모델을 구현한 장비이다. 라이프니치의 계산기의 경우에는 계산에 2진법을 적용하는 중요한 모델링 방법을 제시했다. 이에 반하여 배비지의 차분기관은 분기(branching), 서브루틴(subroutine), 루프(loop) 등의 요소를 갖추어 현대컴퓨터의 제어 기능*과 비교해도 손색이 없다.

---

* 컴퓨터의 5개 기능은 입력, 출력, 연산, 제어, 저장이다.

튜링의 모델링

앨런 튜링은 튜링 이전에 사고모의를 하기 위한 계산(기계적) 모델링의 토대 위에서 튜링 모델을 구축했다. 그는 스스로 생각하는 기계로 가기 위한 원형을 구축함으로써 현대의 지능정보기술까지도 포함하는 개념적 기초를 확립했다. 그는 「계산기계와 지능」이라는 논문에서 "지능적 기계의 관점을 통해서 어떻게 기계가 인간의 지능을 나타내게 할 수 있는가?"에 대해 검토하면서 인간의 뇌를 그 지침으로 삼았다.

인간정보처리 모델

현대에 들어서 인간의 사고 과정을 설명하는 인간정보처리 관점이 발전했다. 오랫동안 인간에 대한 연구 결과, 감각기억(sensory memory)과 단기기억(short term memory), 장기기억(long term memory)으로 구성되는 세 가지 기억의 구조를 가지고 있다는 것을 알게 되었다.

위크슨(C. D. Wickens)의 인간정보처리 모델은 인간의 뇌에서 일어나는 인지과정을 순서화된 단계로 표현하는 구조 모형이다. 이 모형은 인지심리학, 인공지능, HCI 연구에서 가장 중심이 되는 모델로 인간의 뇌 작용에 대한 통찰에서 출발한다.

하드웨어 계산 모델링

튜링의 수학적 모델링의 개념 완성으로 실질적인 구조의 컴퓨터들이 존 폰 노이만 모델, 하버드 구조로 만들어졌으며 하드웨어의 구조를 개선하려는 노력에 의해 하드웨어 모델링이 발전했다.

최근에 이르러서는 딥러닝에 최적화된 하드웨어 구조에 적합한 모델들이 크게 주목받으면서 하드웨어 계산 모델에 관한 관심이 집중되고 있다. 그것은 GPU, FPGA와 ASIC, 뉴로모픽 컴퓨터를 구현하기 위한 모델링 기법들이다.

소프트웨어 계산 모델링

하드웨어 구조가 마련되는 데 다양한 모델링이 사용되었던 것과 같이 소프트웨어 구조의 발전도 인간을 모델링하여 이루어졌다. 특히 오토마타(automata)는 소프트웨어뿐 아니라 하드웨어를 모델링하는 데도 널리 사용되는 모델링 기법이다. 시간 단위로 작동하는 수학적 기계를 만들기 위한 컴퓨터 모델링의 기초이다. 이 기초 위에서 범용성 있는 컴퓨터 프로그래밍 체계를 인간이 사용하는 언어와 유사한 프로그래밍 언어를 만들었는데 이 언어가 동작하는 방식을 다르게 적용하여 모델링했다. 그것이 명령어 프로그래밍, 함수형 프로그래밍, 논리형 프로그래밍이다. 최근에 이르러서는 신경망의 동작을 느슨하게 모델링한 딥러닝이 빠르게 발전하고 있다. 이 모델링들이 소프트웨어 계산 모델링이다.

176

신경망 모델링

뇌의 신경망 구조를 느슨하게 모방하고 인공 뉴런의 동작을 모사(imitate, copy)한 신경망은 인공뉴런의 연결 강도를 변경해서 신경망이 정보처리하는 방식을 모델링했다. 신경망을 중첩하여 배열하고 입력과 출력 데이터를 확보하여 학습시킴으로써 특정 기능을 수행할 수 있는 함수를 만들어낼 수 있었다. 그렇게 생성된 함수가 고양이와 개를 구분하고 언어를 이해하기 시작한 것이다. 이 함수는 매우 복잡한 구조와 Deep한 구조를 가지고 있으나 기본적으로 신경망을 모델링한 것에서 출발한다.

양자 모델링

전자의 동작을 0과 1의 2진수 대푯값으로 전환하고 이를 부울대수의 수학적 원리로 동작하게 하는 구조를 가진 기존의 컴퓨터는 발전의 한계에 도달했다. 그 대안이 양자역학의 원리를 이용한 새로운 형태의 컴퓨터이다. 컴퓨터가 출현하기 위해서 논리 회로를 수학적 원리에 따른 모델로 구축하듯이 양자를 처리하고 양자 로직 게이트로 동작하는 모델이 연구되고 그 일부는 이미 구현되었다. 이 모델을 양자 모델링이라고 한다.

튜링 이전의 계산 모델링

앨런 튜링의 사고모의는 계산, 학습, 추론, 지각에 이르는 인지 기술이 기계화되기 시작한 출발점이다. 튜링은 인간정보처리 과정을 모델링하여 인류의 창의적 발전을 이끌었다. 튜링은 인간 사고 기능 중에서 계산 기능만을 끄집어내어 미세과정을 구분하여 기계화함으로써 인간심리와 계산기의 통섭을 이룬 선구자적 천재다. 초기 컴퓨터 탄생의 시작부터 현대의 인공지능에 이르기까지 현대 컴퓨터의 원형에 대한 이론적 모델이 튜링 모델이다. 튜링 모델을 이용한 튜링 테스트의 개념이 인류에 기여한 공헌은 아무리 강조해도 지나침이 없을 것이다.

놀랍게도 앨런 튜링은 1950년 「계산기계와 지능」이라는 논문에서, 오늘날의 첨단 분야에서도 논쟁이 되는 의식에 관련한 주장(The Argument from consciousness), 학습하는 기계(Learning Machines)를 언급했다. 그러나 튜링 계산 모델의 연구를 처음부터 오롯이 튜링 혼자 한 것으로 보는 것은 합당하지 않다. 튜링 이전 세대인 18세기 산업혁명으로 수학과 과학의 발전으로 계산에 대한 다양한 양상이 만들어졌기 때문이다.

튜링 모델을 이해하기 위해서는 튜링 모델을 구상할 수 있게 도와준 다양한 자동기계들의 존재를 살펴봐야 한다. 네이피어 봉, 파스칼 계산기와 라이프니치 계산기, 찰스 배비지의 차분 기관들이 그것이다. 이러한 계산기들이 튜링의 계산기계에 아이디어를 제공했고 어떤 것은 구현되어 자동화된 기계 설계로 성공했다. 여러 계산기계 방법들의 영향을 받아 앨런 튜링이 완성된 것으로 보아야 합당하다고 본다.

네이피어 봉

네이피어 봉(bones)은 17세기 수학자 존 네이피어(John Napier)[*]가 로가리즘과 로그표를 만들면서 발명한 계산도구이다. '구구단을 기록해놓은 막대기'로 간단한 구조임에도 불구하고, 계산의 편의성을 높여주었다.[†] 네이피어 봉은 1단부터 9단까지 구구단을 나타내는 막대 9개와 어느 행인지를 알려주는 막대 1개를 포함하여 총 10개의 막대로 구성된다.

봉을 이용하여 $46{,}785{,}399 \times 7 = 327{,}497{,}793$과 같은 계산 결과를 보여준다. $4 \times 2 = 8$이므로 아래쪽에 10진숫자/0자리숫자를 나누어 0/8로 기록하고, $4 \times 3 = 12$이므로 1/2로 기록하여 7에 이르러서는 $4 \times 7 = 28$이므로 2/8을 기록했다.

구하고자 하는 숫자 46,785,399에 대하여 계산 봉을 완성한 후 곱하고자 하는 7번째 줄에 있는 봉을 끄집어내어 사선으로 값을 합하면 숫자 327,497,793을 구할 수 있다. 천문학에서는 복잡하고 긴 숫자들 간의 계산이 반드시 필요하여 이를 해결하기 위한

---

[*] 스코틀랜드의 수학자, 물리학자, 천문학자, 로가리즘의 발명자.

[†] 나무위키

방법으로 고안이 된 것이다.

파스칼린

파스칼린(Pascaline)은 볼레즈 파스칼(Blaise Pascal)*이 19세 때인 1642년에 만든 것이다. 세무 공무원인 아버지를 위해 기계식으로 작동하여 덧셈과 뺄셈을 수행하는 수동 계산기를 발명한 것이다. 이 기계는 덧셈과 뺄셈의 반복을 통해서 곱셈과 나눗셈도 할 수 있었다. 세금계산은 긴 항목들의 숫자를 더하는 일이라 지루하고 계산상의 실수가 많이 일어났다. 틀리기 쉬운 계산의 수고를 덜 수 있었는데, 50개의 시제품 개발 후에 1645년에 첫 모델을 대중에게 공개했다. 이후 10년 동안 파스칼은 기계를 계속 개선해나가면서 약 20여 종류를 더 만들어냈다. 파스칼은 프랑스에서 계산기의 설계 및 생산에 대한 배타적 권리를 갖게 되었다. 파스칼 계산기는 기계식 수동 계산기 개발을 촉발시켰다. 그후 320년이 지난 1971년 비지컴 계산기를 위해 개발된 마이크로프로세서의 발명으로 파스칼 계산기는 더 이상 사용되지 않았다.†

---

* 프랑스의 심리학자, 수학자, 과학자(물리학자), 발명가, 작가, 철학자.
† 위키백과

라이프니츠의 계산기

라이프니츠의 계산기는 고트프리트 빌헬름 라이프니츠(Gottfried Wilhelm Leibniz)[‡]에 의해서 개발되었다. 라이프니츠는 철학과 수학의 역사에서 중요한 위치를 차지한다. 모두 아는 바와 같이 라이프니츠는 뉴턴과 함께 미적분학을 개척한 수학자이다. 현대 수학에서 미적분의 표기 방식은 라이프니츠의 수학적 표기법을 사용한다. 라이프니츠는 기계적 계산기를 가장 많이 발명했으며 곱셈 계산기를 만든 엔지니어다.

앞서 이야기한 톱니바퀴 계산기 파스칼린은 덧셈과 뺄셈 이외의 연산은 불가능했다. 라이프니츠의 계산기는 덧셈, 뺄셈에 의한 반복을 통해서 곱셈과 나눗셈을 할 수 있도록 스텝드 실린더(stepped cylinder)라는 9개의 이를 가진 커다란 기어들을 사용했다. 각 기어들은 크기가 달랐다. 작은 기어들이 큰 기어 위에 위치하며 피승수를 표시하고, 커다란 기어의 대응되는 숫자에 맞춰질 수 있다. 커다란 기어들이 완전한 한 번의 회전을 하면 피승수로 기록되며, 승수는 큰 기어들의 회전수로 표시된다. 덧셈과 나눗셈을 할 수 있었으나 크게 실용화되지 못했다.

이 계산기는 라이프니치가 발견한 2진법과 함께 2진기계를 도입하는 데 큰 영향을 주었을 뿐 아니라 라이프니츠의 구상을 기초로 천공카드 시스템을 개발한 홀러리스를 거쳐 현대 전자식 컴퓨터로 발전한다.

[‡] 독일의 철학자이자 수학자.

차분기관

배비지의 차분기관(差分機關, difference engine)을 살펴보자. 1822 년 찰스 배비지가 이 기관을 영국 왕립 천문학회에 "매우 큰 수학 적 표를 계산하는 기계적인 방법"이라는 제목으로 발표했다. 이 기계는 십진법을 사용했고 핸들을 돌려 동력을 얻도록 설계되었 다. 영국 정부의 지원으로 시작된 이 연구는 배비지가 이 기계를 만들지는 않고 계속 추가 지원금을 요구한다고 판단하여 그 지원 을 철회했다.

배비지는 더 일반적인 연산이 가능한 해석기관의 연구를 계속 했다. 1847~1849년에는 차분기관의 설계를 발전시켜 "차분기관 2호"를 설계했으나 이 차분기관과 분석기관은 동작하지 않는 미 완성의 계산기이다. 이후 게오르크 슈츠(Per Georg Scheutz)*와 마 틴 와이버그(Martin Wiberg)가 차분기관을 개선했으나 로그표를 계산하고 인쇄하는 용도 정도로만 사용되었다.

이들 기계는 오늘날 컴퓨터의 프로그래밍과 같은 개념을 사용 했다. 명령들을 해석하면서 자동으로 계산을 실행하는 기계로, 현 대 컴퓨터 개발의 절대적인 영향을 미쳤다고 말할 수 있다. 배비 지의 차분기관은 그 이전의 계산기와 확연히 구분되는 특징들이 있다.

첫 번째는 입출력, 기억, 연산, 제어 기능을 담고 있다는 점이 다. 이는 현재 존 폰 노이만형 컴퓨터의 다섯 가지 기능을 모두 포

---

* 19세기 스웨덴의 변호사, 번역가, 발명가였으며 현재는 컴퓨터 기술 분야의 선구자로 잘 알려져 있음.

프로그래머는 왜 심리문제에 골몰하는가?
메타인지를 위한 프로그래밍 심리학

함하고 있는 것으로 차분기관은 현대 컴퓨터 출현에 크게 기여했다는 것을 보여준다. 두 번째는 다양한 제어문의 사용이다. 실제로 배비지는 분기(branching), 서브루틴(subroutine), 루프(loop) 등의 요소를 갖출 수 있도록 노력했다.

차분기관은 다항함수를 계산할 수 있는 기계식 디지털 계산기이다. 다항함수는 로그함수와 삼각함수도 근사할 수 있기 때문에 차분기관은 범용으로 사용할 수 있는 구조를 가졌다고 할 수 있다. 앨런 튜링이 튜링 모델을 구축하기도 전에 현대 컴퓨터의 원형은 모두 구현된 상태였다고 할 수 있다.

드디어 튜링의 모델링

앨런 튜링은 앞서 이야기한 네 가지 계산기계*의 구조를 포함하는 범용기계(universal machine)를 모델링했다. 튜링은 그밖에도 다양한 개념들을 튜링 모델에 적용했다. 멀리는 고대의 아리스토텔레스부터 18세기의 칸트『순수이성비판』과 1800년대의 프레게의『개념 표기법』에서 문장을 기호화하는 논리학과 괴델†의 불완전성의 정리와 수 대응 개념이 그것이다. 그밖에도 인류의 오랜 역사 동안에 과학적 증명을 위한 지식으로 만들어진 연역법과 귀납법도 튜링의 모델링에 배경이 되는 지식이다. 물론 튜링은 연역의 방식을 처리할 수 있도록 한 것이며 신경망은 그 토대 위에서 귀납의 방식을 처리하도록 발전하고 있는 것이다.

앨런 튜링은 이러한 개념들 위에서 튜링 모델을 이용하여 스스로 생각하는 모델로 가기 위한 원형을 구축함으로써 현대의 지능 정보기술까지도 포함하는 개념적 기초를 확립했다. 그는 「계산기계과 지능」이라는 논문에서 의식에 대한 내용을 담고 있는 등 인간 심리적 요소와 관련된 점을 고려했다. 그는 "지능적 기계의 관점을 통해서 어떻게 기계가 인간의 지능을 나타내게 할 수 있는가?"에 대해 검토하면서 인간의 뇌를 그 지침으로 삼았다. 더불어

---

* 네이피어 봉, 파스칼 린, 라이프니치의 계산기, 배비지의 차분기관

† 튜링과 괴델은 타임지가 선정한 20세기를 대표하는 100인(과학자&사상가) 목록에 오른 단 두 명의 수학자이다.

프로그래머는 왜 심리문제에 골몰하는가?
메타인지를 위한 프로그래밍 심리학

인간을 닮은 생각하는 기계를 만들기 위해서 인간 뇌의 작용을 모사하는 기계를 만드는 것이 도움이 될 것이라고 생각한 것이다. 그 출발에서부터 인간의 학습, 추론, 인지의 심리적 내용을 포함하려고 했던 것이다.

물론 그 시절에는 이와 같이 심리적 내용을 체계적으로 분류하지는 못했지만 말이다. 결국 수학적 과제나 문제는 모두 그가 제안한 보편기계(보편 튜링머신이라고 한다)의 2진법 형식으로 나타내어 그 문제를 해결할 수 있다는 것이다. 이제는 그 모델은 위에서 인지 컴퓨팅의 구현을 위하여 신경기반 컴퓨팅 기술(Neuro-Inspired Computing Technology)의 연구들이 진행되고 있는 것이다. 튜링의 지능 기계모의는 추상화 수학 모델로 정의하기도 한다. 계산 가능한 함수를 정의하기 위한 수단으로서 그 모델을 수학적으로 증명했고 알고리즘을 수학적이면서 동시에 기계적인 절차로 분해하여 네 가지로 구분했다. 테이프, 헤드, 상태 레지스터, 액션 테이블이 그 네 가지다.

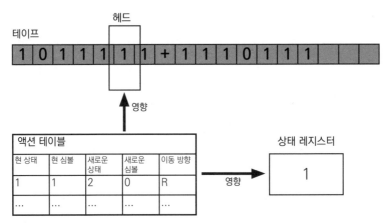

튜링머신의 구조 및 구성요소

테이프는 종이를 일정한 크기인 셀(Cell)로 나누고 그 셀에는 기호가 기록되어 있으며 무한정의 길이를 가진다. 헤드는 테이프의 셀을 읽을 수 있다. 헤드는 고정되어 있고 테이프가 이동을 하는 구조이다. 상태 레지스터는 기계의 상태를 기록하는 장치로서 개시상태와 종료상태로 나누어 표시함으로써 상태정보를 유지한다. 액션 테이블은 특정 기호가 입력될 때 해당 상태에서 해야 할 행동이 기록되어 있는 명령어 행동표이다. 명령어 행동표 안에는 기호를 지우거나 수정하기, 헤드의 위치 유지 및 한 칸 좌우 이동, 상태 변경의 행위를 결정하는 내용이 들어 있다. 튜링머신의 동작 특성은 다음과 같다.

- 양방향으로 무한정의 이동이 가능한 테이프(기억장치)를 갖는다.
- 상태의 변화는 결정적(deterministic)이어서 규칙 세트가 수행할 조치를 최대 하나만 부과한다.
- 입력과 출력은 테이프가 담당한다.

테이프는 무한한 길이를 가지며 양방향 이동이 가능하다. 튜링이 설계한 것은 결정형 튜링머신(Deterministic Turning Machine)이라고 부르는데 규칙 세트는 주어진 상황에 대해 수행할 조치를 최대 하나만 부과하는 것이 핵심이다. 차후 발전하게 될 노이만 모델에서 입출력은 테이프가 담당하도록 설계를 할 수 있게 되는 개념적 토대가 되었다. 뿐만 아니라 연산, 제어, 저장, 입출력이라는 5대기능과 병렬개념, 저장형 프로그램의 개념이 포함되는 노이만 모델을 완성하는 데 초석이 되었다.

프로그래머는 왜 심리문제에 골몰하는가?
메타인지를 위한 프로그래밍 심리학

인간정보처리 모델

현대에 들어서 사고모의, 즉 지능의 기계모의는 뇌신경 과학의 기억 구조 모델의 뒷받침을 받으며 인간정보처리 관점의 심리학 패러다임으로 발전했다. 기억 구조 모델이란 기억된 정보를 처리하는 인간사고 모델을 말한다.

기억과 관련된 모델

인간정보처리 모델에서, 기억은 인간사고를 설명하는 가장 기초가 되는 것이다. 기억된 것이 없이는 더 많은 지식을 축적할 수도 없다. 기억으로 지식을 축적하고 창조할 수 있는 존재가 바로 인간이다. 더불어 인간 사고구조의 총합이 인간정보처리 모델이다. 실제로 기억이 어떤 구조를 가지는지 살펴보자. 대표적인 모델이 앳킨슨(R. Atkinson)과 쉬프린(R. Shiffrin)의 기억과 관련된 모델이다.

오랫동안 수행된 인간에 대한 연구로 세 가지 기억의 구조를 가지고 있다는 것을 알게 되었다. 감각기억(sensory memory)과 단기기억(short term memory), 그리고 장기기억(long term memory)이다. 감각기억은 감각수용기로부터 처리되는 감각정보를 기억하는 영역이다. 감각기관으로부터 들어온 모든 정보는 감각기억 속에 아주 짧은 시간 동안 저장된다. 이 정보 중 99% 이상은 즉시 잊어버리게 된다. 단기기억은 작업기억(working memory)라고도 부르는 기억으로 수 초에서 수 분 동안만 머무르는 기억이다. 감각기억으로부터 들어오는 정보가, 잠시 머무르는 기억에 해당된다. 감각기억에 주의를 기울인 작은 양의 정보만이 단기기억으로 이동한다. 장기기억이란 대뇌의 피질에 저장되어 오랫동안 유지되는 것을 일컫는 말이다. 단기기억에 있는 정보가 정교화와 부호화를 거쳐 일부의 정보가 장기기억으로 저장되는 것으로 요약할 수 있다. 하나씩 나눠서 살펴보자.

감각기억은 영상, 음성 등의 감각기관을 통해 입력되는 과정에서 발생한다. 이 정보들은 아주 짧은 시간 동안에 감각기관 내에 있는 저장공간에 머물게 된다. 영상은 시각기관인 눈에 존재하는 영사 기억장치(iconic memory)에 들어 있는 저장 공간으로 50~150ms 동안 저장공간에 유지되며 기억된다. 음성정보는 귀에 존재하는 반향기억(echoic memory)* 장치에 존재하는 저장 공간으로 1~2초 동안 저장공간에 유지되고 기억된다.

반향기억은 영사기억보다 더 오래 유지되며 특정 정보는 단기기억 장치에 저장된다. 감각기억에서 단기기억으로 넘어가는 특정 정보의 선택은 주의(attention)를 통해서 이루어진다. 우리의 시각 청각 등의 감각기관을 통해 들어온 모든 정보는 감각 기억 속에 아주 짧은 시간 동안 저장된다. 이 정보 중 99% 이상은 즉시 잃어버리게 되며, 주의를 기울인 작은 양의 정보만이 단기기억으

---

* 잔향기억이라고도 한다.

프로그래머는 왜 심리문제에 골몰하는가?
메타인지를 위한 프로그래밍 심리학

로 이동된다. 그리고 단기기억에 있는 정보도 정교화와 부호화를 거쳐 일부의 정보만이 장기기억 속에 저장된다.

단기기억은 작업기억(working memory)이라고 부르기도 한다. 이 기억은 잠시 머무르는 기억으로 사고 작업을 하는 동안에만 필요한 정보가 보관되어 활성화되는 기억 공간이다. 인터넷 뱅킹을 하기 위해서 사용하는 암호 4자리와 보안카드†를 사용하는 과정을 생각해보자. 통장 암호 4자리는 인간의 장기기억에 저장되어 있는 정보이다. 송금을 실행하면서 장기기억 장치에 저장되어 있는 통장암호 4자리를 기억해내어 송금과정에 활용하는 과정 동안에는 단기기억에 머물게 된다. 이 반하여 보안카드나 OTP 카드의 비밀번호의 사용은 인간의 눈의 감각기억에 하나인 영사기억으로 저장된 후, 단기기억 장치에 저장되어 보안코드 입력기간 동안에 활용된다.

장기기억장치는 주기억장치인 RAM이나 HDD를 생각해도 좋을 것이다. 이에 반하여 단기기억장치는 캐시 메모리(SRAM)나 CPU에 있는 레지스터를 생각하면 될 것이다. 캐시 메모리나 레지스터에 있는 정보는 정보를 계산하는 동안에만 일시적으로 존재하는 단기기억장치이자 작업기억장치인 것이다.

사고작업을 위해서 단기기억에 반복적으로 머물게 되는 정보는 장기기억에 머물게 되어 오랫동안 사용하게 된다. 앞의 예에서 통장 비밀번호를 처음에는 어딘가에 기록하여 사용하다가 반복적으로 사용한 후에는 장기기억에 저장되어 바로 작업 기억으로 정보를 올려놓을 수 있게 되는 것이다. 이를 신경생리학적 관점에서

---

† OPT 카드를 생각해도 좋다.

해석해보자. 즉 단기기억의 과정에서는 뇌세포 사이에 새로운 시냅스가 만들어지지는 않는다. 그에 반하여 장기기억의 과정에서는 단기기억이 장기기억으로 전환되면서 뇌세포 사이에 시냅스가 생성되어 새로운 신경망이 생긴다.

단기기억이 장기기억으로 저장되는 과정에서의 신경계의 신호전달의 발견으로 아르비드 칼슨(Arvid Carlsson), 폴 그린가드(Paul Greengard), 에릭 리처드 칸델(Eric Richard Kandel)이 2000년 노벨 생리·의학상을 수상한다. 칸델은 뇌세포의 핵 속에 크렙(CREB, Cyclic-AMP Response Element Binding) 단백질을 발견했다.

크렙은 기억세포들을 연결해주는 단백질을 만드는 데 필요한 유전자를 활성화시키는 역할을 한다. 자극에 의해서 크렙이 커지면 시냅스가 만들어지고 새로운 신경망이 형성되는데 이것에 기억이 보존되어 오래 남게 되는 것이다. 이것이 자극으로 인해서 새롭게 형성되는 장기기억이다.

이에 반하여 단기기억은 자극이 발생하면 신경들의 접촉 부위의 신경전달 물질이 증가하게 되어 신호를 잘 전달하는 구조이다. 그 결과 무언가를 제한된 짧은 시간 내에 기억하게 된다. 단기기억은 신경전달물질이 늘어날 뿐이지 새로운 시냅스나 신경망이 생성되지는 않는다.

인간의 단기기억 장치는 뇌 속의 해마(Hippocampus)가 담당하고 있다. 해마는 시냅스를 생성하지는 않는다고 알려져 있으나 최근 연구에서는 해마의 시냅스 생성을 증명하는 결과도 나타나고 있다. 반면 장기기억 장치는 대뇌 중에서 두정엽(parietal lobe)의 피질이 담당하는 것으로 알려져 있다.

인간정보처리 모델

기억구조 모델을 바탕으로 인간정보처리 모델이 설명된다. 위크슨(C. D. Wickens)의 인간정보처리 모델은 인간의 뇌에서 일어나는 인지과정을 순서화된 단계로 표현하는 구조모델이다. 이 모델은 인지심리학, 인공지능, HCI 연구에서 가장 널리 사용되는 모델로 인간의 뇌 작용에 대한 통찰을 제공한다. 최근 뇌 과학의 발전으로 이 이론은 수정될 수도 있으나 현재까지는 인간정보처리 모델에서 가장 많이 활용되고 있다.

감각기관으로 들어온 정보를 지각하게 되고 이 중 일부 기억이 단기기억을 거쳐 장기기억 공간에 저장된다. 그후 이 저장된 정보를 이용하여 의사결정을 하며 이때 주의가 관여하며 반응을 선택하고 반응 실행을 한다. 이 과정은 인간의 사고와 행동하는 인간정보처리 관점을 제시한다. 인간정보처리 모델에서 기억의 과정은 다음의 세 단계로 요약된다.

- 부호화(encoding)
- 부호의 저장(storing)
- 인출(retrieval)

부호화는 정보를 어떤 형태로 저장하는가와 관련이 있다. 부호화 과정에서는 감각기억과 작업기억에서 정보를 처리할 때 이루어지는 과정이다. 짧은 시간에 들어온 감각기억에 외부의 정보와 같은 방식으로 정보를 저장하고 주의를 기울인 정보만이 단기기억에서 처리된다.

이와 같이 처리된 정보는 재조직하고 부호화하여 저장되는
데 이때 이미 가지고 있는 다른 정보와 같이 부호화하여 저장
된다. 차후에 효과적으로 인출을 하기 위해서는 정교한 부호화
(Elaborated Encoding)가 필요하다. 들어온 자극을 정보로 바꾸고
바뀐 정보를 지식으로 다듬고, 체계화하는 과정을 진행한다. 입력
된 어떤 자극만을 정보로 변환하는 것이 아니라 기억하고 있는 다
른 정보와 함께 기억한다. 즉 다른 기억과 연합하는 것이다.

연합은 기억을 인출할 때 효과를 발휘한다. 특히 시각이나 글자
의 구조나 음운을 통한 정교화보다는 의미를 이용한 지식이나 기
존의 알고 있는 지식을 통한 정교화가 차후에 벌어지는 인출을 위
해서 효과적이다. 인출(retrieval)은 저장된 정보를 끄집어내는 것
이다. 인출은 저장과정과 같이 있는 그대로의 정보를 끄집어내는
것이 아니다. 효과적인 정보의 인출은 인출 단서가 중요하다. 우
리는 스마트폰의 잠금 설정을 숫자로 하는 것보다는 패턴을 이용
하는 것이 기억에 유리하다. 저장할 때 시각, 글자 구조, 음운을
통한 정교화보다 의미나 이미지 정보를 활용하는 것이 기억에 유
리한 것과 같은 원리이다.

인출은 저장과 매우 밀접한 관련이 있다. 만일 인출 단서가 부
족하면 기억날 듯하다가 기억하지 못하는 경우가 발생하기도 한
다. 한동안 많은 사람이 효과적으로 기억하기 위해서 자신의 생년
월일의 정보나 주소의 정보를 통장 비밀번호로 사용하는 것으로
설명될 수 있다. 또 기억된 정보들 간의 간섭과 잡음을 줄이기 위
하여 기억되어 있는 다른 정보와 구분하여 저장한다면 다른 지식

과의 구별된 기억이 훨씬 용이해진다. 부호화 정교화를 통한 저장과 인출의 개념은 다양한 곳에서 깊이 활용된다. 선거철에 각 정당들이 자신의 정당을 효과적으로 알리기 위해 같은 색깔의 옷을 입는 것도 그런 것이다. 아파트 선전 광고에서 유명 여성 연예인이 편안한 모습의 실내 환경을 연출하는 것은 여성 고객을 목표로 하는 점도 있으나 유명 연예인의 이미지를 아파트 이미지와 연계시켜 기억하도록 이끌기 위한 방법이기도 하다.

컴퓨터 초창기 이래 심리 구현 문제는 어떻게 흘러왔을까?

인간의 프로그래밍 사고체계에 영향을 준 심리철학은 컴퓨터가 출현했던 초기부터 강력한 영향을 미쳤다. 가장 먼저 1950년 앨런 튜링의 「계산기계와 지능」이라는 논문에서 튜링머신의 개념을 제시하여 기계가 인간과 얼마나 비슷하게 대화할 수 있는지를 기준으로 기계에 지능이 있는지 판별할 수 있음을 증명했다. 그후 심리철학은 1950년대에 인공두뇌(Cybernetics)학회와 다트머스 인공지능 컨퍼런스의 개념적 발전에 큰 영향을 주었다.

노버트 위너(Novert Wiener)를 비롯한 위대한 선각자들은 1952년 미국에서 열린 인공두뇌 학회를 설립했다. 그 당시에 물리와 정보가 하나의 체계로 동작한다는 것을 알게 된 각 분야의 과학자들이 모인 융합형 학회였다. 이 학회가 물리+정보로 산업을 연계시키지는 못하였다.

또 다른 시도로 미국의 다트머스에서 인공지능 컨퍼런스가 1956년에 열렸다. 이 다트머스 컨퍼런스는 마빈 민스키(Marvin Lee Minsky)와 존 매카시(John McCarthy), 그리고 IBM의 수석 과학자인 클로드 섀넌(Claude Shannon)과 네이선 로체스터(Nathan Rochester)가 참여했다. "학습의 모든 면 또는 지능의 다른 모든 특성은 기계로 정밀하게 기술할 수 있고 이를 시뮬레이션 할 수 있다"는 사고에서 시작되었다.

논리 이론, 탐색, 추리의 개념들이 추가하여 정의되고 확장하여 자연어 처리의 학문적 개념이 완성되어가는 계기가 되었다. 그 발전이 거듭하여 현대에 와서는 기호주의(Symbolism) 심리철학의 영향으로 기호주의 인공지능이 출현했으며 인공지능 언어 처리의 획기적인 발전에 기여했다. 그후 연결주의(Connectionism) 심리철학으로 신경망 기반의 인공지능이 출현했다. 지금에 이르러서는 기호주의, 연결주의를 넘어서 구성주의(Constructivism) 인공지능으로의 발전을 모색하고 있다.

지능-학습-심리철학의 관점에서의 지도학습, 준지도학습, 강화학습, 심화학습 등이 머신러닝에 적용되어 다양한 형태의 인공지능으로 발전하고 있다. 인공지능 프로그래밍은 작성행위 결과가 강화학습, 지도학습과 같이 프로그래밍 과정을 지식의 생성이라는 심리적 행위로 해석되어 설명될 때 매우 효과적으로 이해될 수 있다. 나아가 IoT, 빅데이터와 같은 정보처리 과정에서 의식의 탄생까지도 논쟁의 대상이 될 수밖에 없는 상황이다. 프로그래밍 심리학의 영역이 사고모의라는 관점에서 크게 확대되는 양상인 것이다.

프로그래밍 심리학은 프로그래밍 작업 과정에서 인간 문제에 초점을 맞춘 1970년대와 1980년대에 들어서면서 프로그래밍 과정을 고도의 정신 활동을 하는 복잡한 지식과 전략을 사용하는 행위로 바라보는 관점이 광범위하게 논의되면서 출발했다. 그 결과 행동주의 관점과 인지주의 관점이 컴퓨터 프로그래밍의 학습, 이해, 구현 과정에 폭넓게 응용되었다.

행동주의 프로그래밍 심리학은 프로그래밍 표기체계, 코딩 테크닉, 언어학습과 코딩, 디버깅, 개인 차이 연구에 영향을 주었다. 인지주의 프로그래밍 심리학은 프로그래밍 행위를 지식표상으로 설명하고 통사적 지식, 의미적 지식, 도식적 지식, 전략적 지식으로 나뉘어 프로그래밍 심리학에 커다란 영향을 미쳤다.

특히, 행동주의와 인지주의 심리학의 영향을 받은 초기의 연구들은 프로그래머들에게 심리학적 접근의 필요성을 알리는 계기가 되었다. 그것은 미국을 중심으로 경험적 연구(Empirical Studies of Programming :ESP)를 통해 태동하고 발전했다. ESP 연구는 1986년에서 1999년까지 이루어졌으며 그후 VL/HCC(Visual Language/Human Centered Computing)로 통합되어 발전하고 있다. VL/HCC는 2001년부터 유럽과 북미, 오스트리아주를 순회하며 1년에 한번씩 컨퍼런스를 진행하고 있다. 또 ESP 연구는 경험주의 심리학에 영향을 받은 애자일 방법론으로 발전하여 국내에서도 C-level들에게 널리 알려졌으며 일부 대기업에서도 선호하는 방법론이 되었다.

유럽에서는 PPIG(Psychology of Programming Interest Group)를 중심으로 발전했다. 유럽을 중심으로 한 PPIG 워크숍은 하나의 연구 집단으로 발전하여 현재도 1년에 한 번씩 영국, 독일, 포르투갈, 스페인 등 유럽을 순회하며 연구 결과를 발표하고 있다. 최근 프로그래밍 심리학의 연구 동향은 이 PPIG를 통해서 주요 내용을 알 수 있다.

하드웨어 계산 모델링

우리는 인공지능 및 신경기반 컴퓨팅의 성공과 양자컴퓨터의 발전을 목도하고 있다. 그럼에도 컴퓨터 발전초기 연구 논문들인, 앨런 튜링과 존 폰 노이만의 고전을 읽으며 연구해야 할까? 존 폰 노이만의 컴퓨터 설계에 관한 연구는 과거를 지나 현재뿐 아니라, 미래 발전의 기초에 닿아 있기 때문이다. 튜링의 결정형 튜링머신은 양자컴퓨터와 같은 비결정형 튜링머신의 발전을 이해하는 초석이다. 뿐만 아니라 특이점이라는 어마어마한 변화를 준비하기 위한 핵심이다.

노이만형 컴퓨터는 제어정보와 데이터를 하나의 하드웨어 구조로 처리하게 되면서 생기는 병목현상 문제가 있었다. 이를 해결하기 위해서 '하버드 아키텍처'가 발전했다. 그후 여러 개의 프로세서(processor)로 만든 병렬 컴퓨터가 모델링되어 슈퍼컴퓨터로 구현되었다. 그러나 고속의 정보처리를 지향하는 모델링에서 전자의 동작을 0과 1의 개념으로 변화시켜 수학적 모델로 구현하는 과정은 매우 비효율적이다. 인간의 신경망이 동작하는 기능을 따라하지는 못하는 것이다. 이에 신경망 방식으로 동작하는 뉴로모픽 칩의 개발로 딥러닝과 같은 소프트웨어에 최적화된 하드웨어 시스템 구축할 수 있다. 뉴로모픽 칩은 다국적 기업들이 오래전부터 연구를 하고 있다.

최근 하드웨어 시장은 테슬라(Tesla)와 엔비디아(NVIDIA)와 같은 신흥 AI 반도체 기업이 매우 주목받고 있다. 특히 엔비디아는 게임용 GPU를 만드는 기업이었다. 게임용 GPU는 영상을 효과적으로 출력하는 기능을 수행하는 장비이다. 그후 영상의 변환, 처리를 위하여 행렬 구조를 고속으로 처리하는 개념으로 발전해왔다. 최근 인공신경망의 연산에 필요한 행렬과 벡터 계산에 매우 유리한 구조가 만들어져 있었다. 이 상황에서 전통적인 컴퓨터 구조로는 인공지능 연산을 효과적으로 하기 어렵게 되면서 GPU가 각광받게 되었다. 더욱이 데이터 수집 단계에서 인공지능 기반의 데이터 처리를 위해 IoT에 인공지능 기능을 탑재하기 위한 연구들이 진행되고 있다. 연구가 성공하면 로봇 팔, 풍력 터빈, 스마트 자동차들의 센서가 데이터 처리를 실시간으로 진행하게 될 것이다. 데이터 수집 후 실시간으로 지능적 의사결정을 내릴 수 있게 된다. 그야말로 컴퓨터산업 전체가 신경망에 최적화된 하드웨어와 소프트웨어로의 발전을 눈앞에 두게 되었다.

이제는 미래 반도체 시장이 빠르게 AI 반도체 시장으로 변모하는 모습이다. 최근에는 엔디비아와 전통적인 반도체 기업인 삼성, SK하이닉스, 마이크로소프트뿐만 아니라 구글, 알리바바 등이 AI 반도체를 선보였다. 또 테슬라는 자율주행용 AI 반도체를 공개했다.

인간의 사고구조를 단순히 모델링하는 것에서 시작된 컴퓨터의 모델링 기법들이 신경 세포를 모델링하는 방법을 적용하게 되었다. 인간의 기능을 따라갈 수 있는 기계를 만들려는 노력이 신경 세포 모델링으로 최적화되어 가고 있는 것이다. 이 과정이 진행될수록 튜링과 노이만의 노력과 그 과정에서 생성된 개념들이 중요해진다. 기능을 개선하거나 새로운 모델링을 해나가기 위해서는 컴퓨터 발전 초기 설계와 관련된 논문을 되돌아보는 것이 매우 유용하기 때문이다.

노이만 구조

존 폰 노이만은 『컴퓨터와 뇌 : The Computer and the Brain』라는 책에서 뉴런의 펄스가 있는 상태를 1, 없는 상태를 0으로 표현했다. 컴퓨터 기본 동작이 뇌 모델링으로 출발했음을 설명하고 있다. 노이만은 저장형 프로그래밍(Stored Programming) 방식을 설명한 EDVAC 보고서의 초안을 작성했다. 이 보고서는 이론 심리학에서 이야기한 뉴런을 이용함으로써 오토마타 이론을 발전시켜 학습, 시스템의 신뢰성, 자기 복제와 같은 이슈와 연결시켰다. 다시 말해서, 1950년대부터 기술적 가속화의 시작점으로 삼아 하드웨어로 모델링한 것이다. 그 시작부터 특이점을 지향하는 지능 정보 개념으로 전자식 컴퓨터가 발명된 것이다.

폰 노이만 이전의 컴퓨터들은 다른 작업하기 위하여 스위치를 설치하고 전선을 재배치하여 데이터를 전송하고 신호를 처리하는 식으로 프로그래밍을 했다. 폰 노이만이 프로그램 내장방식 컴퓨터에 관한 아이디어를 처음 제시했다. 프로그래밍 내장방식의 컴퓨터는 CPU, 메모리, 프로그램 구조를 가진다. 이후에 나온 컴퓨터는 모두 이 프로그래밍 내장방식인 폰 노이만의 설계를 기본 구조로 설계하고 있다.

폰 노이만 구조(Von Neumann architecture)의 도입으로 소프트웨어(프로그램)만 교체하는 구조로 발전하여 범용성이 크게 확대됐다. 존 폰 노이만은 튜링 모델에 두 가지 개념을 추가하여 폰 노이만 구조의 컴퓨터로 만들어냈다. 하나는 프로그래밍 내장방식*이다. 다른 하나는 바이트(byte)를 동시에 처리하는 병렬처리 개념이다. 이 구조가 1945년 존 폰 노이만의 보고서를 허만 골드스타인(Herman Goldstine)이 서술한 「에드박의 보고서 최초 초안(First Draft of a Report on the EDVAC)」에서 밝힌 컴퓨터 아키텍처이다. 이렇게 전자 디지털 컴퓨터의 설계 구조가 최초로 완성되었다.

이 문서에서 컴퓨터의 5개 기능(입력, 출력, 연산, 제어, 저장)이 확립되었다. 폰 노이만이 제창한 저장식 프로그램 방식은 순차처리를 기본으로 한 구조로 되어 있다. "프로그램 내장방식"이란 메모리에 저장되어있는 명령어의 집합인 프로그램이 CPU에 의해 한 번에 한 개씩 읽혀 연산이 수행되는 절차를 말한다. 여기서 프로그램이란 컴퓨터 하드웨어를 동작시키기 위해 순차적으로 작성된 일련의 명령어들의 모음이다. 이 프로그래밍은 순서와 절차에 따라 한 번에 하나씩 실행되는 명령어로 구성된다. 프로그램은 CPU가 접근할 수 있는 저장영역에 놓인 상태에서 하나의 명령어를 가져와서(fetch) 분석하고(decode) 실행(execute)한다. 실행이 끝나면 컴퓨터가 다음 명령어를 읽는 식으로 진행된다. 프로그램을 기억하는 장치와 프로그램의 순번을 유지하는 프로그램 계수기가 반드시 있어 명령을 하나씩 실행해나가게 된다. 이를 통해 다음에 수행할 내용을 결정한 후 반복적으로 다음 명령어를 가

---

* 저장식 프로그램(stored programming)이라고도 한다.

프로그래머는 왜 심리문제에 골몰하는가?
메타인지를 위한 프로그래밍 심리학

져온다. 프로그래밍이 저장되는 저장영역에는 명령뿐 아니라 명령 수행에 필요한 데이터도 함께 저장된다[†]. 이렇게 명령어로 구성된 프로그램을 실행시키기 위한 논리적인 규칙을 계산 모델(computational model)이라고 한다. 이와 같은 폰 노이만 컴퓨터의 특징을 요약하면 다음과 같다.

1. 모든 데이터와 명령어들은 주기억장치에 저장되어야 실행될 수 있다.
2. 주기억장치의 내용은 일정한 주소를 이용하여 접근(access)이 가능하다.
3. 명령어는 프로그램 계수기의 지시에 따라 하나씩 이루어진다.

폰 노이만형 컴퓨터는 컴퓨터 구성을 위한 영역이 확대되었으며 반도체 기술은 적은 시간에 많은 연산을 할 수 있는 주파수 분해 기술로 발전하면서 본질적인 한계가 발생한다. 그것은 처리장치와 기억장치가 좁은 통로로 연결되어 있기 때문이다. 하나의 명령을 수행할 때마다 좁은 통로로 명령과 데이터를 전달해야 하는 구조다. 처리장치의 고속화와 기억장치의 대용량 및 고속화로 인하여 좁은 통로가 장애가 되어 본질적인 컴퓨터 고속화의 한계가 발생한다. 존 폰 노이만 구조는 내장 메모리 순차 처리방식에 다음과 같은 추가 개념들이 정립되었다.

· 산술 논리 장치와 프로세서 레지스터를 포함하는 처리 장치

[†] 소프트웨어 모델링의 관점에서는 프로그램(명령어)도 역시 데이터로 보는 방법과 프로그래밍과 데이터를 별도로 보는 방법 두 가지가 존재한다. 명령어까지 데이터로 보는 경우는 애플리케이션이나 사용자 데이터를 조작할 수 있도록 방법을 제시하는 일종의 특수한 데이터로 본다.

- 명령 레지스터와 프로그램 카운터를 포함하는 컨트롤 유닛
- 데이터와 명령어를 저장하는 메모리
- 외부 대용량 스토리지
- 입출력 메커니즘

이러한 모델의 발전에도 불구하고 병목현상의 문제가 고비용과 속도 제한 문제를 발생시켰다. 근본적으로 데이터 메모리와 프로그램 메모리가 구분되지 않고 하나의 버스로 동작하는 구조라서 발생하는 것이다. 이러한 문제를 해결하기 위해 하버드 구조가 출현했다.

하버드 아키텍처

폰 노이만 모델은 명령과 데이터가 같은 버스와 메모리를 사용한다. 이 때문에 명령 수행에 필요한 데이터가 동시에 필요한 컴퓨터 동작의 속성상, 하나의 버스로는 명령이 데이터의 도착을 기다림으로써 시간의 한계를 가질 수밖에 없는 구조이다. 그러나 하버드 구조는 명령을 메모리로부터 읽는 것과 데이터를 메모리로부터 읽는 것을 동시에 할 수 있도록 만든 구조이다. 명령이 처리를 끝내자마자 데이터를 처리하는 경로가 아닌 다른 경로로 다음의 명령을 읽어들임으로써 다음 명령을 진행하는 데 더 빠른 속도를 낼 수 있는 것이다.

하버드 구조라는 말은 하버드 대학교에서 만든 하버드 마크 I

(Harvard Mark I)이라는 릴레이 컴퓨터에서 유래한 용어이다. 하버드 마크 I은 존 폰 노이만형 이전의 컴퓨터로 천공 테이프를 활용한 초기 컴퓨터이다. 메모리 영역이 매우 작아서 CPU 내부의 모든 메모리 영역을 명령이외에 CPU 내부로 데이터를 가져올 수가 없었다. 그래서 명령이 전달되는 명령 전용 버스와 데이터가 전달되는 데이터 전용 버스로 물리적으로 분할을 하여 설계했다. 이러한 구조를 만든 결과 다음의 두 가지 효과를 만들어냈다.

- 병목현상 완화
- 효율적인 CPU 활용

병목현상 완화는 명령어와 데이터를 분리하여 가능하게 된 것이다. 효율성 향상은 파이프라이닝(pipelining) 기술을 사용할 수 있는 환경에서 왔다. 파이프라인은 한 데이터 처리 단계의 출력이 다음 단계의 입력으로 이어지는 형태로 연결된 구조를 말한다. 이렇게 연결한 데이터 처리는 여러 단계가 서로 동시에 병렬적으로 수행할 수 있는 구조를 만들어내고 효율성 향상을 꾀할 수 있다.

물론 실제 컴퓨터 설계에서는 완벽한 하버드 구조를 모두 따르지는 않는다. 노이만 구조를 바탕으로 하고 그 일부에만 하버드 구조를 채용한다. 그 이유는 처리 속도를 높이려면 많은 회로가 필요한데 개인용 컴퓨터를 모두 하버드 구조로 설계하여 고비용을 초래할 필요가 없기 때문이다. 보통 CPU와 캐시메모리의 설계나 디지털 신호처리 프로세서의 설계에 많이 채용한다. 캐시메모리를 CPU 칩 안에 구현하면서 하버드 구조를 적용하는 것이다. 또 음성이나 영상 전용 디지털 신호 처리 프로세서(Digital Signal Processor)와 CPU의 설계에 많이 적용된다. 하버드 구조를 채용하거나 선택하지 않고 메모리를 계층화하거나 DMA(Direct Memory Access)를 사용하기도 한다. 개선된 하버드 구조는 프로세서가 명령을 메모리로부터 읽는 것과 데이터를 메모리로부터 읽는 것을 동시에 할 수 있다. 병렬적으로 작업이 처리되도록 구현하여 개선된 하버드 구조인 것이다.

GPGPU

GPU(그래픽 처리 장치: Graphical Processing Unit)가 범용으로 사용할 수 있도록 발전한 프로세서를 GPGPU(General-Purpose computing on Graphics Processing Units, GPU 상의 범용 계산)라고 말한다. 컴퓨터 그래픽을 위한 계산만 맡았던 그래픽 처리장치 GPU를 전통적으로 중앙처리장치(CPU)가 맡았던 기능을 수행할 수 있도록 개선한 것이다. 결과적으로 응용 프로그램들을 수행하는 기술이지만 연산 대부분이 벡터화된 형태로 이루어진다.

벡터에 특성화된 구조는 딥러닝의 연산에서 가장 유용한 형태이므로 GPGPU가 각광받게 된 것이다. 모든 기본 자료형이 (2, 3, 4차원) 벡터이기 때문에 꼭짓점, 색상, 수직 벡터, 표면 패턴 좌표 등을 다른 응용 프로래밍에서 유용하게 사용할 수 있게 되었다. 이를 프로그램 가능한 층과 연결하고 고정밀도 연산을 그래픽 파이프라인에 연결하여 다른 데이터들도 스트림 프로세싱을 사용할 수 있게 되어 범용성을 가지게 되었다.

CPU는 다양한 환경에서 작업을 빠르게 처리하는 범용적 부분이 강조되어 발전했는데 실제 연산을 수행하는 ALU(Arithmetic Login Unit)의 구조가 복잡하고 각종 제어 처리 기능이 많다. 뿐만 아니라, 적은 명령어들로 복잡한 기능을 처리해야 하기 때문에 명령어의 종류가 많고 복잡하다. 반면, GPU는 특화된 연산만을 처리하므로 제어 부분을 간단하게 하여, 복잡한 구조를 과감히 제거하고 단순한 기능을 수행하는 ALU를 다수 구성하였다.

CPU 구조는 다수의 ALU를 배치하지만, GPU는 컨트롤러와 캐쉬를 포함한 수많은 작은 코어로 구성할 수 있다. CPU 하나의 코어와 PGU 하나의 코어를 비교한다면 CPU의 성능이 훨씬 더 우수하다. 그러나 GPU는 작은 코어 여러 개를 병렬로 처리하여 많은 계산을 동시에 처리할 수 있어 병렬처리에 맞는 그래픽이나 벡터 방식의 연산 속도는 매우 빠르다. 작업에 적합하게 CPU와 GPU를 선택해야 하는 이유다.

GPU를 사용할 때는 라이브러리가 필요하다. 대표적으로 OpenCL, NVIDA 전용인 CUDA, Intel의 머신러닝 전용 plaidML 이라는 라이브러리도 있다.

AI 가속기

GPGPU 이외에 다양한 시스템 반도체들이 사용되고 있다. 반도체들 중에서 AI만을 위한 반도체를 AI 가속기라고 하는데 많은 기업들이 관심을 가지고 투자하고 있다. 많은 다국적 기업들과 포털 업체들이 투자에 열을 올리는 이유는 CPU와 GPU에 비해서 비용이 저렴하고 가격대 성능이 좋기 때문이다. AI 가속기는 AI 성능을 높이는 데 초점이 맞춰졌다는 특성이 있다. 기계학습의 효율성을 높이는 데 특화되어 있으며 세 가지로 나누어볼 수 있다.

- 주문형 반도체(ASIC)
- 프로그래머블 반도체(FPGA)
- 모바일 애플리케이션 프로세서(AP)

반도체는 크게 표준형 반도체화 주문형 반도체로 구분할 수 있다. 주문형 반도체(Application Specific Integrated Circuit)는 특정 응용 분야 및 기기의 특수한 기능에 맞춰 만들어진 집적회로를 말하는 것이다. 표준형 반도체는 앞서 이야기한 CPU, GPU, RAM, flash 메모리와 같은 범용으로 제작되는 반도체이다. 일반인도 쉽게 구매 가능하고, 컴퓨터를 구축할 수 있는 반도체를 말한다. 주문형 반도체는 특정 기기를 위해 필요한 기능만을 수행하도록 설계, 제작된다. 가전, 휴대폰, 자동차와 같이 분야별로 필요한 기능이 다르므로 이에 따라 특정 기능만으로 칩을 구현한 것이다. 주문형 반도체는 최근 AI 투자를 늘리고 있는 포털업체나 클라우드 기업 자신들이 추구하는 AI에 적합한 칩을 설계하여 위탁생산*을 하고 있다. 대표적으로 구글, 아마존, 네이버와 같은 기업들이 주문을 선도하고 있다.

---

* 파운드리(Foundry) 생산이라고 한다.

프로그래머는 왜 심리문제에 골몰하는가?
메타인지를 위한 프로그래밍 심리학

이 회사들은 반도체 설계회사를 인수하거나 투자하여 주문형 반도체 운영 및 주문 역량을 확보하고 있다. 구글은 '텐서플로유 닛(TPU)'을, 아마존은 '인프렌시아'를, 엔디비아는 '테슬라 V100'을, 바이두는 '쿤룬'을, 삼성전자는 '엣시노 9820'을 발표했다. GPU와 함께 AI 반도체로 ASIC이 경쟁하는 모양새다. 이 반도체들은 '학습'과 '추론'이 가능한 구조로 설계되고 있다. GPU가 '학습'에 초점이 맞춰진 반도체라면 주문형 반도체는 거기에 '추론'까지 추가되는 양상이다.

FPGA(Field-Programmable Gate Array)는 안전에 주요한 부분에서 특수한 기능을 가진 반도체이다. 용도에 맞게 프로그래밍이 가능한 반도체로 프로그래밍 결과에 따라 기능을 부여할 수 있다. 주로 업그레이드를 자주 해야 하는 통신장비와 보안 분야에 사용되고 있다. 최근에는 자동차, 서버, 스마트폰의 다양한 분야에 적용되고 있다. SK텔레콤이 자일링스 '알비오 데이터센터 가속기 카드'를 AI 기반 침입탐지 시스템에 적용한 것이 통신 장비에 사용된 대표적인 예이다.

AP(Application Processor)는 스마트폰이나 태블릿 PC에서 메인 칩으로 활용되는 칩이다. Mobile AP라고 불리기도 한다. 스마트폰이나 태블릿 PC에서 CPU, 시스템 장치/인터페이스를 조절하는 기능을 하나의 칩에 모두 포함하여 만든 System-On-Chip 이다. 대표적인 사용방법이 North Bridge와 South Bridge로 나누어 CPU에 연결하는 것이다. North Bridge에서는 RAM(메모리)과 그래픽 어댑터인 AGP/PCIe를 제어한다. South Bridge에서는 그래픽 외에 AGP/PCIe를 포함한 오디오, SATA/USB/LAN

포트와 그밖의 포트들을 제어한다.

개인용 컴퓨터를 구성하는 반도체 칩에는 CPU, North Bridge, South Bridge 모두를 하나로 구현한다. CPU와 작업 수준에 따라 배치하여 우선순위를 부여한 작업을 하드웨어의 단일한 칩 구조로 만들어 모델링한 것이다. GPU에 비해서는 전력소모량이 낮지만, FPGA에 비해서는 연결성이 뛰어나다는 것이 장점이다.

애플이 자사의 '애플 A11 바이오닉 APL1W72'를 아이폰8에 탑재한 것이 대표적이다. AP 전문업체로는 퀄컴이 앞서나가고 있다. 퀄컴은 데이터센터, 자율주행, 5G, 스마트 인프라 시장을 공략하고 있다. 개인용 단말기뿐 아니라 서버 시장에서도 AP가 널리 사용될 것으로 보이기 때문이다.

뉴로모픽 칩

존 폰 노이만형 컴퓨터의 병목 현상 문제에 대응하기 위해 '하버드 아키텍처'가 출현했다. 그후 GPU가 행렬 및 벡터 연산을 하고, ASIC, FPGA, AP와 같은 AI반도체와 함께 병렬 컴퓨터의 구현이 빠르게 발전했다. 하지만 여전히 인공지능 소프트웨어(신경망)에 최적화된 하드웨어 구조라고 하기에는 많이 부족하다. 소프트웨어의 관점에서 비록 신경망의 일부를 채용했으나 하드웨어의 동작이 전자적 논리회로 위에서 작동하는 기본적인 구조를 탈피하지 못했다. 인간 뇌의 신경망이 동작하는 기능을 따라하지 못하고 있는 것이다.* 이에 따라 좀 더 인간의 신경구조에 가깝게 하드웨어를 구현하려는 노력이 인지 컴퓨팅(Cognitive Computing) 분야에서 이뤄지고 있다. 인지 컴퓨팅의 범위는 넓지만, 그중에서 신경기반 컴퓨팅(Neuro-Inspired Computing)은 기존의 전자 동작을 0과 1의 논리적 기호로 변환하는 과정과는 다른 구조를 가지고 있다. 이것은 앨런 튜링과 존 폰 노이만 모델 프로그래밍 작성 규칙의 엄격한 컴퓨팅 환경에서 벗어날 수 있는 방법으로 기대된다.

글로벌 SW·AI기업들은 신경기반 컴퓨팅 기술을 구현하기 위해 오랜 기간 투자해왔다. 신경기반 컴퓨팅은 뉴로모픽 기술이라는 이름으로 알려져 있다. 트랜지스터의 특정 동작 특성이 생물학적 시냅스의 동작 특성과 유사함에 착안하여 생물학적 뇌의 구조 및 기능적 특성을 전자 회로로 구현할 수 있다는 아이디어이다. 시냅스는 화학적, 전기적 반응을 이용하여 뉴런에서 발생하는 스파이크 신호를 다른 뉴런으로 전달해주는 역할을 한다. 이를 통해 흥분하는 성질과 억제하는 성질로 시냅스가 나뉘고 단기, 장기 기억을 강화시키거나 약화시키는 방식으로 동작한다. 이를 모사하여 구현할 수 있다면 연산하는 과정의 알고리즘 구조 자체만을 모방한 것에서 벗어날 수 있다. 알고리즘을 계산하고 처리하는 과정 자체도 뇌의 구조와 기능으로 모사할 수 있는 것이다.

존 폰 노이만형 컴퓨터는 저장 기능과 연산기능이 나누어서 작동한다. 이를 위해서 구현된 반도체는 때에 따라 하나의 반도체에 구현되지만 저장기능과 연산기능이 따로 동작하는 구조로 각각의 반도체가 정해진 용도에 따라 역할을 수행한다. 그러나 뉴로

---

* 목적지향성과 같은 복잡한 인간 지능의 특성을 따라하기는 불가능에 가깝다.

모픽 칩은 하나의 반도체에서 전하의 유입에 여부에 따라 0과 1을 구분하는 기존의 방법을 사용하는 것이 아니다. 전압의 크기에 따라 다양한 신호를 저장할 수 있는 것이다. 뉴런들 사이는 시냅스로 연결되어 있어서 이를 통해 뉴런 간에 스파이크 신호(활동전위)를 주고받아 정보를 처리한다. 신경망이 기억하는 원리처럼 신호를 주고받으며 그 잔상으로 데이터를 저장하며 저장과 연산을 하나의 틀 속에서 시행한다. 각각의 시냅스 연결 정도는 뉴런에 전달하고자 하는 정보에 따라 신호의 강도가 결정된다. 시냅스 가소성*을 이용하여 학습이 이루어져 시냅스의 강도를 전달해야 하는 정보에 맞춰 조절한다. 구조적으로 트랜지스터의 동작이나 셀의 동작 방식이 아니라 뉴런과 뉴런을 연결하는 시냅스의 신경 기능으로 동작하는 것이다. 단순 사칙연산 중심의 논리 처리가 아니라 고차원적 기능을 수행할 수 있는 전자기기의 구조다. 그 결과 인간의 신경망이 수행하는 저장과 연산을 동시에 하는 구조를 따를 뿐만 아니라 인식 및 패턴 분석까지 동시에 이루어질 수 있다.

현대 딥러닝에서와 같이 이미지와 소리를 0과 1의 디지털로 변환된 데이터로 만든 후 이것을 다시 학습하고 추론하기 위한 소프트웨어 구조를 만드는 것이 아니다. 하드웨어 수준에서 이미지와 소리를 인식하는 것이다. 더욱이 하나의 반도체 내에서 복잡한 기능을 수행하므로 전하의 양을 줄일 수 있게 되어 전력소비 감소를 극대화할 수 있다. 뿐만 아니라 병렬기능으로 저장과 출력을 동시에 수행하게 되어 "대용량 저장장치에 연산 및 네트워크 기능이

---

* 신경세포 및 뉴런들이 좀 더 자극-반응에서 적합하게 환경에 적응해 변화하는 성형적(plastic)이고 순응성(malleable)인 능력을 말한다.

결합된 칩"으로 구현한다. 이러한 신경망 기반의 연구는 크게 두 가지로 나눌 수 있다. CPU 역할을 하는 것과 메모리 역할을 하는 것이다.

- 시냅스 모방 회로 기술
- 시냅스 모방 소자 기술

시냅스 모방 회로 기술로는 IBM의 트루노스 칩, 삼성전자의 엑시노스, 퀄컴의 제로스, MIT의 아이리스, 칭화대의 텐즈 등이 있다.

앞으로의 연구 과제

전압의 크기에 따라 뉴런 간에 스파이크 신호의 강도를 조절하여 인지 컴퓨팅을 구현하려는 뉴로모픽 컴퓨팅의 출현했지만 신경망에 최적화된 구조를 완벽히 따라간 것은 아니다. 인간의 뇌의 신경세포와 시냅스가 연결된 구조를 좀 더 유사하게[†] 흉내 내었으나 시냅스가 지속적으로 변화하는 특성을 구현하지는 못했다. 시냅스가 자신을 스스로 변화시키는 것을 칩으로 구현한다면 신경망의 구조를 HW와 SW 모두에 모델링하게 되는 것이다. 새로운 데이터를 처리한 시냅스 연결이 저절로 변화되고 적응되어 컴퓨터가 스스로 프로그램을 새롭게 하는 것이다. 자신을 변화시키는 칩을 HRL(Hughes Research Laboratory)에서 발표했다.

[†] 존 폰 노이만형 컴퓨터나 GPU보다 더 유사하게, 라는 뜻이다.

HRL칩은 인간의 시냅스와 같이 지속적으로 변화하는 구조를 가지고 있다. 이렇게 하기 위해서 인간 뇌의 두 가지 학습 과정을 모델링했다. 첫 번째는 신경세포가 다른 신경세포로부터 신호가 얼마나 자주 도달하느냐에 따라 해당 신호들에 대한 민감성을 다르게 조절하는 것이다. 두 번째는 데이터 신호의 스파이크와 타이밍의 그룹에 따라서 변화가 나타나도록 설계되었다. 상호동작적인 구조로 작동하여 자주 연결되는 부분은 강화되고 자주 연결되지 못하는 부분은 약화되는 것이다.

인간의 뇌처럼 신경망을 변화시키며 프로그래밍하는 과정을 따라할 수 있다. 모든 시냅스 모방기술로 자료 저장과 검색을 동시에 하는 시냅스 특성을 구현한다면 이미 성공적으로 발전하고 있는 합성곱 신경망(CNN) 소프트웨어와 함께 하드웨어가 신경망에 최적화된 형태를 취하게 될 것이다. 그러면 뇌와 같이 낮은 저전력을 소비하는 인지공학 기술이 획기적으로 증대될 전망이다.

이러한 결과는 정보이론의 커다란 변화를 야기할 것이다. 신경 기반 컴퓨팅이 발전함에 따라 컴퓨터과학자들은 정보이론의 개념을 고전적 정보이론에서 통합정보이론으로 개념 변경을 해야 한다. 정보이론은 신호 전달에 의해 주고받는 정보 단위가 독립적인 정보처리 구조를 가지는 것을 가정한 것이다.

심리학에서 사용하는 통합정보이론은 물리학에서 이야기하는 열역학 제2법칙인 엔트로피의 법칙과 같이 불확실성의 감소량으로 측정될 수 있는 지식으로 정의된다. 따라서 정보를 한 시스템이 다른 시스템과 상호작용한 결과 나타나는 조직수준에서의 변화(Negentropy)로 해석하는 생명의 현상으로 모델링하게 된 것이다. 학문적으로 심리학적 정보 개념을 공학적 인지공학 정보 개념으로 수용해야 하는 것이며 물리와 정보를 하나의 틀로써 다루는 엄청난 변화다.

프로그래밍 심리학에 빠져들기 전에
알아야 할 것들

이 책의 많은 부분에서 인지주의, 행동주의 심리학 용어들이 사용된다. 심리학 자체를 공부하거나 연구하는 사람은 이미 알고 있는 용어들일 것이나, 심리학의 용어의 간단한 정의나 역사를 인터넷 검색으로 해결하여 익히기를 권한다. 또한 필자가 진행하고 있는 유튜브 영상을 보는 것도 도움이 될 것이다.

독자들이 꼭 정리해야 할 용어가 패러다임(paradigm)과 보는 틀이다. 자연 현상을 기술하고 설명하는 것이 과학의 목적이다. 그 자연 현상이 물리적 현상이든, 심리적 현상이든 마찬가지다. 과학적 기술이나 설명은 어떤 특정 이론이 개념 모델에 의해 달성되는 것이 과학의 특성이다. 그러나 자연 현상을 특정 이론이나 개념 모델이 현실에 있는 그대로 완전히 드러내 보인다고는 할 수는 없다. 제한된 현실에서 있는 그대로 완전히 드러내 보일 수 없으며, 제한된 일부분에 집중하여 설명한다고 해야 할 것이다.

결론적으로 과학적인 기술과 설명은 연구대상의 어떤 면을 선택하고 강조하며 어떤 보는 틀에 의해서 기술되고 설명되는가 하는 문제다. 같은 현상도 어떤 측면을 강조하여 어떻게 보는가에 따라 달리 기술하고 설명하는 것이며 그에 따라 적절함과 충실함의 정도가 달라진다. 이것이 과학에서의 패러다임 문제이다.

프로그래밍 심리학에서의 패러다임은 심리학의 발전과 함께했다. 토마스 쿤(Thomas Samuel Kuhn)은 1970년 『과학 혁명의 구조』라는 책에서 "과학에서의 패러다임은 특정 분야의 과학자들끼리 그 분야의 일정한 기본 문제에 대해 의견과 행동의 일치를 보이는 통일된 관점의 집합적 틀"이라고 설명하고 있다. 행동주의, 인지주의, 구성주의 등이 그 패러다임인 것이다. 필자는 이러한 패러다임에 기초한 내용을 중심으로 이 책을 기술하려고 노력했다. 그러나 일부 내용은 과학적 패러다임으로 설명될 수 없는 경험주의적 색채를 띠는 것들이다. 이것은 초기 프로그래밍 심리학의 패러다임에 영향을 미친 애자일(Agile) 방법론의 영향이다. 애자일은 '기민'이라고 해석할 수 있다. 컴퓨터 발전 초기에 프로그래밍을 심리학적으로 접근하려고 노력한 연구자들이 심리학의 패러다임 문제가 정리되기 이전의 심리학의 분야들을 프로그래밍에 적용하면서 출현한 것들이다. 현재 애자일 방법론은 경영학에서 인정받아 많은 글로벌 기업들이 적용하고 있다. 이 책의 일부가 애자일 방법론과 관련이 있으나 그밖의 내용은 심리학의 패러다임들이 다양하게 적용된 결과이다.

패러다임의 하위 개념으로, 보는 틀이 있다. 대상이 되는 연구의 현상을 무슨 현상으로 보는가 하는 측면만을 강조하는 경우를 말한다. 하나의 현상을 탐구하기 이전에 지니는 개념적 그림이다. 오토마타와 은유가 이에 해당되는데 오토마타는 다음 절에서, 은유는 5부에서 다루었다. 오토마타와 은유는 패러다임을 이해하는 중요한 틀이다. 인공지능을 구현하는 과정이나 내용은 패러다임과 보는 틀에 따라 설명할 수 있다. 따라서 심도 있는 이해를 원하는 독자라면 심리학의 패러다임과 보는 틀에 대한 개념과 이해가 필요하다.

소프트웨어 계산 모델링

앞서 살펴본 것은 인간정보처리 모델에 대한 하드웨어 관점들이다. 이러한 구조 위에서 동작하는 다양한 소프트웨어 연산 모델들이 발전했다. 특히 오토마타는 계산기계를 언어적 기반의 소프트웨어가 동작하기 위한 개념적 틀을 제공했다. 또 선각자들은 소프트웨어로 계산기계에 명령을 내리는 계산 모델을 구현하기 위해서 프로그래밍 언어를 고안했다. 그 과정에서 오토마타라는 이름의 개념적 틀이 만들어졌다. 이는 계산능력을 추상화하는 문제를 해결하기 위하여 사용된다. 개념적 틀의 발전과 함께 점차 시간이 지나면서 프로그래밍 언어는 매우 다양하게 발전했다. 그 방향은 크게 두 가지로 구분된다. 하나는 명령형(Imperative) 언어이고 다른 하나는 선언형(Declarative) 언어이다. 소프트웨어 계산 모델은 이 관점 위에서 다양한 구조들로 발전하고 있다. 이제 소프트웨어 계산 모델링의 패러다임을 살펴보자.

오토마타

오토마타 이론(Automata Theory)은 계산능력이 있는 추상 기계와 그 기계를 이용해서 풀 수 있는 문제들을 연구하는 컴퓨터 과학의 분야이다. 여기서 추상 기계를 오토마타(automata, 복수형) 또는 오토마톤(automaton, 단수형)이라고 부른다. 자동 기계라는 의미를 담고 있다. '자동'을 의미하는 그리스어 '오토마토스($α\dot{υ}τόμα$ $τα$)'에서 유래한 이름이다. 오토마타는 이산 시간 동안 주어진 입력에 의존해 작동하는 수학적인 기계이다. 기계는 일정 주기마다 입력을 하나씩 받는데, 이를 기호 또는 문자라고 한다. 기계가 입력받는 문자는 정해진 집합의 한 원소이어야 하며, 이를 알파벳이라 한다. 기계가 입력받는 일련의 기호와 문자를 문자열이라 한다. 기계는 유한한 상태의 집합을 가지고 있으며, 입력에 따라 현재 상태에서 정해진 다음 상태로 전이한다. 현재 상태와 입력, 다음 상태는 수학적으로 함수 또는 관계로 주어진다. 이를 전이 함수 또는 전이 관계*라 한다. 기계는 입력의 끝을 만나거나 특정 상태에 있을 때 정지할 수 있다. 기계는 정지했을 때 문자열을 수용하거나 거부한다.

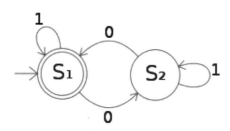

결정형 유한 오토마타의 예

---

* 심리학에서의 전이라는 용어에서 발전하였다. 전의(transference) : 내담자가 과거에 중요시했던 사람에게 느꼈던 감정을 상담자에게 옮겨서 생각하는 것.

예를 들어 위 그림에서 S1, S2는 상태이고, 1과 0은 기계가 입력으로 받아들이는 문자이다. 이 기계는 1과 0으로 이루어진 모든 가능한 문자열 중 0이 짝수 개인 것을 찾아내고 그렇지 않은 것을 버리는 방식으로 처리된다.

　이와 같이 오토마타는 유한한 상태 속에서 입력을 받고 입력에 따라 일정하게 상태를 전이하며, 출력을 내놓는다. 이 과정의 수행으로 알고리즘이 요구하는 것(계산 문제)을 해결할 능력을 가지게 된다. 계산 문제는 오토마타의 능력에 맞는 결정 문제로 환산되며, 이때 추상 기계와 형식 언어, 형식 문법과 깊은 관계를 맺어 불가분의 관계가 된다. 따라서 오토마타는 언어와 문법과 같은 계층 분류를 가진다.

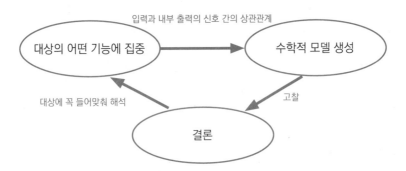

　오토마톤 이론이란 오토마톤을 연구하는 학문이다. 즉 '대상의 어떤 기능에 주목하여, 입력과 내부 출력 각 신호의 상호관계를 수학모델로 옮긴다. 그후 이 모델을 수학적으로 고찰하여 결론을 유도한다. 이 유도된 결론을 다시 원래의 대상에 꼭 들이맞춰 해석하는 일련의 과정의 일부 또는 전부의 과정이다.

　그러나 그 과정에서 대상이 구성하는 요소들의 성질에는 관여하지 않는다. 오토마타의 기본적 개념들은 컴퓨터 구조 설계, 컴파일러 설계, 형식 문법으로 들어온 자료의 파싱, 정형 모델 (Formal model)*에서 정형 검증에 중요한 요소가 된다.

- 명령형 언어
  - 절차적 언어(C)
  - 객체 지향형언어(C++, Java)
- 선언형 언어
  - 함수형 언어
  - 논리형 언어(Prolog)

명령형 프로그래밍

프로그래밍 패러다임의 개념에서 C, C++, Java와 같은 것은 명령형 언어이며 함수모양이나 논리적 형태를 띤 것들이 선언형 언어이다. 명령형 언어는 "어떤 동작"을 할 것인지에 초점을 맞춘 것이다. 명령형 프로그래밍은 프로그래밍의 상태와 상태를 변경시키는 구문의 관점이 중요시되며 컴퓨터가 수행할 명령들을 일련의 순서와 방법대로 써놓은 것이다. 이에 반하여 선언형 언어는 "무엇을 표현"할지에 초점이 맞춰진 것이다. 홈페이지를 제작할 때 쓰는 언어들이 여기에 속한다.

---

* 정형 방법(Formal Methods)이라고도 한다. 수리, 논리에 기반하여 하드웨어 시스템 또는 소프트웨어 시스템을 명세, 개발, 검증하는 방법들을 말하는 것으로 정형 명세, 정형 검증 등으로 나뉜다.

프로그래머는 프로그래밍에 집중하는 순간에 자신이 "무엇을 표현"할 사고모의를 하는지 "어떤 동작"을 실행할 사고모의를 하는지를 생각지 못하는 경우가 많다. 사고모의를 더 잘하기 위해서는 이 두 가지의 사고모의 방식을 관조하여 보는 메타인지로 활용함으로써 프로그래밍 능력을 발전시킬 수 있다.

명령형 언어와 선언형 언어는 다시 세분화할 수 있다. 명령형 언어는 절차적 언어와 객체지향형 언어로 나뉜다. 절차적 언어의 대표적인 언어는 C언어이다. 객체지향형 언어로는 C++, java가 대표적이다. 거의 대부분의 컴퓨터 하드웨어의 동작을 실행시키는 것은 명령형 언어를 사용한다. 최초의 컴퓨터 설계자들은 컴퓨터의 동작방식을 선형적(linear)으로 설계했다. 수학적 사고와 절차적 사고에 따라 이루어졌기 때문이다.

최초의 명령형 언어는 0과 1로 구성되어 기계가 바로 이해할 수 있는 모양의 기계어이다. 모든 컴퓨터 하드웨어들은 컴퓨터의 고유 언어인 기계어를 실행하도록 설계되어 있다. 원시 컴퓨터의 기계어는 명령의 수가 적고 매우 간단하여 하드웨어를 쉽게 제어하는 것이 가능했다. 따라서 오퍼레이터가 직접 입력하고 명령을 실행시킬 수 있었다. 요리법이나 공정 점검표와 같은 것들이 명령형 프로그래밍과 비슷한 형태를 가진다고 할 수 있는 개념이다.

기계어와 어셈블리어 같은 낮은 수준의 언어에서 프로그램의 상태는 메모리의 내용으로 정의된다. 낮은 수준의 명령형 언어는 복잡한 프로그램을 작성하는 것이 어려울 수밖에 없었다. 1954년 IBM의 존 배커스가 개발한 FORTRAN*은 숫자로 관리되는 불편

---

* FORmular TRANslation:공식 변환

함과 기계어를 직접 입력해야 하는 번거로움을 없애고, 복잡한 수학을 인간과 유사한 언어 형태로 프로그래밍을 할 수 있도록 만든 높은 수준의 명령형 언어였다.

FORTRAN은 컴파일 언어였는데, 변수의 이름을 붙일 수 있고, 복잡한 수학 방정식의 수식을 계산할 수 있었으며, 서브프로그램을 작성할 수 있어 현대의 명령형 언어들이 가지는 특징을 모두 가지고 있었다. 플로우차트(flowchart) 개념과 구조적 프로그래밍(structured programming)은 절차적 언어가 실질적으로 널리 활용될 수 있도록 환경을 만들어 주었다. 그후 지금까지 여러 가지 주요 고급 명령형 프로그래밍 언어들이 발전했는데 C언어가 개발되면서 지금은 C가 가장 일반적인 명령형 언어라고 이야기한다.

C언어는 데니스 리치가 벨 연구소에서 일하던 시절 개발했다. 1980년대 이후 UNIX라는 운영체제의 90%가 C언어로 개발되었다. 하드웨어를 고급언어에서 바로 제어할 수 있어서 가장 사랑받는 명령형 언어로 자리매김했다. C언어와 같은 높은 수준의 언어는 변수와 더 복잡한 구문을 사용하지만, 여전히 같은 패러다임을 따른다. 각각의 단계의 지시 사항들이 있고, 상태†라는 것은 프로그래밍 동작 안에서 반영된다. 명령형 프로그래밍의 기본 생각은 개념적으로 이해하기 쉽고 직접적으로 구체화되고 동작성이 있어서 명령을 수행하게 되는 구조이다.

1980년대에는 객체지향형‡ 언어가 빠르게 성장했다. 그후 스몰토크-80, 시뮬라§와 같은 다른 객체지향 언어를 참고하여 비야

---

† 앞에서 오토마타의 개념에서 다룬 것이다.
‡ 인공지능의 발전과정에서 영향을 받은 개념이다.
§ 세계 최초 진정한 의미의 객체지향형 언어

네 스트롭스트룹이 C를 바탕으로 C++를 설계했다. 1994년에는 썬마이크로시스템즈에서 Java를 발표했다. 절차적 언어는 명령의 절차를 모아둔 영역과 이 명령이 처리할 데이터를 다른 영역에서 관리한다. 객체지향형 언어는 데이터와 데이터에 대한 조작을 하나로 묶어서* 관리한다. 절차적 언어는 기능적으로 분할하여 처리하는 것을 위주로 하여 데이터가 드러나고 단일성이며 1회 사용으로 지정되고 순차적인 알고리즘이 우선시 된다.

객체지향형 언어는 객체와 객체간의 연결과 관계의 중심을 두어서 데이터가 감춰지고 행위만이 보인다. 따라서 모듈화가 자연스럽게 달성되고, 재사용성의 특징과 순서 없이 메시지를 처리할 수 있는 기반이 된다. 객체지향 언어들은 명령형의 형태를 띠면서 동시에 객체를 지원하기 위한 특징을 추가했다.

선언형 프로그래밍

명령형 프로그래밍 이야기를 시작하면서 명령형 언어는 "어떤 동작"을, 선언형 언어는 "무엇을 표현"할지에 초점을 맞춘 것이라는 점을 이미 다루었다. 다시 말해서 명령형 프로그램은 알고리즘을 명시하고 목표는 명시하지 않는다. 반면 선언형 프로그램은 목표를 명시하고 알고리즘을 명시하지 않는 것으로도 설명된다. 선언형 프로그램에서는 표준 알고리즘으로 처리하는 자료 구조를 가지고 있어서 그 자료 구조를 이용하여 프로그램을 작성하거나 선

---

* 묶어서 이름을 부여한 것을 추상화(abstraction)라고 한다.

프로그래머는 왜 심리문제에 골몰하는가?
메타인지를 위한 프로그래밍 심리학

언한다.

예를 들어 웹페이지를 작성할 경우에 해당 페이지가 HTML에서 무엇을 보여줘야 하는지를 앞서 선언하게 되고 브라우저의 절차적 알고리즘이 이것을 화면에 표시할 위치와 크기, 모양을 점들로 변환하게 된다. 따라서 선언형 언어들은 다른 언어가 가지고 있는 문법을 가지고 있고 언어들이 어떻게 결합되는지를 설명하게 된다.

또 선언형 프로그램은 의미구조를 가지고 있다. 의미구조는 어떻게 프로그램에 맞게 출력할 것인지를 언어 문장으로 설명하는 구조를 말한다. 선언형 프로그래밍 프로그램에는 함수형 프로그래밍 언어, 논리형 프로그래밍 언어로 나눌 수 있다.

함수형 프로그래밍(functional programming)은 자료 처리를 수학적 함수 중심으로 계산 및 취급하는 프로그래밍 패러다임이다. 상태를 중요시하지 않으며 가변 데이터 처리를 취급하지 않는다. 명령형 프로그래밍에서는 상태를 바꾸는 것을 강조하지만 함수형 프로그래밍은 함수의 응용을 강조한다. 명령형은 프로그래밍을 문장으로 다루는 것에 반하여 함수형에서는 프로그래밍을 식이나 선언으로 수행하는 선언형 프로그래밍 패러다임을 따르고 있다. 컴퓨터 발전 이전에 계산가능성, 결정 문제, 함수 정의, 함수응용과 재귀 문제를 연구하기 위해 개발된 형식체계로 람다 대수가 있다. 함수형 프로그래밍은 람다 대수에 근간을 두고 있다. 대대수의 함수형 프로그래밍 언어들은 람다 연산을 발전시킨 것이다.

수학적 함수와 명령형 프로그래밍에서 사용되는 함수는 다르다. 명령형 프로그래밍의 함수는 프로그램의 상태 값을 바꿀 수 있어 관련 문제를 수정하는 데 어려움이 발생하기도 한다. 그래서 명령형 함수는 참조 투명성이 없다. 똑같은 코드라도 실행되는 프로그램의 상태나 운영체제의 특성에 따라 다른 결괏값을 낼 수 있는 것이다. 반대로 함수형 코드에서는 함수의 출력값은 그 함수에 입력된 인수에만 의존하므로 같은 인수를 넣고 함수를 호출하면 항상 같은 결과가 나온다.

```
인수 (x) ----> 함수 f에 입력     출력: f(x)
```

부작용을 제거하면 프로그램의 동작을 이해하고 예측하기가 훨씬 쉽다. 이것이 함수형 프로그래밍 패러다임의 핵심 개발 동기이다. 함수형 언어는 수많은 함수형 언어들은 물론 R과 같은 특정 분야 프로그래밍 언어에서도 사용되고 있다. SQL과 Lex/Yacc는 특히 가변값을 회피하는데 함수형 언어의 요소들을 사용한다.

처음으로 만들어진 함수형 프로그래밍 언어는 IPL이었으며 존 매카시가 만든 리스프는 훨씬 향상된 함수형 프로그래밍 언어이다. 리스프는 현대적 함수형 프로그래밍의 여러 특징을 가지고 있었는데 이것을 더 발전시키고 간단하게 만든 언어가 스킴이다.

논리형 프로그램(Logic programming)도 함수형 언어이다. 논리형 프로그래밍은 필요한 해의 특성을 설명하고 그 해를 찾는 데 사용하는 실제 알고리즘은 설명하지 않는다. 설명하는 부분은 무엇을 의미하는 것으로 "어떤 표현"이고 실제 알고리즘은 "어떤 방법"이므로 논리형 언어는 함수형 프로그래밍 언어 패러다임에 속한다. 대부분의 논리형 프로그래밍은 알고리즘으로 설명할 수 있

프로그래머는 왜 심리문제에 골몰하는가?
메타인지를 위한 프로그래밍 심리학

고, 상세한 부분을 구현할 수 있어서 엄밀한 의미의 선언형 프로그래밍 언어는 아니라고 주장하는 학자도 있다. 논리형 프로그래밍은 논리 문장을 이용하여 프로그램을 표현하고 계산을 수행하는 개념에 기반을 둔다. 논리형 프로그래밍에서 볼 수 있는 일종의 논리 문장들은 대부분 절대 문절 형태로 되어 있다.

```
G if G1 and ... and Gn
```

이러한 프로그램들이 사용되는 예는, 추론 데이터베이스에서 사용되는 것들이다. 순수하게 선언적으로 이해할 수 있고 목표 추론 절차와 같이 절차적으로 이해될 수도 있다.

```
to show/solve G, show/solve G1 and ... and Gn
```

이 예는 응답 집합 프로그래밍 분야*에서 사용되는 prolog의 예이다.

---

* ASP(answer set programming) 기술

컴퓨터, 소프트웨어, 인공지능은 인간 탐구의 결과물

인공지능 모델링

도대체 인공지능이란 무엇일까? 인공지능을 설명하기 위해서는 머신러닝과 딥러닝으로 나눠서 봐야 한다. 머신러닝은 회귀분석과 군집분석이 기초가 되는 것이라고 정리할 수 있다. 딥러닝은 뇌의 신경세포가 동작하는 특성을 기계화하여 동작하도록 한 것이다. 이것을 인공신경망이라고 부르고 딥러닝 방법이 인간이 학습하는 것과 같은 결과를 보이기 시작한 것이다.

신경망을 모델링하여 인공신경망을 매우 깊은 층으로 중첩하여 구축하고 학습시킨 결과가 어떤 원리로 이루어지는지는 아무도 명확히 설명하지 못하고 있다. 마치 1차산업혁명기에 증기기관이 열역학적으로 어떻게 작동하는지를 모르고 산업혁명이 진행되었던 것처럼, 지금 4차산업혁명을 이끄는 지능 기반 기술들이 어떻게 동작하는지도 정확히 설명하지 못하고 있다.

기존의 컴퓨터 기술들이 연역법을 사용하는 것에 반하여 인공지능 기술은 귀납법을 사용하므로 한동안 아니 영원히 인공지능이 어떤 원리로 결과를 내는지 설명을 못 할지도 모른다. 그냥 그렇게 된다고 생각하는 것이 훨씬 편하나. 지금으로서는 모델링이라는 개념을 통해 이 문제를 설명하는 수밖에 없다.

컴퓨터와 인간의 비교

생물학적 뉴런과 인공뉴런 간에는 어떤 유사성이 있을까? 이 유사성으로 신경망 모델링을 이해하는 것이 인공지능 모델링 이해의 시작이다. 이렇게 만들어진 시냅스가 모여있는 뇌와 컴퓨터는 매우 다른 속성을 가지게 된다. 구성을 비교해보자.

속성	컴퓨터	인간의 뇌
기본단위 수	최대 100억개의 트랜지스터	100억개의 뉴런 200조개의 시냅스
기본 연산 속도	100억/분	< 1,000/초
정밀도	42억분의 1 (32bit processor)	100분의 1
전력 소비량	100와트	10와트
정보 처리 모드	대부분 직렬	직렬 및 대규모 병렬
각 장치의 입력/출력	1~3	1,000

기본단위 수를 보면 컴퓨터는 최대 100억 개의 트랜지스터를 가지는데 반해서 인간의 뇌는 100억 개의 뉴런과 200조 개의 시냅스로 구성된다. 동작하는 기본 단위에서 차이가 1만배 이상이 난다. 그러나 동작 방식으로 이루어지는 경우의 수를 비교한다면 그 단위는 1억배 이상으로 차이가 난다.

컴퓨터의 기본 연산 속도는 분당 100억 번 동작하지만 인간의 뇌에서 시냅스는 1초에 1천 번보다 적게 동작한다. 속도만을 따지면 인간의 뇌가 열등하다. 정밀도를 살펴보면 32 비트 프로세서의 컴퓨터의 경우 42억 분의 1이며 인간의 뇌는 1백 분의 1로 낮은 정밀도를 가진다.

전력 소비량을 살펴보면, 컴퓨터는 낮은 기능에 비해 100와트나 되는 전력을 소비하며 인간의 뇌는 매우 효율적이어서 10와트만으로 동작한다. 컴퓨터는 대부분 직렬로 동작하는 것에 반하여 인간의 뇌는 직렬과 대규모 병렬처리를 수행한다. 컴퓨터는 각 게이트의 입력이나 출력이 1~3개의 소수이지만 인간의 뇌에서의 시냅스는 1만 개 이상의 접합점이 존재하고 1천 개 정도의 다른 뉴런과의 연결을 수행할 수 있다.

머신러닝 모델링

기존의 프로그래밍은 명시적으로 확인할 수 있는 법칙과 내용을 연역적으로 확인하여 그 내용을 명확하게 작성하는 것이다. 머신러닝은 이와는 달리 훈련 데이터(Training Data)로부터 하나의 함수*를 학습†하는 인공지능의 한 형태이다. 머신러닝은 어떤 데이터를 분류하거나 값을 예측하는 것을 말한다. 당연히 확률과 통계를 기반으로 한다.

머신러닝은 인간이 학습하는 구조를 모델링했는데 지도학습(Supervised Learning)‡과 비지도학습(Unsupervised Learning)§, 준지도학습(Semisupervised Learning)과 강화학습(Reinforcement Learning)으로 구분된다.

지도학습을 이용한 일반적인 방법이 분류(Classification)와 회귀(Regression)이다. 분류의 대표적인 활용 예가 스팸 필터이다.

---

* 시스템, 모델이라도 이해해도 좋다.
† 귀납적으로 추론하는 것을 말한다.
‡ 감독학습이라고도 한다.
§ 무감독학습이라고도 한다.

프로그래머는 왜 심리문제에 골몰하는가?
메타인지를 위한 프로그래밍 심리학

스팸 필터는 스팸 유무(정답)를 레이블(lable)이라는 형태로 학습 데이터에 달아두고 훈련을 시킴으로써 스팸 모델을 만드는 방법이다. 반면에 회귀의 대표적인 예가 중고차 가격 예측[*]인데 주행 거리라는 자료의 특성(feature)을 예측변수(predictor variable)로 하고 레이블을 중고차의 판매 가격으로 하여 목표 수치(중고차 가격)를 예측하는 모델을 만드는 것이다. 가장 널리 알려진 지도학습 기법은 다음과 같다.

- 일반 선형모델(Generalized Linear Model ; GLM)
- 의사결정 트리(Decision Trees)
- 랜덤 포레스트(Random Forests)
- 점진적 부스팅 머신(Gradiant Boosting Machine : GBM)
- 딥러닝(Deep Learning)

비지도학습은 구체적 결과에 대한 사전 지식이 없지만 데이터를 통해서 유의미한 지식을 얻고자 할 때 사용된다. 사전 지식이 없다는 것은 정답(레이블)이 없다는 것이다. 아무런 도움 없이 학습하여 모델을 만들어내야 하는 것이다. 대표적인 예가 소셜미디어의 방문자 분석이다. 방문자가 어떤 집단인지 알려주는 레이블이 없으므로 방문자 사이의 연결고리를 스스로 찾는 방법을 사용한다. 데이터가 무작위로 있는 경우 비슷한 종류의 데이터를 묶어내는 것이다. 가장 널리 알려진 비지도 학습 기법은 다음과 같다.

---

[*] 데이터를 이용하여 1차 방정식의 해를 구하는 과정이다.

- 클러스터링(Clustering)
- 비정상 탐지(Anomaly Detection)
- 차원축소(Dimension Reduction)

준지도학습은 지도학습과 비지도학습을 혼용하여 사용하는 방법이다. 일반적으로 소량의 데이터에만 레이블을 적용하여 학습시키고 나머지 대량의 데이터는 레이블 없이 학습시키는 것이다.

강화학습은 우리가 널리 알고 있는 딥마인드의 알파고가 사용하는 방식인데 주로 게임에서 최적의 방법을 찾기 위해 사용된다. 학습 결과에 대한 되먹임(Feedback)을 보상(Reward)이나 벌점(Penality)으로 주어 학습을 강화하는 방식이며 보상을 최대로 하고 벌점을 최소화하여 모델을 학습시킨다. 강화학습에서는 모델이라는 용어보다 에이전트(Agent)라는 말을 주로 사용한다. 시간이 지날수록 에이전트는 보상을 받기 위한 최상의 전략을 스스로 만들어나간다. 이를 위해서는 다양한 시나리오를 사용하는데 대표적으로 시행착오(Trial-and-error)와 지연 보상(Delayed Reward) 기법이 사용된다.

머신러닝을 구분하는 또 다른 방법으로 배치학습(Batch Learning)과 온라인 학습(On-line Learning)이 있다. 이 두 학습 모델은 연속적으로 입력 데이터 스트림을 활용하여 점진적 학습의 가능 여부에 따라 구분하는 방식이다. 배치학습은 점진적으로 학습할 수 없는 상황에서 활용되는 방식으로 많은 시간과 자원을 활용하게 되어 오프라인으로 진행되기도 한다. 이런 경우를 오프라인(Off-line) 학습이라고 한다.

온라인 학습은 데이터를 미니배치(mini-batch)라고 부르는 작은 묶음으로 나누어 훈련을 시키는 방법을 일컫는다. 이 학습 모델은 컴퓨팅 자원이 부족할 때 사용되는데 더 이상 사용하지 않으면 해당 데이터를 버리면 되기에 많은 자원을 절약할 수 있다.

또 다른 머신러닝 분류 방법으로 사례기반 학습(Instance-based Learning)과 모델기반 학습(Model-based Learning)이 있다. 이 분류법은 머신러닝 시스템을 일반화하는 방법에 따라 분류하는 것이다. 즉 훈련 데이터는 일정한 한계 내에서 수집된 정보이므로 해당 정보를 새로운 데이터로 처리할 수 있도록 일반화된 학습모델이나 에이전트를 만들어야 한다. 이러한 일반화를 위한 분류에 활용한 접근법인 것이다.

사례기반 학습은 사례를 기억하여 학습함으로써 일반화를 추구하는 방법이다. 학습과정에서 유사도(similarity)를 측정하여 보관 후 새로운 데이터에 적용함으로써 일반화를 이룬다. 모델기반 학습은 샘플을 이용하여 모델을 만든 후 이 모델을 이용하여 예측하는 방법이다.

머신러닝의 모델링들만으로 기계학습을 시키는 것에 머물지 않고 새로운 모델링 기법들이 속속 개발되고 있다. 대표적인 것이 앙상블 학습(Ensemble Learning)이다. 앙상블은 여러 머신러닝 모델을 묶어 강력한 모델을 만드는 기법이다. 이 모델은 결정트리를 기본요소로 한다. 앙상블의 유형은 몇 가지로 나뉘는데 보팅(Voting), 배깅(Bagging), 부스팅(Boosting), 스태킹(Stacking)으로 나뉜다.

보팅은 서로 다른 모델들을 결합하여 각각의 출력물을 투표로 결정하는 모델 기법이다. 보팅을 위해서는 데이터세트로부터 선형 회귀분석과 서포트 벡터 머신(SVM)을 통해 얻어진 결과를 예측한다. 배깅은 모델이 데이터 샘플링을 서로 다르게 하면서 학습을 진행하여 결과를 집계하는 방식이다. 부스팅은 여러 개 모델에 순서를 주어 학습시키면서 다음 모델에 가중치를 부여하면서 학습과 예측을 진행하는 기법이다. 스태킹은 함수를 이용하여 사용한 모든 모델을 예측할 수 있도록 모델들의 학습을 진행하는 것이다.

이제까지 살펴본 모든 머신러닝 모델링은 인류가 심리학과 교육학에서 축적한 지식의 확장이다. 여기에 제시하는 모델링 내용을 살펴봄으로써 개발에 필요한 다른 프로그래밍 심리학의 중요성을 알 수 있다. 다시 말해서 프로그래밍 심리학은 인공지능을 이해하는 메타인지 기술이다.

인공신경망 모델링

인공신경망은 생물의 신경망을 인지과학에 응용하는 학습 알고리즘이며 이것이 깊은 계층으로 구현되면서 딥러닝으로 발전한 것이다. 인공신경망이 어떤 구조와 형태로 모델링되는지 알아보기 전에 하나의 신경이 어떻게 인공신경으로 모델링되는지 파악하기 위해서 생물학적 뉴런과 인공뉴런의 차이점을 살펴보자. 세 가지로 구분하여 설명이 가능하다. 첫 번째는 시냅스를 어떻게 모델링했는지이며 두 번째는 세포체의 동작을 어떻게 모델링했는지이다. 세 번째는 축삭돌기를 어떻게 모델링했는지이다.

시냅스에 관한 내용을 살펴보면 생물학적 뉴런은 약 1만 개의 작은 접합점을 가지고 있다. 이 접합점은 다른 뉴런에서 들어오는 전압 스파이크 형태의 신호를 수신한다. 이에 반하여 인공 뉴런은 수천 개의 링크를 통해 신호를 수신하는데, 이는 보통 생물학적 시냅스보다 그 구조가 훨씬 단순하여 동작이 간단하다.

　　뉴런 세포체는 실제 뉴런과 뉴로모픽 버전 모두에서 전압과 전류는 디지털 방식처럼 하나의 이산값에서 다른 이산값으로 점프하지 않고 부드럽게 변화한다. 이에 반하여 모방된 뉴런의 변화는 임곗값을 통과하여 "발화"할 때까지 들어오는 신호를 합산하거나 통합하여 일련의 전압 스파이크를 발생시킨다.

　　축삭돌기를 살펴보자. 생물학적 뉴런은 최대 길이 1미터에 이르는 섬유상 조직으로 전압 스파크를 다른 뉴런으로 보낸다. 이에 대하여 인공뉴런은 축삭돌기와 마찬가지로 전압 스파크를 다른 모방된 뉴런으로 보낸다. 이런 구조를 통해 생명체의 뇌처럼 경험하고 학습하는 것이 가능해지는 기본 구조가 된다.

	생물학적 뉴런		인공뉴런
시냅스	각각의 뉴런은 약 1만 개의 작은 접합점을 가지고 있으며 이 접합점은 다른 뉴런에서 들어오는 전압 스파이크 형태의 신호를 수신한다.	연결	모방된 각각의 뉴런은 수천 개의 링크를 통해 신호를 수신하는데, 이는 보통 생물학적 시냅스보다 훨씬 간단하다.
뉴런 세포체	실제 뉴런과 뉴로모픽 모두에서 전압과 전류는 디지털 방식으로 하나의 이산값에서 다른 이산값으로 점프하지 않고 부드럽게 변화한다.	모방된 뉴런	실제 뉴런과 모방된 뉴런 모두 임곗값을 통과하여 "발화"할 때까지 들어오는 신호를 합산하거나 통합하여 일련의 전압 스파이크를 발생시킨다.
축삭돌기	최대 길이 1미터에 이르는 이 섬유상 조직은 전압 스파크를 다른 뉴런으로 보낸다.	와이어	축삭돌기와 마찬가지로 전압 스파크를 다른 모방된 뉴런으로 보낸다.

이와 같이 신경모델을 통해 인공뉴런의 모델링을 설명할 수 있다. 이제는 인공뉴런 모델링을 확장한 인공뉴런망(신경망) 모델링을 살펴보자. 인공신경망은 하나의 노드(인공신경)인 인공뉴런의 출력에서 다른 하나의 인공뉴런으로의 입력으로 다양한 형식의 집단 연결 구조로 구성된다. 그 결과 실제 뉴런의 네트워크와 유사한 구조가 만들어진다.

인공신경을 결합(network)하고 결합 세기를 변화시켜 문제해결 능력을 가지는 모델이 만들어지는 것이다. 인공신경망에서 사용되는 기본적인 모델링 방법은 두 가지이다. 지도학습은 교사신호(정답)에 의해서 문제에 최적화되어 간다. 비지도학습은 교사신호를 필요로 하지 않는다. 명확한 답이 있는 경우는 교사학습이 사용되고 클러스터링과 같은 경우에는 비교사 학습이 사용된다.

인공신경망은 많은 입력에 의존하게 되므로 망구조로 모델링을 하면서 함수를 추측하거나 근사치를 구하려고 할 때 사용된다. 대표적인 사용 방법이 필기체 인식이다. 필기체 인식을 위해서 입력 뉴런의 집합을 입력 이미지 픽셀로 정의하며 활성화된다. 함수의 변형과 결합 세기의 결정(가중치)은 신경망 모델을 만든 사람이 결정하게 된다.

이때 뉴런의 활성화는 다른 뉴런으로 전달되면서 깊게(deep) 연결된 인공신경망들을 걸쳐 마지막 출력이 활성화될 때까지 반복된다. 그 결과 그 출력에 의해서 어떤 글자를 읽었는지를 판단하게 된다. 이러한 인공신경망 구조는 규칙 기반의 프로그래밍으로는 풀기 어려운 컴퓨터 비전, 음성 인식 분야에 널리 사용된다. 본질적으로 함수 f : X →Y에 대한 분포를 정의하는 간단한 수학적 모델로 정의된다.

시각과 음성의 계산 모델링 중에 대표적인 것이 합성곱 신경망(CNN: Convolutional Neural Networks)이다. 합성곱 신경망은 신경망에 전처리, 즉 필터를 추가한 다층 퍼셉트론의 한 종류이다. 이렇게 모델링을 변화시키면 2차원 데이터의 입력이 용이해지고 적은 매개 변수가 되는 장점이 생긴다. 이 합성곱은 기존에 영상처리의 필터 기능을 말하는 것으로 부차적인 샘플링(sub-sampling)을 반복하여 데이터 양이 줄어들게 된다. 특징 추출은 컨볼루션이 하고 분류 행위는 신경망이 담당하도록 모델링을 발전시킨 것이다. 그 결과 2차원 영상에서 동일한 수준의 중요도로 연결점을 구성해야 하므로 엄청나게 커지는 파라미터를 관리할 수 있는 모델을 구축한 것이다.

RNN(Recurrent Neural Network, 순환신경망)은 기존의 뉴럴 네트워크와 달리 시퀀스 데이터를 모델링하기 위해 순환 구조를 사용했다. RNN은 hidden state, 즉 기억을 가지고 있도록 순환 구조를 적용한 모델이다. 여기서의 기억(hidden state)은 지금까지의 입력 데이터를 요약한 정보이며 새로운 입력이 들어올 때마다 네트워크는 기억을 조금씩 수정해나간다. 결국 입력을 모두 처리하고 나면 네트워크에게 남겨진 기억(hidden state)은 시퀀스 전체를 요약하는 정보가 된다. 이러한 모형은 인간이 글을 읽을 때의 일을 기계에 적용(모델링)한 것이다.

우리 인간은 글을 읽을 때도 이전까지의 단어에 대한 기억을 바탕으로 새로운 단어를 이해한다. 이 과정은 새로운 단어마다 계속해서 반복되기 때문에 순환(Recurrent) 신경망이라 부르고 있다.

RNN은 이런 반복을 통해 아무리 긴 시퀀스라도 처리하게 되는데 이는 처리에 수많은 시간이 필요하게 됨을 의미한다. Long Short-Term Memory models(LSTM)라는 신경망 모델은 이러한 CNN 의 문제를 개선하기 위해서 만들어진 것이다. LSTM은 RNN의 hidden state에 cell-state를 추가한 구조로 모델링했다. cell state는 일종의 컨베이어 벨트 역할을 하는데 상태가 오래 지속되더라도 그래디언트(기울기)가 잘 전파되는 장점이 있다.

자연어 처리에 사용되는 신경망 모델링은 구글이 개발한 기계 신경망 트랜스포머(Transformer) 모델, 비영리 연구기관 OpenAI 의 단방향 언어모델 GPT-2(Generative Pre-Training 2), 구글의 양 방향 언어 모델 버트(BERT : Bidirectional Encoder Representations from Transformers), GPT-3(Generative Pre-Training 3)가 있다. 2017년 논문으로 발표한 트랜스포머는 정확성과 학습 속도 측면 에서 많은 관심을 끌었다. 병렬처리를 함으로써 학습 속도가 매우 개선되었다. 기존의 자연어 처리에서 사용되던 RNN은 병렬처리 가 불가능했다. 순차적으로 처리하기 위해서는 어쩔 수 없는 구조 였다. 그러나 트랜스포머 모델에서는 CNN의 구조를 모델링하여 병렬처리가 가능하도록 했다. 트랜스포머는 seq2seq 구조인 인 코더-디코더를 따르면서도 Self-Attention만을 구현해낸 모델이 기도 한다.

단방향 언어 모델 GPT-2는 트랜스포머 기반으로 만들어졌다. 이 알고리즘의 학습방법은 비감독학습법, 위노그라드 스키마 테 스트, 람바다이다. 그 결과는 사람보다 글을 잘 쓰는 것으로 알려 져 있다.

BERT는 GPT와 같이 트랜스포머를 이용하여 양방향으로 학습을 진행한다. 인간이 언어를 이해할 때는 학습 방향을 양방향으로 진행하므로 이를 모델링한 결과가 좋은 결과를 보이고 있다. 이것이 BERT의 큰 특징으로 소설 쓰는 인공지능 GPT-2보다 훨씬 더 크고 혁신적인 버전으로 진화된 모델이다.

자연어 처리에서 사용되는 딥러닝 모델의 첫 번째 데이터 처리는 단어 임베딩이다. 단어 임베딩은 문맥 유사도를 찾아내는 데 효율적이며 주로 문맥(context)을 통해 학습된다. BERT는 단어 임베딩을 사용하지 않고 Word Piece 임베딩 방식을 사용한다. 이 방식을 활용하면 글 전체에서 자주 등장하는 단어를 하나의 단위로 만든다. 자주 등장하지 않는 단어는 sub-word로 쪼개는 방식을 사용하여 학습 결과를 다르게 해석한다.

BERT는 딥러닝 모델링의 발전에 대하여 많은 것을 시사한다. 특히, 동서양의 문화심리학에서 나타나는 언어의 차이는 단어 임베딩에 대한 연구와 상관성이 높다는 것을 의미한다. 즉 단어 임베딩은 차원이 작기 때문에 빠르고 효율적이다. 좋은 임베딩을 생성하는 데는 깊은 구조의 뉴럴 네트워크가 필요하지 않았으나 언어구조가 다른 작은 차원의 동양 언어 분석에서는 이를 병행하거나 다른 형태로 변형해야 할지 모른다.

비영리 기관인 OpenAI사가 만든 GPT-n 시리즈는 3세대 언어 예측 모델이다. 이 모델은 딥러닝을 이용해 인간다운 텍스트를 만들어내는 자기 회귀 언어 모델이다. GPT-3의 전체버전은 1,750억 개의 매개변수를 가지고 있는, 훈련된 언어의 자연어 처리(NLP) 시스템이다. 수행 가능한 작업으로 각종 언어 관련 문제

풀이, 랜덤 글짓기, 간단한 사칙연산, 번역, 주어진 문장에 따른
간단한 웹 코딩 등을 할 수 있다.

역전파 모델링

심리학에 관한 전문지식이 없는 사람들도 정신분석의 창시자인
지그문트 프로이트(Sigmund Freud)라는 이름은 모두 들어보았을
것이다. 심리학의 출현에는 단연 프로이트의 공헌이 컸다. 정신분
석학의 반동으로 행동주의 심리학이 출현하게 된 심리학의 역사
에서 쉽게 알 수 있듯이 프로이트가 크게 기여했다는 점을 모두
인정하는 것 같다. 그러나 프로이트는 정신분석학에 대한 어떤 문
제가 제기되면 그 영역이 아닌 다른 내용으로 증명하는 방법을 사
용했다. 그리하여 과학적 설명과 증명의 테두리 안에 머물지 못하
고*, 점차 행동주의, 인지주의 심리학에 주류를 내주게 되었다.
　그렇다면 정신분석이 인공지능과 무슨 상관이 있을까? 이 책에
서 이야기하는 거의 모든 내용은 심리학의 일부 내용을 차용하거
나 그 개념을 모델링하거나 전승한 것들이다. 그만큼 컴퓨터와 인
공지능의 발전에 심리학의 영향은 지대하다. 특히, 프로이트의 정
신분석학 치료 방법은 인공지능 개발자들에게 역전파 알고리즘이
라는 창의적 아이디어를 제공했다.

---

* 칼 포퍼의 반증주의로 과학적 증명의 방법론이 나오기 이전 사람인 프로이트는 무덤속에서 억울
해 하고 있을지 모르겠다.

역학적 심리학

프로이트는 최초의 인공지능 전문가였다. 대부분의 컴퓨터공학의 교육과정에서는 컴퓨터의 출연기인 1950~1960년대의 앨런 튜링과 존 폰 노이만의 사고모의와 계산모의를 통한 컴퓨터의 기능 설계를 중요하게 다룬다. 특히, 현대의 인공지능을 설명하면서 튜링이 쓴 최초의 컴퓨터 논문인 「계산기계와 지능」에서 실마리를 찾는다.

하지만 현대의 인공지능의 중요한 요소가 프로이트의 정신분석에서 아이디어를 얻고 이를 적용하면서 발전했다는 것을 아는 사람은 드물다. 프로이트가 강조한 무의식의 정보들이 하나씩 기계화하고 계량화하고 있는 것이다. 그럼에도 인공지능이 컴퓨터 과학뿐 아니라 심리학을 중심으로 인류가 축적한 과학적 역량의 총합이라는 거시적 관점으로 체계적인 접근을 하지 못하는 것 같다.

정신분석학(psychoanalysis)이 심리학의 주류에서 멀어져 있는 것은 프로이트로서는 정말 억울한 일이리라. 칼 포퍼의 반증주의에 기반하는 검증과 증명 방식이 과학의 주류로 등장하면서 정신분석학은 비과학으로 치부고 행동심리학과 인지주의 심리학의 발전과 그 밖의 여러 이유로 심리학의 주류에서 밀려나게 되었다. 지능정보화 사회로 변화하는 지금의 시점에서 프로이트의 연구 활동을 이해하려면 다음의 세 가지 관점이 필요하다.

- 프로이트 시대의 과학적 지식과 칼 포퍼의 반증주의
- 신경과학기반의 인공지능 이론가 프로이트
- 무의식의 구현과 구성주의 인공지능

프로이트 시대의 과학적 지식과 칼 포퍼의 반증주의

프로이트의 생애 기간인 1856~1939년 동안은 과학역사의 창조적 시대였다. 프로이트가 세 살 때 『종의 기원』이 출판되었고, 1860년 페흐너가 인간의 심리도 과학으로 측정할 수 있음을 증명했다. 파스퇴르와 로버트 쿡은 세균학의 기초를 구축했고, 멘델은 근대 유전학의 기초를 세웠다. 이러한 과학적 조류는 그 당시의 젊은이들에게 많은 영향을 미쳤다. 그러나 프로이트에게 가장 큰 영향을 미친 학문은 물리학이었다.

헤르만 폰 헬름홀츠는 에너지 불변의 법칙을 밝혀내면서 역학 분야에서 하나씩 획기적인 발견을 이끌었다. 에너지와 역학은 모든 실험실에 침투되어 과학자들의 정신에 영향을 미쳤다. 오늘날의 잣대가 아닌 그 시대의 눈으로 보았을 때 정신분석의 역학적 심리학은 과학이며 철학이었다. 역학적 심리학이란 인성에 내재한 에너지의 변형과 교류를 연구하는 학문을 의미한다.

20세기에 들어서면서 칼 포퍼(K. Popper, 1902~1994)의 반증주의는 귀납적 검증 문제점인 '반증 가능성(falsifiability)'을 과학의 특징으로 제시했다. 정신분석학은 아들러의 개인심리학과 함께 칼 포퍼에 의해 유사과학으로 공격당하게 된다. 프로이트가 귀납적 방법을 통해 연구를 진행했으나 최초의 인공지능 원리를 적용하는 방식으로 연구를 진행하던 프로이트는 정신분석학을 과학적인 증명으로 설명할 수 없었다. 결국 프로이트는 정신분석학 중에서 어떤 부분을 공격받게 되면 다른 이론을 차용하여 정신분석 이론의 당위를 설명하는 방식으로 증명해나가려고 했다. 결국 정신분석이 유사과학이나 문학으로 취급하는 실정이 되고 말았다.

칼 포퍼의 반증주의는 차후에는 많은 학자들에 의해서 귀납의 한계를 높은 단계의 연구방법론으로 특징지었으며 설명 가능한 인공지능(XAI)의 조류를 구성하는 통계적 연구방법론의 핵심으로 발전하고 있다. 때로는 유사과학으로 때로는 문학으로 취급받던 프로이트의 연구가 인공지능의 많은 영역에서 활용되고, 인간 무의식의 정보가 하나씩 구현되면서 오늘날 프로이트는 새롭게 융합학문을 이끄는 주체로서의 역할을 수행하고 있는 것이다.

신경학 기반의 인공지능 이론가 프로이트

프로이트는 초기 15년 동안 신경학자의 길을 걸었다. 브뤼케 교수 밑에서 뇌신경 생리에 대한 연구를 시작했으며 박사학위 논문도 칠성장어의 신경세포에 관한 연구였다. 프로이트는 심리학과 정신의학을 알기 이전부터 뇌신경에 대한 지식을 접하고 있었다. 그 후 개업의사가 되어 환자를 만나면서 히스테리 환자에 관심을 가지게 되었다. 점차 심리학자의 길을 걸었지만 여전히 신경학의 연구를 계속했다. 프로이트는 아동의 언어장애와 코카인의 마취 효과에 대하여 깊은 관심을 가지고 있었다. 신경학자로서 신경 관련 연구에 계속적인 관심을 가졌던 프로이트는 동료인 콜러 박사*에게 안과 수술용 국소마취에 코카인을 사용하도록 권했다. 그 영향으로 콜러 박사는 국제적으로 인정을 받기에 이른다. 어찌 보면 코카인의 효능에 대한 최초의 발견 의학자는 칼 콜러 박사가 아니고 프로이트인 것이다.

---

* 프로이트의 권유로 안과수술용 국소마취에 코카인을 사용하여 그 효능을 입증한 안과의사로 1884년 아이델베르크 안과학회에서 그 결과를 발표하여 국제적인 인정을 받았다.

그후 프로이트는 친구 플라이쉴이 모르핀 중독에 이르자 코카인 치료를 진행했다. 그러나 플라이쉴의 죽음으로 비인도적 실험을 했다는 비난으로 코카인 연구로부터 완전히 손을 떼게 되었다. 이로써 프로이트는 신경학의 영역에서 심리학의 영역으로 넘어오게 된다. 이는 오늘날 프로이트의 이론들이 비과학의 영역으로 내몰리게 된 내막이었다.

1895년 발표한 프로이트의 『과학적 심리학 초고』는 신경전달 과정을 통해 인간의 기억과 망각을 설명하려는 시도였다. 프로이트는 억압의 방어기제에 대한 신경학적 가설을 추론에 입각하여 간단한 도식으로 표현했다. 신경세포 간극을 이용한 연결 도식이었다. 시냅스의 간극이 실제로 발견된 것은 2년 후인 1897년 신경생리학자인 찰스 셰링턴에 의해서다. 프로이트의 신경학 연구는 현대 신경과학의 기초에 근접해 있었던 것이다.

프로이트는 뉴런의 기계적이고 과학적인 정보 전달 체계를 기반으로 기억과 인간 정신을 설명하고자 했다. 프로이트가 폐기한 이 원고에서 8세에 성추행을 당한 여성이 주변 환경 정보에 따라 다른 시간과 공간에서 뇌가 과거의 경험을 불러온 경험을 분석했다. 프로이트는 기억을 계산 가능하고 추적 가능한 실체로 바라보았다. 인공지능 학자 마빈 민스키는 "Why Freud Was the First Good AI Theorist"라는 글에서 프로이트의 정신분석학이 마음을 이드(id), 에고(ego), 슈퍼에고(superego)로 구분한 점에 초점을 맞추었다. 민스키는 어떻게 사람들의 동기가 작동하는지에 대하여 『과학적 심리학 초고』를 통해 설명하고자 했다.

믿음의 부여에 대한 역방향 흐름을 다룬 프로이트의 개념은 역전파(back propagation) 개념의 원형이다. 인공지능에 역전파 개념을 적용한 폴 워보스(Paul Werbos)는 1974년 박사 논문에서 ANN(Artifical Neural Networks)의 학습과정인 역전파에 대해 이렇게 말했다.

> "1968년 나는 프로이트의 backwards flow에 대한 개념을 모방하여 뉴런에서 뉴런으로 되돌아가는 흐름을 모방하자고 제안했다. 프로이트가 이전에 정신역학 이론에서 제안한 것들을 수학으로 번역한 것이지만 직감과 예제와 일반적인 chain rule을 사용하여 역계산을 설명했다."

프로이트는 인공지능의 메커니즘으로 인간 정신의 기제를 설명하고자 했던 최초의 인공지능 전문가라고 해도 과언이 아니다. 다음은 역전파의 개념을 가장 잘 설명한 그림이다. 프로이트는 이러한 방식으로 히스테리 환자들을 진료하고 치료하고 연구했던 것이다.

콜로라도 대학의 메시모 부쎄마(Massimo Buscema) 교수는 1998년 2월, 「물질의 사용과 오용」(Substance Use & Misuse)이라는 논문지에서 "Back Propagation Neural Networks"를 설명하면서 다음 그림과 같이 프로이트의 이론을 차용하여 설명했다.

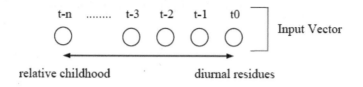

프로이트와 역전파

출처: 논문 「Back Propagation Neural Networks」, 물질의 사용과 오용(Substance Use & Misuse)
1998년 2월호

프로이트의 법칙(Freud's Rule: FR)은 각 입력 노드의 팬
아웃 연결이 실제로 노드가 레코드의 실제 시간(t0)을 나
타내는 입력 노드에서 멀어질수록 훨씬 정확하다고 추측
한다.

ANN에는 무의식적 장치가 제공되었으므로 시간이 지
남에 따라 더 멀리 있는 경험은 더 가까운 최근 학습보다
더 강하게 학습에 영향을 준다. 간단히 말해서 ANN의 학
습은 주로 "상대적인 유년기"를 나타내는 입력에 의해 결
정된다. (중략)

프로이트의 법칙을 통해 학습 과정은 전통적인 Back
Propagation에 따라 발생하는 것보다 훨씬 어렵고 ANN
의 입력 벡터는 지형학적으로 학습 자체에 의미가 있는 노
드 수준으로 변경된다. 이것은 결과 가중치 행렬에 대한
민감도 분석을 수행함으로써 학습이 끝날 때 입증된다. 실
제로 이것은 벡터에서 입력 노드의 위치에 선형적으로 연
결되지 않은 출력에서 입력 노드의 특정 분포를 보여준다.

대부분의 "최근" 입력 노드는 일반적으로 출력에 대해 더 중요하지 않다.

　이와 같이 인공지능의 발전 과정에서 프로이트의 사고와 개념을 채용한 것을 곳곳에서 확인할 수 있다. 마빈 민스키 박사가 프로이트를 최초의 인공지능 연구자라고 이야기하는 충분한 이유가 있는 것이다. 더욱이 인간 지능의 상당부분이 무의식적 처리이므로 무의식에 대한 연구와 이해는 인공지능 학습과 구현에 필수적이다.

양자 모델링

최근 양자컴퓨터가 눈부시게 발전하고 있다. 양자컴퓨터를 논하기 위해 컴퓨터 발전의 초기인 1950년대로 거슬러올라가 보자.

정보에서 정보물리로

인류는 1950년대에 이미 정보를 빼놓고서는 물리를 설명할 수 없다는 것을 알았다. 사물의 동작을 설명하려면 정보만이 아니라 정보물리로 해석되어야 하는 것이다.

인공두뇌학과 정보이론

2000년대 미국의 과학재단이 NT, BT, CT, IT 중심으로 융합이 일어남을 예측했고 세계 각국의 과학자들도 융합적 세계관을 학문에 녹여내려고 부단히 노력해왔다. 특이점으로 가는 인류의 기나긴 과정에서 많은 학문 분야들을 어떻게 접목해야 할까? 노버트 위너(Novert Wiener)를 비롯한 위대한 선각자들이 1950년대에 이러한 의문에 대한 방향을 제시했다. 1952년 미국에서 열린 인공두뇌(Cybernetics) 학회를 살펴봄으로써 통찰을 얻을 수 있다. 이 학회의 명칭은 「생물학과 사회학 시스템의 순환적 인과관계와 피드백 메커니즘」 학회*였다. 제목에서 보듯이 생물학, 사회학, 인과관계, 피드백 메커니즘들이 혼재해 있다. 차후에 노버트 위너에 대한 경의의 표시로 "인공두뇌학회"로 변경됐다.† SW·AI분야에 종사하는 사람조차도 「인공두뇌학회」라는 말이 친숙하지는 않을 것이다.

　노버트 위너는 미국의 수학자이자 전기공학자이다. 매사추세츠 공대 교수이며 종합 과학이라고도 할 새로운 학문 분야인 사이버네틱스(Cybernetics)의 제창자로서 유명하다. 천재여서 보통 사람보다 5년이나 빨리 하버드 대학을 졸업했다. 제2차세계대전 당시에는 계산기 연구로 전쟁에 협력했다. 1948년, 사람의 신경작용을 신호로 나타내는 새로운 과학을 개발하여 "사이버네틱스"라고 이름을 붙였다. 이것은 제2차세계대전에서 고사포에 부착시키는 자동조준기의 발명으로 이어져 유명해졌다. 전자계산기, 번역 기계, 오토메이션 등의 원리에도 이용되는 기술이다. 사이버네틱스란 심리학, 사회학, 생리학, 경제학 등의 학문을 하나로 종합한 과학이다.‡ 노버트 위너와 함께 융합적 학문의 논의 배경이 되는 다른 학문들이 존재하는데 대략 다음의 네 가지로 축약된다.

1. 노버트 위너의 사이버네틱스(Cybernetics)
2. 클로드 섀넌의 정보이론 : 잉여성과 노이즈(Redundancy and Noise)
3. 볼츠만의 열역학 제2법칙 : 엔트로피(Entropy)

---

* Conference for Casual and Feedback Mechanism in Biological and Social System
† 미국 과학재단에서 2000년경에 주장한 NT, BI, IT, CT의 융합이 온다고 이야기한 근거가 되는 첫 학회일 것 같다.
‡ 위키백과

4. 앨런 튜링의 튜링머신(Turing Machine)

이 이론들은 서로 연관 관계가 없는 것으로 생각하기 쉬우나 지능정보화 사회를 학문적으로 이해하고 따라가며 기점을 잡기 위해서는 이 학문 분야를 모두 참고할 필요가 있다.

노버트 위너는 1948년 가을 『사이버네틱스』*라는 책을 출간했다. 이 책에는 여러 개념이 복잡하게 섞여 있어서 많은 사람들이 복잡하게 생각했다. 그럼에도 불구하고 당시 최초의 컴퓨터였던 에니악(ENIAC)의 영향으로 베스트셀러가 됐다. 에니악은 30톤짜리 거대한 기계였으며 많은 사람들이 주목했다. 물론 이 기계의 개념적 구성은 앨런 튜링의 튜링머신(Turing Machine)에 기반한다. 위너는 이 책에서 인간과 기계를 "계산기와 신경계"라는 이름으로 나란히 설명하고 있다. 위너는 자신의 회고록에서 인공두뇌학을 "인간과 우주에 대한 인간의 지식 그리고 사회에 대한 새로운 해석"이라고 썼다. 그 당시에는 철학자 같은 모습으로 막연하고 추상적으로 설명한 것처럼 보이지만 현대 고도로 발전한 지식기반 사회의 시각으로 봐도 손색이 없는 표현이다.

정보물리이론

한편 비슷한 시기에 클로드 섀넌(Claude Shannon)은 통신이론을 통해 정보를 측정 가능한 물리적 단위로 제시했다. 섀넌과 위너는 강조점이 달랐다. 위너는 엔트로피를 무질서의 척도로 해석했으

---

* 부제 : 동물과 기계에서의 제어와 통신(Control and Communication in the Animal and the Machine)

나 섀넌은 불확실성의 척도로 해석했다. 하지만 기본적으로 무질서와 불확실성은 같은 것이다.

> 열역학 제2법칙은 엔트로피(Entropy)의 법칙이다. 열역학 제2법칙(second law of thermodynamics)은 열적으로 고립된 계의 총 엔트로피가 감소하지 않는다는 법칙이다. 이 법칙을 통해 자연적인 과정의 비가역성과 미래와 과거 사이의 비대칭성을 설명한다.[†]

엔트로피를 정보의 개념으로 증명하려는 몇 가지 시도가 있었다. 최초의 시도가 1961년 IBM의 롤프 란다우어의 시도였다. 란다우어의 원리(Landauer's principle)란 정보를 지울 때 항상 주위 환경으로 빠져나가는 열이 발생한다는 원리이다. 이 에너지 손실은 정보를 어떤 식으로 지우든, 정보의 종류가 어떤 것이든 무관하다.

이후에 미국 하버드대학 응용계산과학연구소와 매사추세츠공대(MIT) 미디어랩의 위스너-그로스와 하와이대학의 수학자 프리어는 2013년 물리학술지 『피지컬 리뷰 레터스(Physical Review Letters)』에 실린 「인과적 엔트로피 힘(Causal Entropic Forces)」이라는 논문에서 엔트로피 방정식으로 지능 문제를 설명했다. 동물행동학의 침팬지 지능실험 모형에서 설명된 '인과적 엔트로피 힘'이란 시간이 경과함에 따라 사건이 일어나는 경로의 엔트로피

---

† 위키백과

(Causal path Entropy)가 증가한다는 것이다. 즉 추동*하는 힘으로서 인과적 엔트로피의 힘을 제시하고 방정식을 만들어냈다. 이것을 구현한 시뮬레이션에서 가장자리의 입자가 점차 한복판으로 이동하는 모습을 보였다. 그 다음 막대추가 점차 자세를 뒤집어 곧추서는 자세를 보임으로써 인류의 진화과정에서 지능의 자발적 발생을 설명하였다. 이는 지능과 엔트로피의 연관성을 다룬 최초의 논문이라 생각된다.

다시 섀넌의 이야기로 돌아가보자. 섀넌의 이론은 '정보와 불확실성', '정보와 엔트로피'뿐만 아니라 '정보와 카오스'를 잇는 다리를 놓았다. 섀넌은 정보이론(Information Theory)을 설명하는 중요한 키워드로 잉여성(Redundancy)을 사용했다.

잉여성

가족 간에는 이미 정보 교환 프레임이 형성되어 있어서 간단한 단어 표현으로도 의사소통을 할 수 있다. 물론 이는 친한 친구나 상호 소통을 자주하는 직장 동료와의 관계에서도 적용된다. 이때 우리는 적은 단어를 통해 의사소통을 하며 낮은 잉여로도 대화가 가능하다.

잉여성은 정보를 전달하는 다른 영역에서도 주요하게 다루는 문제이다. 시각 표현 기법을 사용하는 예술분야나 의미전달이 중요한 광고 홍보분야에서도 주요하게 다루는 문제이다. 물론 예술분야에서는 잉여성의 표현이 수용자로 하여금 정보에 대한 흥미와 몰입을 유도하는 속성에서의 차이가 있다. 광고분야도 유사한

---

* 추동(drive) : 인간으로 하여금 어떤 행위를 하게 만드는 정신적인 힘

불확실성이 나타난다는 차이가 있을 뿐이다.

심리상담가나 신경정신과 의사가 심리적 어려움을 겪는 내담자를 대상으로 상담을 진행하는 경우도 적용될 수 있다. 주어진 시간에 치료에 필요한 내담자(환자)의 주요 정보를 최대한 알아내야 한다. 이때, 내담자의 수준에서 적절한 잉여성을 유지하여 대화를 이끈다. 필요에 따라서는 경청, 반영, 제안, 설명, 직면, 공감, 수용을 사용하면서 내담자와 치료자와의 언어적, 비언어적 잉여성을 적절히 조절함으로써 내담자의 변화를 이끌어내야 하는 고도의 심리적 기술을 사용하는 것이다.

언어학에서 잉여성은 상대방에게 정보를 전달하는 과정에서 벌어지는 중요한 속성으로 설명된다. 문장이나 단어가 약간 왜곡되거나 손상되어도 그 원래의 뜻을 이해할 수 있는 속성이다. 예를 들어 "if y cn rd ths"를 "If you can read this"로 해석할 수 있게 돕는다. 조종사와 관제사 사이에 오가는 대부분의 정보는 고도, 벡터, 항공기 식별번호, 활주로, 유도로 번호, 주파수 등 숫자와 알파벳으로 구성된다. 그 중요성 때문에 모호성을 최소화하기 위해 특수한 알파벳을 쓴다. 알파, 브라보, 찰리…처럼 사용한다.

2017년 3월, 브라운 대학 코헨 프리바 박사는 「Fast speech correlates with lowers lexical and structural information」이란 논문에서 2400여 건의 전화 통화내용을 담은 데이터를 분석하여 발화의 속도와 정보 밀도가 반비례 관계라는 것을 증명했다. 말이 빠른 사람의 말은 밀도가 낮아 잉여성이 높은 것이다.

잉여성과 정보의 가치

잉여성은 컴퓨터 내에서의 정보처리, 특히 부호화 이론과 암호학과 파일 압축에서 사용되는 중요 개념이다. 주민등록번호처럼 적절히 정보를 부호화하는데 잉여성의 문제가 적용된다. 뒷자리 첫째 번호가 홀수면 남자이고 짝수면 여자인 것으로 사용한다. 암호문을 만들기 위해서는 잉여성을 낮게 유지하는 것이 핵심이다. 암호를 푸는 과정은 잉여성이 높을수록 풀기 쉽다. 파일의 압축은 정보 밀도와 잉여성의 관계로 설명된다. 압축된 프로그램은 잉여성이 제거된다. 잉여가 제거되면 핵심부분만 남게 되므로 압축을 더 시도해도 파일이 줄어들지 않는다. 디지털로 전송되는 영상의 경우도 MPEG이라는 압축파일이다. 이 또한 잉여가 제거되어 전송되는 것이다.

이번에는 스마트폰에서 활용되는 양방향성 내비게이션 프로그램을 생각해보자. 내비게이션은 자신의 위치정보를 제공하고 시간정보를 제공받는다. 이는 공간의 잉여성으로 정리된 정보를 시간의 잉여성으로 정리된 정보로 변환하는 것이다. 또 자신의 위치정보를 제공하고 자동차가 진행해야 할 경로정보를 제공받는다. 위치와 속도의 잉여성 정보를 제공하고 다른 자동차들과의 혼잡도를 계산하여 경로의 잉여성을 가지는 정보로 변환받는 것이다.

이제 인공지능에서의 잉여성 문제를 직접 다뤄보자. 페이스북의 인공지능 봇들끼리의 대화가 인간이 알 수 없는 언어로 주고받은 일로 세계가 떠들썩했다.* 잉여성이 매우 낮은 방식의 언어를 사용했기 때문이다. 인간이 해석하기에는 잉여성이 너무 낮았으

---

* 보도의 신뢰성이 도마에 오르긴 했다.

나 두 챗봇들은 정보를 주고받는 데 충분한 데이터가 있었다. 그러한 대화로도 의사소통을 할 수 있다는 측면으로 해석해야 할 것이다. 인간이 이해할 수 있는 잉여도와 얼마나 차이가 나는지를 측정하고 관리할 수 있는 기술을 통해 인공지능을 이해하고 관리하는 중요한 도구가 될 것이다.

인공지능 번역기의 능력이 얼마나 낮은 잉여도로 달성될 수 있느냐는 앞에서 잠시 이야기했다. 마찬가지로 훌륭한 인물 분석 영상 인공지능이라면 낮은 잉여도를 가져야 할 것이다. 인물 분석의 데이터를 많이 학습하여 지식이 축적될수록 낮은 잉여성으로 인물 영상을 처리할 수 있다.

체스, 바둑 등의 게임분야, 언어의 자동번역, 예술 작품을 만들어내는 구글의 인공지능, 외상 후 스트레스장애(PTSD)를 치료하는 인공지능, 빅데이터 기반의 내비게이션들의 모든 과정에서 낮은 잉여성이 목표가 된다.

하드웨어 수준의 신경망

위너는 물질, 에너지, 정보를 결합하여 파악하는 물리학적인 입장에서 전개하는 정보 개념으로 인류를 이끌었다. 모든 사물은 그 자체가 정보인 것이다. 인간의 인지와 연결되지 못하는 사물도 정보로 전환되는 구조가 완성됐다. 이제는 인간과 연결되지 않거나 인간이 인지하지 못하거나 인간이 기호로 바꿀 수 없는 사물도 정보처리가 되는 시대를 맞이한 것이다.

그 방법이 소프트웨어(인공지능)에서뿐만 아니라, 하드웨어에서도 이뤄지고 있다. 대표적인 것이 신경기반 CPU와 신경기반 메모리다. 신경기반 CPU는 시냅스를 모사한 뉴로모픽 칩을 말하는 것이고 신경기반 메모리란 상변화메모리를 말한다. 이는 전자의 동작을 디지털화하여 처리하는 구조에서 디지털 동작을 시냅스 동작으로 처리하는 구조로 변경됨을 의미한다. 신경망으로 최적화된 하드웨어로 변형되는 것이다.

양자컴퓨터

현재 대중적으로 사용되는 고전 컴퓨터는 존 폰 노이만 구조를 기본으로 전자의 동작을 2진수로 바꾸어 연산하고 연산의 결과를 모사하는 방식을 사용한다. 고전 컴퓨터 구조는 최근에 이르러 세 가지 큰 한계를 가지게 되었다.

1. 무어의 법칙의 한계로 양자간섭 발생
2. 엄청난 비효율
3. 해결하지 못하거나 엄청난 시간이 걸리는 문제들

첫 번째 한계는 무어의 법칙의 한계이다. 무어의 법칙은 반도체의 집적도가 1년 6개월마다 2배로 증가하는 것을 말한다. 최근 반도체 미세공정의 발전이 정체기에 이르자 많은 전문가들은 반도체 공정이 무어의 법칙을 따르는 것의 한계를 지적한다. 정해진 면적에 트랜지스터를 집적하는 기술이 발전한 결과 트랜지스터의 크기가 원자 수준에 이르렀다. 이에 따라 회로를 구성하는 원자의 전자가 다른 곳으로 워프하는 현상인 양자역학의 터널링 현상이 발생한다. 근접한 회로에 합선이 발생하는 등 전류제어에 한계가 발생하고 있다. 10nm 공정에서부터 공정주기를 2년이나 3년으로 전환하는 반도체 생산 기업도 있다. 일부 기업들은 7nm 제품을 출하했고 삼성전자는 3nm GAA(Gate-All-Around) 공정 개발을 진행하고 있다.

두 번째 한계는 엄청난 비효율이다. CPU가 연산을 수행할 때 에너지를 소모하기 때문에 연산속도가 1천 배 빨라지면 초당 발생하는 열도 1천 배가 넘는다. 이를 막아내기 위해 연산 하나 당 소모하는 에너지를 감소시키는 노력이 계속되었다. 냉각팬을 CPU에 바로 붙여 열 발생을 감소시키기도 한다. 특히 대규모 연산을 수행하는 슈퍼컴퓨터의 최근 모델은 연간 전력소모량이 9.89MWh가 되어 연간 에너지 소모비용이 1천만 달러에 도달하기도 한다. 또 전자의 움직임을 이용한 표현 결과가 0과 1이 되는 대푯값으로 처리하므로 연산의 수행하는 양에 비하여 활용도는 매우 저조하다.

세 번째 한계는 처리내용의 한계이다. 초기 컴퓨터를 이용한 처리내용은 정형 데이터 위주였으나 이제는 음성과 영상과 같은 비정형 데이터의 처리가 필요해졌다. 그에 따른 처리방식의 차이로 1,000bit 숫자를 소인수 분해하는 데 백만 년 걸리는 것에 반하여 양자컴퓨터를 사용하면 하루 내에 이루어진다. 이것은 현재의 암호체계를 완전히 무력화할 수도 있다.

전자의 동작을 2진수로 바꾸어 사고를 모사하는 존 노이만 모델의 한계를 뛰어넘고자 양자의 동작을 통해 사고모의를 하는 것이 양자컴퓨터이다. 양자컴퓨터는 양자역학의 주요 원리 및 양자현상에 따라 구현되고 작동되는 새로운 개념의 컴퓨터이다. 정보처리의 기본 단위로 양자비트(Qubit : 큐비트)를 사용한다. 0, 1, 그리고 0과 1의 조합을 동시에 나타내고 저장할 수 있는 큐비트를 이용하여 데이터를 처리하는 것이다. 고전역학에서와 달리 양자역학에서는 에너지 준위가 여러 개 존재한다. 이 에너지 준위 간에 얽힘(entanglement)이나 중첩(superposition) 같은 양자역학적인 현상을 활용하여 자료를 처리하는 계산기계이다. 0과 1, 두 상태의 중첩이 가능해짐에 따라 정보단위를 'bit'가 아닌 'matrix'로 표현하여 데이터 처리 속도를 가속화할 수 있다. 그러한 방법을 '양자컴퓨팅'(quantum computing)이라고 한다. 양자 계산의 기본적인 원칙은 두 가지이다. 첫째는 입자의 양자적 특성이 자료를 나타내고 구조화한다는 것이다. 둘째는 양자적 메커니즘이 고안되어 이러한 자료들에 대한 연산을 수행할 수 있다는 것이다.

고전 컴퓨터는 0V와 5V로 비트상태를 유지한다. 반면 양자컴퓨터는 두 개의 고유 양자상태를 이용한다. 고전 컴퓨터는 기본연산자를 반도체 연소 소자를 이용하지만 양자컴퓨터는 진화연산을 사용한다. 고전 컴퓨터는 소자의 공간적 배치로 일반 연산을 수행하는데 양자컴퓨터는 순차적인 진화 연산으로 일반 연산을 진행한다. 고전 컴퓨터는 비가역적으로 되돌릴 수 없지만 양자컴퓨터는 가역적이다.

양자 모델

1982년 리차드 파인만(Richard Feynman)은 양자역학의 파동방정식 성질인 가역성을 이용한 양자 병렬성 기반의 전산시스템을 제안했다. 이후 1994년 피터 쇼어(Peter Shor)의 최초 양자 알고리즘 제시로 본격적인 연구가 시작되었다. 양자컴퓨터의 특성을 구현하기 위해 기본적으로 충족해야 하는 기술 요구사항을 2000년에 디빈센조(DiVincenzo)가 제시했다.

1. 큐비트의 구현이 이루어질 것
2. 큐비트 상태를 초기화할 수 있을 것
3. 연산을 수행할 수 있도록 양자 결집상태를 유지할 수 있을 것
4. 큐비트의 중첩상태를 변화시키는 메커니즘으로 양자 게이트를 구현할 것
5. 특정 상태의 큐비트를 관측할 수 있을 것

32비트로 저장할 수 있는 양
- 고전적 저장 : 4 바이트
- 양자 저장 : 53,687,092 바이트

64 비트로 저장할 수 있는 양
- 고전적 저장 : 8 바이트
- 양자저장 : 2.30584E+18 바이트

큐비트를 구현하는 소자는 초전도(IBM, Google, D-Wave), 이온

트랩, 반도체 양자점(스핀트로닉스; MS), 토폴로지(Intel)가 많이 사용된다. 이는 기업별로 상업화와 실용화의 전략에 따라 다르다. 양자컴퓨터 구현의 두 번째 기술요구사항은 큐비트 상태의 초기화이다. 상태의 초기화는 큐비트를 제어하는 가장 기초적인 단계이며 초기화에서부터 정보처리를 위한 제어의 기초가 수립된다. 연산을 수행하려면 양자 결집상태를 유지해야 한다. 이때 양자 결집상태를 일정기간 유지해야 명령주기 설정을 통한 제어가 가능하다. 고전 컴퓨터의 0과 1의 기본값을 부울대수로써 구현하는 논리 게이트와 같이 큐비트의 중첩상태를 변화시키는 논리 게이트를 구현해야 한다. 마지막으로 제어 기능을 부여하기 위해서 큐비트의 특정 상태를 관측할 수 있어야 한다. 연산 결과를 도출하기 위해서도 그렇다.

큐비트

양자의 기본 단위인 큐비트는 임의의 2수준 양자계(2-level quantum system)로 표현할 수 있으며 기하학적으로는 블로흐 구(Bloch sphere)라는 도형을 통해 시각화할 수 있다.

상태의 중첩

큐비트는 0과 1의 중첩된 상태로 관측되는 순간에 바뀐다. 둘 중 하나의 상태로 확정되면 그전에는 어떤 상태인지 알 수 없다. 1큐비트 양자컴퓨터는 한 번에 2개의 상태일 수 있으며 2큐비트 양자컴퓨터는 동시에 4개의 값을 저장할 수 있다. 동시에 저장할 수 있는 데이터의 양이 대단히 커서 고전적 컴퓨터에서 해결할 수 없는 모든 문제를 해결할 수 있다. 이렇게 되는 시점을 양자우위(Quantum supremacy)라고 부른다.

얽힘

큐비트를 관측하면 다른 파트너 큐비트의 속성을 알 수 있다. 일단의 큐비트들이 서로 얽힘(entanglement) 상태일 때 각각의 큐비트는 다른 큐비트에서 일어난 변화에 즉시 반응한다. 이러한 특성을 이용하여 한 큐비트의 속성을 측정하면 다른 파트너 큐비트의 속성도 알 수 있다. 얽힘은 양자 단층촬영(Quantum tomography)이라는 방법을 통해서 직접 측정할 수 있다. 양자계(Quantum System)를 측정함으로써 얽힌 큐비트의 상태를 알아낸다.

양자 논리 게이트

큐비트 조작을 위해서는 고전 컴퓨터의 논리 게이트와 같이 양자 논리 게이트(Quantum Logic Gates)가 필요하다. 입력값에 대한 동작을 수행한 후 출력값을 내보낸다. 양자 논리 게이트가 논리 게이트와 다른 것은 큐비트의 모든 가능한 상태에 대해 동시적으로 작동한다는 점이다. 양자컴퓨터의 기본 게이트들은 다음 페이지 그림과 같다.

　　큐비트의 설계 방법은 초전도 루프, 이온 덫, 실리콘 양자점, 위상학 큐비트, 다이아몬드 점결함 방식이 있다. 초전도 루프는 IBM, google, QCI가 채택하는 방식으로 초전도 루프로 만들어진 큐비트에서 전류가 루프를 중심으로 앞뒤로 진동하고 마이크로파가 주입돼 전류를 중첩상태로 만드는 방법으로 동작한다.

Operator	Gate(s)		Matrix
Pauli-X (X)	X	⊕	$\begin{bmatrix} 0 & 1 \\ 1 & 0 \end{bmatrix}$
Pauli-Y (Y)	Y		$\begin{bmatrix} 0 & -i \\ i & 0 \end{bmatrix}$
Pauli-Z (Z)	Z		$\begin{bmatrix} 1 & 0 \\ 0 & -1 \end{bmatrix}$
Hadamard (H)	H		$\frac{1}{\sqrt{2}} \begin{bmatrix} 1 & 1 \\ 1 & -1 \end{bmatrix}$
Phase (S, P)	S		$\begin{bmatrix} 1 & 0 \\ 0 & i \end{bmatrix}$
$\pi/8$ (T)	T		$\begin{bmatrix} 1 & 0 \\ 0 & e^{i\pi/4} \end{bmatrix}$
Controlled Not (CNOT, CX)			$\begin{bmatrix} 1 & 0 & 0 & 0 \\ 0 & 1 & 0 & 0 \\ 0 & 0 & 0 & 1 \\ 0 & 0 & 1 & 0 \end{bmatrix}$
Controlled Z (CZ)	Z		$\begin{bmatrix} 1 & 0 & 0 & 0 \\ 0 & 1 & 0 & 0 \\ 0 & 0 & 1 & 0 \\ 0 & 0 & 0 & -1 \end{bmatrix}$
SWAP			$\begin{bmatrix} 1 & 0 & 0 & 0 \\ 0 & 0 & 1 & 0 \\ 0 & 1 & 0 & 0 \\ 0 & 0 & 0 & 1 \end{bmatrix}$
Toffoli (CCNOT, CCX, TOFF)			$\begin{bmatrix} 1 & 0 & 0 & 0 & 0 & 0 & 0 & 0 \\ 0 & 1 & 0 & 0 & 0 & 0 & 0 & 0 \\ 0 & 0 & 1 & 0 & 0 & 0 & 0 & 0 \\ 0 & 0 & 0 & 1 & 0 & 0 & 0 & 0 \\ 0 & 0 & 0 & 0 & 1 & 0 & 0 & 0 \\ 0 & 0 & 0 & 0 & 0 & 1 & 0 & 0 \\ 0 & 0 & 0 & 0 & 0 & 0 & 0 & 1 \\ 0 & 0 & 0 & 0 & 0 & 0 & 1 & 0 \end{bmatrix}$

양자 로직 게이트

출처 : 위키피디아

　이온덧 방식은 IonQ에서 채택하는 방식으로 외부환경과 격리
된 시스템에 전하를 띤 이온을 가두기 위해서 전기장이나 자기장
을 이용한다. 덧붙여서 레이저를 이용하여 큐비트 상태를 결합해

프로그래머는 왜 심리문제에 골몰하는가?
메타인지를 위한 프로그래밍 심리학

하나의 상태를 만들거나 내부 상태와 외부 운동상태를 결합해 얽힘을 만들어낸다.

실리콘 양자점 방식은 인텔에서 채택하는 방식이다. 그 동작은 전자가 수직적으로 양자 갈륨비소의 바닥상태로 제한돼 2DEG 전자가스를 형성한다. 2DEG 전자가스는 2차원 상에서 자유롭게 이동하지만 3차원적으로는 상당히 움직임이 제한된다. 이러한 제한은 3차원 방향의 움직임에 대한 양자화된 에너지 준위를 생성하며, 이를 양자기반의 구조로 사용할 수 있다.

위상학 큐 방식은 마이크로소프트와 벨 연구소에서 채택하는 방식이다. 이 방식은 아니온(anyon)이라는 2차원 준입자들이 서로 지나가면서 3차원공간에 끈을 형성하는데 끈들을 이용하여 큐비트 게이트를 형성하는 방법이다.

다이아몬드 점결함 방식에서 다이아몬드 점결함은 탄소 원자가 있어야 하지만, 실제로는 아무것도 없는 다이아몬드 결정 격자 내의 위치를 말한다. 다이아몬드 내에 나노미터 크기의 원자 결함을 큐비트처럼 동작하도록 만들고자 하는 것이다.

현재 양자 프로그래밍은 IBM Q Experience와 Microsoft Quantum Development Kit(QDK)에서 가능하다. IBM에서는 클라우드 양자컴퓨팅 플랫폼인 Qiskit라는 SDK를 통해서 파이썬 프로그래밍이 가능하다. 이 SDK는 윈도우와 리눅스에서 설치가 가능하다. 마이크로소프트에서는 C#용 Q#, Python용 Q#, Jupyter Notebook용 Q# 중 하나를 설치하여 프로그래밍이 가능하다.

이미 양자컴퓨터 실용화를 넘어서 대중화로 가고 있다. 양자컴퓨터의 활용분야는 매우 광범위하다. 금융(포트폴리오 최적화, 리스크관리, 옵션가격 결정), 화학(분자 설계 최적화, 화학반응의 양자역학적 시뮬레이션, 전지와 촉매의 최적화), 의료(암 치료 약물 발견, 최적 복용량 산출, 개인 맞춤형 의료의 고속화), 물류(비행기, 선박, 트럭의 물류시스템 최적화), 제약(단백질의 3차원 구조최적화, 분석, 특효약 개발), 자동차(도시 교통 서비스 최적화), 항공우주(유체 역학적 최적화 기체설계, 비행 제어 시스템의 버그 잡기 최적화)에서 활용될 것이다. 특히, 머신러닝을 위한 고속 클러스터링, 이미지 인식 고속 학습에 접목할 경우 지능정보화 기술을 극단적으로 끌어올릴 수 있다.

한편, 도시 교통 서비스를 최적화하는 데도 요긴하게 쓰일 것이다. 폭스바겐은 구글 디웨이브(D-Wave)와 협업해 중국 베이징의 과밀화된 지역의 교통 흐름을 최적화하기 위한 양자 실험을 수행한 바 있다. 실제로 해당 실험에서 알고리즘을 통해 자동차별로 이상적인 이동 경로를 발견, 교통량을 줄이는 데 도움이 됐다.

특히, 최근 연구가 시작되고 있는 양자신경망(QCNN)으로 영역이 확대될 것으로 기대된다. 머신러닝을 위한 고속 클러스터링, 이미지 인식 고속 학습에 접목될 것으로 기대된다.

여기에서 살펴본 다양한 모델링들은 지금까지와는 다른 관점으로 프로그래머의 메타인지를 향상시킬 수 있다. 프로그래밍 인지심리학의 구현과정과 흐름의 이해는 보다 높은 지능을 구현하고자 하는 프로그래머를 위한 메타인지이다.

요약

3부에서는 컴퓨터 발전과정에서 인간의 인지기능이 어떻게 기계화되었는지를 살펴보았다. 400년 동안 쌓인 튜링 이전의 기계적 모델링은 튜링 모델에 많은 영감을 주었다. 뒤이은 존 폰 노이만 모델은 현대 컴퓨터의 원형을 만들어냈다. 튜링 모델과 존 폰 노이만형 컴퓨터는 인지기능의 현대적 활용에 시발점이 되었다. 신경망은 연산과 저장을 동시에 수행하는 절차를 밟는다. 그러나 현대 컴퓨터는 연산과 저장을 분리한다. 이에 따른 병목현상을 개선하거나 GPGPU, AI 가속기의 모형으로 발전하는 과정과 구조를 살펴보았다. 이는 인간의 인지기능을 모델링하여 기계화하는 길고 긴 과정으로 설명된다. 인간정보처리 모델을 따라가는 것은 인지심리학이 어떻게 컴퓨터 하드웨어 발전을 이끌었는지에 대한 통찰을 제공한다.

소프트웨어 계산 모델링에서는 오토마타부터, 명령형 언어와 선언형 언어까지 인간의 언어적 모델을 어떻게 추종하고 있는지 그 과정으로서의 정보를 제공한다. 더불어 인공지능 모델링에서는 머신러닝과 인공신경망이 어떻게 인간정보처리와 다른지 이해할 수 있다. 또 심리학을 출발하게 한 프로이트의 정신분석에서 사용한 역전파를 차용함으로써 프로그래밍 인지심리학이 인공신경망의 발전을 이끌었음을 설명하였다. 더불어 양자컴퓨터의 모델링을 살펴보면서 정보물리의 프로그래밍 인지심리학의 개념적 틀을 찾아나갔다. 3부의 모든 내용은 인간정보처리 이론들을 뒷받침하는 내용들이다.

프로그래머는 인지과학을 어떻게 이해하고 따라가야 할까?

프로그래머들은 매우 전문적인 훈련을 거쳐 지속적으로 새로운 기술을 습득해야 하는 고난한 과정을 수행한다. 그 상황에서 IT 이외에 NT(나노기술), BT(생명공학기술), CT(문화기술) 모두를 학습하는 것은 매우 큰 부담이다. 부담을 줄이고 효과적으로 쫓아갈 수 있는 구체적인 방법이 있을까? 프로그래머들이 NT, BT, IT, CT 모두를 공부할 수는 없다. 프로그래밍 인지과학이 해결책이 될 수 있다. 컴퓨터공학을 통해서 프로그래밍 분야에 입문한 사람들은 HCI, 인공지능의 교과를 수학하며 성장했을 것이다. 따라서 HCI와 인공지능에 가장 가까이 있는 인지과학이 어떻게 프로그램되어 가는지 확인할 수 있다. 우리는 이미 신경세포와 그 연결 방법을 모델링하여 딥러닝을 발전시키고 있다. 대규모의 직렬처리와 병렬처리를 동시에 하는 뇌를 모방한 병렬처리 기계를 높은 직접도로 만들어 AI 가속기에 적용했다. 그 다음은 무엇일까? 역시 뇌를 더 깊이 모방하거나 DNA 저장장치나 뇌역분석 기법들을 탐구하는 것이다.

2001년 『네이처』지에 눈의 정보처리 과정을 이해할 수 있는 주목할 만한 논문*이 하나 발표되었다. 이 논문은 버클리의 캘리포니아 대학 분자생물학과 교수 프랭크 S. 웨블리와 의학박사 과정 학생인 보톤 로스카의 연구 결과이다. 논문에서 그들은 인간의 시신경은 12개의 출력

---

* 「Eye strips images of all but bare essentials before sending visual information to brain」

채널을 가지는데, 각 채널은 주어진 장면에 대한 최소한의 정보만을 전달한다고 설명했다. 어떤 채널은 명암대조의 변화 정보만을 전달하고 어떤 채널은 넓은 단색 영역만을 전달한다. 또 어떤 채널은 배경정보만을 전달한다는 것이다. 이것은 인간이 색상과 영상구조를 명료하게 받아들지 않는다는 것을 말한다. 인류는 인간의 시각 특성을 고려하여 브라운관, LCD, LED, OLED와 같은 비주얼 장비를 만들었다. 이 논문이 발표되기 전에는 눈이 인식한 정보를 뇌가 처리할 때의 메커니즘을 정확히 몰랐기 때문에 대부분의 과학자들은 해상도 높은 영상을 눈이 모두 처리한다고 생각했다. 그러나 실제 시각 정보처리에서는 시공간의 단서들과 가장자리 정보만을 다룬다. 눈에서 들어온 듬성듬성한 12개의 그림이 후두엽으로 들어오면 전체 세상의 영상을 재구성하는 것이다. 20년 전의 이 논문이 눈과 망막, 시신경의 초기 정보처리 과정을 대체하는 인공기기들을 연구하는 의학자들의 관심을 집중시켰을 뿐만 아니라 딥러닝을 연구하는 컴퓨터 과학자들의 깊은 관심을 끌었다.

얼굴정보처리 기술은 급속히 발전하여 모니터링, 출입통제, 생체인증 등의 여러 분야에 활용되고 있다. 이러한 발전을 뒷받침하는 기술들은 인공지능, 계산능력, 네트워크 대역폭, 이동단말기, 방대한 데이터 등이다. 인공지능의 기반인 딥러닝 기술은 하드웨어의 발전으로 계산능력이 향상되었다. 뿐만 아니라 충분한 네트워크 대역폭이 제공되고 개인별 이동단말의 보급으로 이동성의 확산이 이루어졌다. 더욱이 플랫폼 환경이 등장함으로써 방대한 데이터를 지속적으로 충분하게 제공할 수 있게 되었다. 2021년 3월 IITP에서 발행한 『주간기술동향』의

「인공지능과 얼굴정보처리 기술」*에는 얼굴정보처리 관련 주요 기술을 7가지로 제시하였다. 그중 4개의 기술이 버클리 캘리포니아 대학 연구 결과와 연관되어 있다.

- 얼굴 영역 검출 기술
- 얼굴 특징점 추출 기술
- 얼굴 속성 추출 기술
- 얼굴 인식, 재인식, 추적 기술
- 잡음 제거, 해상도 개선, 색상 보정 기술
- 가려지거나 훼손된 영역 복원 기술
- 응용 및 서비스 기술

'얼굴 영역 검출 기술'은 입력된 영상에서 얼굴 영역을 찾아내는 기술이다. 영상 내부 특정 영역의 얼굴 여부를 판별하는 데 쓰인다. 이는 전체 얼굴인식 중에서 전처리에 해당하는 부분으로 데이터를 분리하기 위한 전처리 과정이다. 처음에는 바운딩 박스형태의 사각형으로 얼굴을 찾는 것에서 섬세하게 분할하고 3차원 공간에서의 방향과 위치정보를 함께 추출하는 방향으로 발전하였다. 즉 얼굴 부위의 전체적인 윤곽을 먼저 확인하는 방법으로 시각 정보처리를 모델링한 것이다.

---

* 정보통신 기획 평가원, 주간기술동향 1989호, 「인공지능과 얼굴 정보 처리 기술」

266

'얼굴 특징점 추출 기술'은 영상으로 들어오는 정보 값을 눈, 코, 귀, 입 등의 위치로 변환하기 위해서 특징점을 추출한다. 그후에 속성 분석을 통해 영상 인식을 진행한다. 이 역시 영상의 위치별 특징점 추출에 영감을 받은 것이다. 눈에서 주요부위를 확인하는 방법으로 모델링한 것이다.

'얼굴 속성 추출 기술'은 입력된 얼굴 영상을 분석하여 성별, 나이대, 감정 상태, 인종 등의 속성 추출하는 것이다. 기본적으로 영상정보로부터 얻어낸 속성값을 활용한다. 얼굴 주요부위에 속성 추출을 통하여 시각 정보처리 과정에서 주요하게 처리하는 점을 속성으로 모델링한 것이다.

'얼굴 인식, 재인식, 추적 기술'은 얼굴의 인식과 재인식, 추적 기술인 "누구의 얼굴인가? 누구와 유사한가? 특정 인물이 어디로 이동하고 있는가?"와 같은 요구사항을 처리한다. 영상정보 간의 상호 유사도를 검출하고 비교하여 실행한다. 가장 일치하거나 임계값을 기준으로 범위에 포함되는 영상들을 얻어내는 과정을 활용한다. 핵심은 유사도를 계산하는 방법이라 할 수 있는데 유사도 값을 구하는 것이 핵심이다. 인간의 눈이 수집한 정보를 측두엽의 방추상회가 패턴 매칭하는 것을 모델링했다.

이와 같이 영상인식 과정들은 곳곳에서 인지과학의 한 부분을 모델링함으로써 이루어졌음을 알 수 있다. 이것이 IT엔지니어들이 프로그래밍 인지심리학에 깊은 관심을 가져야 하는 이유이다.

4부

지능정보기술로
인간의 무의식을 측정하다

심리학의 목적은 인간의 심리와 행동을 기술, 설명, 예측, 통제하여 인간 행동을 이해하고 삶의 질을 향상시키는 것이다. 무엇이 일어나는가를 기술하려면 행동을 객관적이고 적절한 수준으로 기술해야 한다. 이것으로 행동이 발생하는 원인을 설명하게 된다. 원인은 예측 가능한 힘을 준다. 특정한 행동이 언제 일어나며 특정 관계는 어떠할지 가능성을 예측하게 만든다. 가능성을 예측했다면 적절한 통제를 통해서 삶의 질을 향상시킬 수 있다.

기술, 설명, 예측, 통제 이 네 가지 과정을 수행해나가는 심리학의 목적이 심리학 연구의 중요한 진행과정이 된다. 그것을 위해서 심리학 패러다임에 정보처리 패러다임이라는 보는 틀이 필요하다. 정보처리 패러다임의 중요개념은 계산주의와 표상주의이다. '어떻게 하면 ICBM*을 통해 인간의 마음을 들여다볼 수 있을까?' 하는 생각이 발전하여 인간의 눈으로 확인할 수 없었던 많은 것들을 보여주기 시작했다.

심리학의 목적이 기술적 진보로 인한 기계화로 가능해지고 있다. 마지막 하나, 통제는 삶의 질을 향상시키는 기능으로 작용하지 않을 수도 있다는 점이 인공지능 사회에 대한 두려움이다.

4부에서는 인지심리학과 프로그래밍 기술이 만나 인간의 사고와 인지가 어떻게 전달되고 확장되는가를 기술, 설명, 예측, 통제하려는 사례들을 살펴본다. 4부의 내용은 메타인지를 향상시키는 것이라기보다는 무의식에서 벌어지는 인간의 지식을 이용하여 메타인지로 활용할 수 있는 분야들이다.

---

* IoT, Cloud, Big data, Machine Learning

프로그래머는 왜 심리문제에 골몰하는가?
메타인지를 위한 프로그래밍 심리학

연인을 찾아드립니다!

2012년 첫선을 보인 '텍스트앳(Text At)'은 카카오톡 사용자가 주고받는 대화를 바탕으로 서로의 감정을 확인할 수 있는 서비스다. 안드로이드폰과 아이폰 모두에서 사용할 수 있는 앱으로 자신이 관심 있는 이성과의 대화에서 연애 감정의 수준을 파악할 수 있다. 나와 상대방의 연애 감정을 분석해주는 서비스이다. 이 서비스가 크게 성공한 배경은 여러 차례의 시행착오 속에서 확보한 빅데이터의 적절한 활용이었다. 서비스 초기 데이터의 확보 과정은 다음과 같이 매우 고전적이었다.

1. 설문지로 3,000개의 데이터를 확보함.
2. 분석 과정에 데이터 폭주현상으로 6억 개의 데이터를 확보하게 됨.

대학생들에게 일일이 설문을 돌려 이성과 주고받은 문자를 직접 쓰게 하고 얼마나 좋아하는지를 조사하여 3,000개의 데이터를 바탕으로 감정 분석 알고리즘을 만들었다. 이 서비스는 청년들의 폭발적인 관심에 힘입어 하루 7만 명의 데이터가 폭주하여 서버 다운의 시행착오를 거듭했다. 그 결과 데이터를 6억 개나 모으게 되었고 학습된 모델이 구현되었고 서버도 클라우드 방식으로 변경했다. 6억 개의 데이터로 STEAM(Statistics-based Text Emotion

Analytic Model)이라는 기계학습 알고리즘을 만들 수 있었다.

분석 과정은 언어, 이모티콘, 스티커 등을 형태소로 분석한 후에 답장 시간, 문자 길이, 대화량, 대화 주제, 어순, 조사, 말투 등을 분석하여 각 변수들 간의 상관관계 분석을 통해 감정 분석을 수치로 나타낸다. 답장 시간, 선톡, 톡 시간, 양과 길이, 질문 횟수, 이모티콘, 스티커 사용유무를 변수로 하여 상관관계를 분석한 것이다. 이렇게 만들어진 데이터를 이용하여 예측 값을 만들어내어 학습시키는 구조로 발전했다.

이 기계학습 알고리즘은 좋아하는 사람에게는 동사의 형태가 다르고 조사를 생략하는 특정을 발견해내어 인간 내면의 연애 감정을 기술하고 설명했다. 하루 400만~500만 개의 데이터가 추가로 들어오면서 더욱 정교한 모델이 되었다. 사용자들은 자신의 연인관계를 확인하여 행복감을 느끼게 되거나 짝사랑을 확인할 수 있다. 그 결과 심리학의 목적 중 세 번째인 언어의 사용으로 심리적 현상을 "예측"하게 되었다.

이 과정에 수집된 데이터로 남성과 여성의 앱 적용 태도도 함께 드러났다. 남성은 자신이 좋아하는 사람만 분석했다. 남성은 상대방의 감정보다는 자신의 감정을 더 중요시 한다는 점이 확인됐다. 반면, 여성은 좋아하는 상대든 좋아하지 않는 상대든 골고루 분석함으로써 자신이 이성에게 어떻게 비추어지는지를 더 고려하였다. 요약하면 남성은 이성문제에 있어 자기 감정에 초점을 두는 반면, 여성은 자기가 다른 사람에게 비춰지는 것에 초점을 둔다.

텍스트앳을 만든 스캐터랩(주)는 2015년도에 채팅 내용을 분석하고 상황을 인지해 감정 정보를 생성, 제공하는 인공지능 앱인

'진저'를 발표했다. 진저는 대화를 넣으면 상대가 나에게 관심이 있는지 분석해주는 서비스이다. 2015년에는 '진저' 서비스에서 연인 전용 메신저인 '비트윈(between)'을 이용하는 커플들의 대화 내용을 AI가 분석해 감정 리포트를 제공했다.

2016년에는 연인 사이의 다양한 상황을 분석해주는 앱인 '연애의 과학'*을 선보였다. 이 서비스가 큰 인기를 얻으면서 2017년 일본에서도 서비스를 론칭했다. 텍스트앳은 언어지능을 갖춘 기술이다. 대표적으로 자연어 처리 능력, 텍스트 마이닝, 언어 분석을 통해 대화 이해 및 생성을 하고 텍스트를 요약하고 이를 통한 감정인식을 처리했다. 결국 확률적 추론을 통해 지식을 발견하고 의미를 분석하며 연애의 감정을 숫자로 표현하는 데 성공했다. 아마도 연애의 언어지능에 관한 능력으로 본다면 텍스트앳의 축적된 지능을 따라가는 인공지능의 출현은 어려울 것 같다.

---

* 출시 후 2020년 8월 현재까지 한국에서 250만, 일본에서 40만 다운로드를 달성했다.

소셜미디어는 당신의 성격을 알고 있다

이제 우리 모두는 소셜미디어에서의 행위로 자신의 심리적 정보가 노출되고 있다는 점을 고려하여 소셜미디어를 어떻게 사용할지 생각해봐야 하는 시대를 살고 있다. 페이스북에 "좋아요(like)"를 무작위로 눌러서 자신의 성격유형이 노출되지 않도록 해야 할 상황에 이르렀기 때문이다.

2018년 3월 페이스북-케임브리지 애널리티카(Cambridge Analytica) 정보 유출 사건은 미국 사회에 큰 영향을 미쳤다. 정치 컨설팅 업체인 케임브리지 애널리티카는 페이스북 사용자 27만 명이 심리검사 퀴즈 앱을 설치하도록 하여 사용자의 친구들 정보까지 포함하여 5천만 명의 심리정보를 구축했다.

케임브리지 애널리티카는 이 심리정보 프로파일을 이용하여 2016년 미국 대선에서 도널드 트럼프 후보의 선거 메시지를 확산시킨다. 사용자를 분류해 잘 반응할 메시지를 선택하는 방식이었다. 케임브리지 애널리티카는 트럼프 당선에 기여한 자신들의 전략에 대하여 자랑하기도 했다. 이 업체는 결국 파산했는데, 페이스북은 직접 심리정보를 수집한 것은 아니었지만 결국 마크 주커버그가 사과하기에 이르렀다.

그 처음은 2014년에 케임브리지 대학과 스탠퍼드 대학의 공동 연구팀의 연구에서 시작되었다. 케임브리지 심리학과 교수인 알

렉산더 코건은 심리학에서 성격을 분류하는 표준 모델인 5요인 모델(Big Five Model)에 근거하여 페이스북(Facebook)에서 "좋아요"를 누르는 패턴을 분석하고 개인의 성향을 파악하는 프로그램을 제작했다. 코건 교수팀은 페이스북에 이 프로그램을 탑재한 심리 테스트 앱을 올리고 86,220명의 페이스북 사용자에게 100개 문항으로 이루어진 표준 심리검사를 수행하게 하여 그들의 성격을 데이터로 파악했다. 이를 이용하여 27만 명의 개인정보를 끌어모았다. 그리고 그들이 페이스북에서 누른 "좋아요" 데이터를 제공받아 상호 연관관계를 분석했다.

이 분석을 통해 컴퓨터는 불과 10개의 "좋아요" 데이터만으로 사람의 성격을 직장동료와 같은 주변 사람보다 더 정확하게 파악했으며, 70개로는 친구보다, 150개로는 가족보다 더 정확하게 진단했다. 이 자료가 개인의 동의 없이 정치컨설팅 기업인 케임브리지 애널리티카로 넘어가게 된 것이다.

심리학에서 개인의 성격으로 판단하는 척도를 다섯 가지로 보는 것이 학문적으로 정립되어 있다. 학문적으로 정립된 성격은 OCEAN으로 설명되는데 개방성, 성실성, 외향성, 우호성, 신경성의 첫 글자를 따른 것이다. 이 OCEAN에 기초하여 페이스북에 사용자들이 남기는 "좋아요(like)"로 정확한 성격을 판단한 것이다.

밈은 어떻게 생겨나고 퍼져나갈까?

인간의 사고나 지능의 고차원적인 능력을 인공지능이 넘어서고 있는 사례들을 살펴보자. 미국의 주목받는 한 벤처기업이 소셜미디어에 올리는 글을 이용하여 분석 심리학의 한 분파에서 발전한 MBTI 성격을 22% 확률로 맞추고 있다. 이 기업은 리처드 도킨스가 『이기적인 유전자』에서 이야기한 밈(Meme)의 구현까지를 장기 목표로 설정하고 있다. 인간의 사고를 기계가 분석하는 이런 사례를 보면 확실히 인공지능으로 동작하는 기계가, 제한된 영역이지만 다양한 분야에서 인간 능력의 일부를 넘어서는 시대이다.

레딧(Reddit)은 2005년 스티브 허프만을 비롯한 버지니아 대학교 졸업생들이 만든 미국의 대형 소셜 뉴스 커뮤니티 사이트이다. 우리나라에선 페이스북과 트위터가 대표적인 소셜미디어이지만 미국에서는 레딧이 대형 사이트로 매우 인기가 높다. 레딧은 "read it"이라 뜻으로 주로 새롭고 재미있는 글이나 정보, 뉴스를 공유하고 의견을 나누는 데 초점을 두고 있다. 댓글이나 추천을 클릭하면 점수가 올라가고 그에 따라 노출 정도가 달라진다. 흥미롭고 멋진 글은 순식간에 교류가 폭발하고 인기를 끌지 못하는 글은 빠르게 밀려서 사라져버림으로써 역동적인 의사소통과 여론이 형성되는 특징이 있다. 기본적으로 게시판 형태로 운영되고 각각의 게시판들이 서브레딧(subreddit)의 형태로 운영되어 개인별로 구독하는 서브레딧이 화면에 펼쳐지는 구조이다. 주로 직접 작성하는 텍스트와 유튜브 등 다른 사이트의 URL을 간접적으로 링크해 사용한다. 게임커뮤니티 등이 매우 활성화되어 있고 우리나라에 거주하는 외국인들이 글을 올리는 실정이다. 이제 이 레딧이 인공지능과 만났다. 딥러닝을 이용하여 레딧 사용자를 MBTI의 16가지 성격유형으로 분류하고 있는 것이다. 학습 데이터는 서브레딧들 중에서 MBTI인 것들을 사용하고 현재 MBTI 성격유형을 22% 맞추고 있다고 주장하는데, 이 기업에서 만든 레딧 MBTI의 구성은 크게 네 가지로 나뉜다.

- fast.ai : 이 딥러닝 모델은 사전에 학습된 LSTM 기반의 언어 모델로 python 3.7에서 쓰여졌다.
- PRAW : 서브레딧의 게시물을 가져오는 Python으로 쓰여진 Wrapper 이다.
- Python 3.7 : 파이썬 최신 버전이다.
- pandas : python과 함께 Numpy, Scipy, Scikit-learn 등을 포함하여 data processing을 위해서 사용된다.

레딧이 하려는 것은 LSTM(Long Short-Term Memory Models)의 학습이다. LSTM은 RNN(Recurrent Neural Network)을 이루는 핵심모델로서 상태정보에 대한 새로운 이동 상태 계산으로 표현된다. 이렇게 구성된 결과가 어떻게 밈(Meme)의 구현까지 가능하게 될까? 우선 밈(Meme)이 무엇인지부터 살펴보자.

• 밈(Meme)이란 한 사람이나 집단에게서 다른 지성으로 생각 혹은 믿음이 전달될 때 전달되는 모방 가능한 사회적 단위를 총칭한다. -위키백과

밈(Meme)은 리처드 도킨스(Richard Dawkins)가 1976년에 출판한 『이기적 유전자 : The Selfish Gene』에서 문화의 진화를 설명할 때 처음 사용한 용어이다. 밈과 유전자의 연관성을 들어 밈은 생명의 진화과정에서 작동하는 자기 복제자의 한 종류로 설명함으로서 개념이 정립되었다.

이 책에서 도킨스는 인간을 유전자의 복제 욕구를 수행하는 이기적인 생존 기계로 정의했다. 생물학적 개념에서 자기 복제란 유전자가 생명의 진화과정에서 작용하는 기제이다. 이의 동작과 유사하게 밈은 모방을 거쳐 뇌에서 뇌로 개인의 생각과 신념이 전달된다는 것이다. 기실 우리 인간은 자신의 외부와 수없이 소통하면서 밈을 생산하고 전파한다. 인간의 특이한 문화에서 모방의 단위가 될 수 있는 문화적 전달자가 존재하는데 이를 밈으로 정의한 것이다.

도킨스의 밈 이론에 기반하여 바우카게(Bauckhage)는 디지털 밈 또는 인터넷 밈이란 개념을 정의했다. 인터넷 상에서 복제와 변형을 통해 바이러스처럼 빠르게 확산되는 콘텐츠와 개념들을 이르는 말이다. 유튜브에서 확산율 높은 동영상의 특징을 인터넷 밈의 관점으로 분석하려는 시도가 쉬프만(Shifman)에 의해 진행되었다. 전달 메커니즘이 지역 중심에서 순식간에 전세계로 전파하는 방법으로 활용되고 있어 인터넷이 밈의 전달과 전파 방법에 따라서 정치, 사회, 문화에 강력한 영향을 미치게 되었다.

그러나 일각에서는 문화를 구분되는 단위로 나눌 수 없다는 점을 들어 밈의 개념에 의문을 제기하기도 한다. 결국 밈은 사회적 현상과 문화 유발과 전달에 대한 진화적 접근방법이며 무생물인 정보 및 컨텐츠가 독립체로서 마치 유기체처럼 진화하고 확산되고 있다.

아직 레딧에서는 밈(Meme)을 어떻게 구현할지는 이야기하지 않는다. 밈을 구현하는 것까지 가겠다는 의지를 표현하고 있다. 이 기업의 리더는 현대 과학의 변화를 실질적으로 잘 이해하고 있는 것 같다. 통계학, 미분학, 컴퓨터공학, 인지심리학 등의 학문적 융합 결과, 보이지 않는 세계를 탐험하는 창구인 인공지능으로 실질적 결과를 이끌어내고 있기 때문이다. 거대한 지식의 탐색, 설계, 체계를 구상하고 있는 것으로 보인다.

밈은 어떻게 구현될지 밈의 구현 과정과 방법에서 사용될 심리학의 개념을 살펴보면서 가늠해보자.

- 동조, 응종, 복종
- 얻어내기 기법들
  - 문간에 발 들여 놓기 기법(foot-in-the-door technique)
  - 면전에 문 닫기 기법(door-in-the-face technique)
  - 낮은 공 기법(low-ball technique)
  - 이것이 전부는 아니다 기법(that's-not-all technique)
  - 관심 끌기 기법(pique technique)

인간은 사회적 동물이다. 관계를 통해 집단에 속하지 않고는 심리적 안정감을 가지기 어렵다. 우리 인간은 작게는 가정, 넓히면 학교나 직장, 크게는 사회라는 집단에 속하면 살아가는 것이다. 이 과정에서 인간은 동조와 응종과 복종을 통해서 관계를 지속해 나간다.

동조(conformity)란 다른 사람의 믿음이나 행동에 자기 자신의 믿음이나 의견을 일치시키거나 보조를 맞추는 것이다. 오수민, 김영욱(이화여자대학교)은 동조가 소셜미디어에서 어떻게 이루어지는지를 연구했다. 트위터·이용 정도와 사회적 동조 유무가 상호작용하여 트위터 중(中) 이용자들은 사회적 동조가 있을 때 위험 루머에 대한 신뢰도 및 위험인식이 훨씬 더 높아지는 것을 알아냈다. 반면 트위터의 경우 이용자들은 전반적인 위험인식이 낮아 사회적 동조 유무와 위험 루머가 크게 영향을 주지 않는 것으로 나타났다. 이와 같이 동조의 측정 방법이 소셜미디어로 연구되고 있는 실정이다.

동조를 측정하는 방법이 마련되면 응종과 복종을 측정할 수 있는 방법들도 강구될 것이다. 점차 밈(Meme)은 각 서브레딧에 표현되는 단위를 MBTI의 성격보다 더 작은 단위로 표현하여 응종, 동조, 복종을 통한 단위로 구현하여 하위레딧과의 상관성을 측정해내면 될 것이다. 그래서 그 사람이 다른 소셜미디어에 얻어낸 밈을 어떻게 전파하는지 파악할 수 있는 시스템을 구축해나갈 것으로 보인다. 그밖의 얻어내기 기법들에는 여러 가지가 있으며 이들은 응종, 동조, 복종의 하위레딧과의 상관성이 측정된 결과를 이용하여 구현될 것이다. 각종 기법들을 통해 우리는 메타인지의 능력을 실질적으로 고양시키게 될 것이다.

행복을 측정하고 관리하는 세상

심리학의 연구 결과에 의하면 사람들은 과거에 경험한 긍정적인 감정의 빈도를 실제보다 낮게 추산하고, 부정적인 사건은 어려움 없이 정확하게 떠올린다. 긍정적인 감정을 고양하는 능력보다 부정적 감정을 줄이거나 멈추거나 견디는 능력이 훨씬 더 작다는 것이 밝혀졌다. 인간은 왜 이렇게 작동(?)을 할까? 부정적인 감정은 현재의 어려운 상황을 극복하도록 돕게 되므로 생존에 유리한 측면으로 발달하기 때문이다. 반면 긍정적인 감정은 더 강화하거나 개발하도록 집중하지 않는다.

우리 인간은 감정의 폭풍으로 하루를 보낸다. 그렇지만 오늘 내가 가진 감정의 총합을 측정하기는 불가능하다. 우선 내가 오늘 느낀 감정이 어떤 것들인지 모두 알기가 어렵다. 심리적 어려움을 가지는 사람들을 위한 심리상담 장면에서 내담자의 감정 변화를 이해하고 상담해야 하는 상담가들은 매우 전문적인 감정 훈련을 수행한다. 이렇게 훈련된 심리상담가조차 자신의 하루를 보낸 감정을 객관적으로 알기란 불가능에 가깝다. 자신을 객관적으로 보아야 자신의 감정을 알 수 있을 터이다. 자신의 내적 감정에 따라 정서가 반응하므로 부처도 아닐진대 자신의 감정과 정서에 어떤 부분을 건드리는지 객관적으로 알 수 있겠는가?

인간이 느끼는 이러한 감정을 측정하려고 시도하는 다양한 노력이 있다. 일본의 히타치 하이테크놀로지(주)에서는 집단의 행복감에 상관하는 "조직 활성도"를 측정할 수 있는 웨어러블 센서를 개발했다. 히타치 하이테크가 개발한 새로운 웨어러블 센서의 특징은 인간 행동 데이터 검색 기능 외에도 개인의 활성도 측정 기능을 탑재했다. 개인 신체운동의 특징 패턴을 취득하고 개인의 활성도를 연산한 후 조직 내 여러 사람의 활동도를 집계하여 "조직 활성도"를 얻는다. 또한 새로운 웨어러블 센서의 액정 화면에는 행동지속 시간과 개인의 활성도 트렌드가 표시된다.

웨어러블 센서를 착용한 사람은 실시간으로 자신의 활성도를 확인할 수 있다. 인간 행동 데이터를 수집, 분석하고 조직 생산성에 강한 상관관계를 가지는 "조직 활성도"를 측정한다. 더 나아가서 집단 전체의 행복감을 신체운동의 특징 패턴에서 "행복도"로 계량하는 기술을 활용한다. 이 센서의 보급을 효과적으로 하고 착용의 편리함을 위하여 개량형은 명찰 모양으로 만들어졌다. 명찰형 단말의 배터리 수명은 24시간이며, USB로 충전할 수 있게 간편성을 높였다.

명찰형 센서를 통해 조직에서 각자의 신체운동이나 다른 사람과의 커뮤니케이션을 위한 체류 장소와 동선을 측정한다. 방대한 인간 행동 데이터와 업무 실적 데이터 등 기존의 빅데이터를 통합 분석하여 업무개선 및 성과향상을 지원하는 서비스를 제공한다.

결과적으로 이 시스템은 휴먼 빅데이터가 현실로 나타나는 결과 중 하나이다. 행복도의 반대 지표인 우울증 평가척도와 인공지능, 명찰형 센서의 조합으로 이루어진다. 7개사 10개 조직, 468명의 직원을 대상으로 5,000 man/day의 데이터를 계측해서 우

프로그래머는 왜 심리문제에 골몰하는가?
메타인지를 위한 프로그래밍 심리학

울증 성향 자체평가 척도인 CES-D와 상관분석하여 예측모델을 먼저 만들었다.

이를 집단 (조직)별로 집계하고 그 집단의 신체운동 지속 시간 빈도 분포와의 관계를 살펴보면 높은 행복의 집단은 기간의 빈도 분포가 후지산처럼 곡선을 그리며 저변이 길게 뻗는(후지산형) 반면, 낮은 행복의 집단에서는 직선적으로 감소하고 있는(절벽형) 것으로 밝혀졌다.

하루의 "조직 활성도"의 변동 추이는 클라우드 서비스에서 제공되는 웹브라우저에서 확인할 수 있다. 또한 이 기간 사용자의 신체운동 등 센서에서 취득된 데이터 중 일부는 웹에서 다운로드 할 수도 있다. 이 데이터를 Excel 등으로 가져와서 조직 생산성 향상에 상관이 있는 행동 추출이 가능하며, 집단의 행복감 향상으로 조직 생산성 향상 기여에 사용되는 것이다. 개인보다는 조직을 강조하는 일본의 문화적인 면과 개인의 내밀한 심리정보의 개인 프라이버시에 중심을 두기보다는 집단의 변화를 측정함으로써 개인정보의 보호라는 측면이 반영된 결과일 것이다.

실험 대상은 고객 응대가 많은 은행으로 선택했다. 명찰형 센서는 가속도 센서, 적외선 센서를 통해 은행원의 신체동작과 함께 누구와 어느 정도 얼굴을 맞대고 대화하는지 등 자료를 수집한다. 하루 동안 획득한 정보가 클라우드로 전송되어 조직 활성도를 웹서비스를 통해 확인할 수 있는 구조로 설계했다.

자료 수집 후에는 은행원의 직위 연령 등의 특성을 분석하여 업무 생산성과 직결되는 "조직활성도"에 영향을 미치는 요소들을 인공지능으로 자동 추출하는 기술을 개발하고 있다. 이러한 내용을 생산성과 연결시키려는 노력이 중요할 것이다. 연구 결과 행복감이 높은 콜센터가 수주 비율이 34% 더 높게 나타났다. 이러한 노력은 일본의 한 기업의 독립된 노력이라기보다는 일본의 문부과학성의 체계적인 지원이 그 배경이다.

문부과학성은 행복의 향상을 사회의 가장 중요한 과제 중 하나로 보았다. "주관적 행복감"을 중심으로 하는 국가로서의 행복도 지표를 검토하고 "행복 사회 실현"을 목표로 연구 프로그램을 추진한 결과 중에 하나라고 한다. 결국 사람의 행복감은 조직의 생산성에 큰 영향을 미칠 것으로 보고되고 있다. 지금까지 언어적 설문으로 판단해야 했던 행복감과 조직의 활력 등의 수치들을 개인 정서에 따라 편차가 발생하는 설문보다 명찰형 패드를 이용하여 정확하고 객관적인 데이터의 실시간 수집이 가능해진 것이다.

또한 히타치는 이 기술을 활용 한 다양한 사업 분야에서 고객 기업의 실적 향상과 지역 주민의 행복 향상을 위한 시책을 지원하고 있다. 프로젝트 관리, 연구 개발 관리, 조직 통합 관리, 콜센터, 물류 센터, 유통 점포 등의 서비스 업무의 생산성 향상, 고객 만족도 향상에 활용하게 될 것이다.

키보드로 정서를 측정하다

인지정보 시스템 구현 방법 중에서 가장 일반적으로 설명할 수 있는 연구 방법은 인간이 사용하는 마우스나 키보드 같은 인간과 컴퓨터의 상호작용(HCI) 도구를 이용하는 방법이다. 그중에서 키보드 스트로크의 역동성과 텍스트의 입력 패턴 분석을 결합한 방식의 측정법을 이용하면 인간의 정서도 측정할 수 있다. 이는 행동정보기술 저널(Journal Behaviour & Information Technology)에 실린 내용이며 논문 제목은 「Identifying Emotion by Keystroke Dynamics And Text Pattern Analysis」이다.

이 프로그램은 여러 사람에게 고정된 텍스트를 타이핑하는 방법을 사용하여 그때의 감정이 어떤 상태에서 입력했는지의 연관성을 이용하여 실험했다. 일곱 개의 감정상태, 즉 즐거움, 화남, 슬픔, 혐오, 부끄러움, 죄책감에서 입력하는 키 스트로크의 역동성을 찾아낼 수 있다고 주장하고 있다.

이와 같은 방식을 텍스트 분석 방식이라고 한다. 입력한 텍스트들의 내용을 보고 감정을 거꾸로 찾아낼 수 있게 된다. 이러한 연구는 다양하게 진행되고 있다. 트위터(twitter)의 텍스트 분석에서 정서와 감정을 분석하는 연구도 활발히 진행 중이다.

정신 상태의 디지털 표현형

기술의 발달은 의학적 영역에서도 인간 정신 측정을 하기 위해 인공지능을 활용하는 데까지 이르렀다. 에릭토폴 교수는 『딥 메디슨』이라는 책에서는 인간 정신 상태의 측정을 위하여 스피치, 음성, 키보드, 스마트폰, 얼굴, 신체정보 측정용 센서들을 모두 동원한 '정신 상태의 디지털 표현형'을 표현했다. 일반화되고 통합적인 형식으로 발전한 디지털 정보를 인공지능으로 학습하여 인간 정신의 통합 정보를 제공하는 쪽으로 발전시켰다.

다양한 지표가 정신 상태의 디지털화에 사용되어 인간의 정신 기능을 측정할 수 있는 수준으로 발전하고 있다. 그전에 정신의학을 학습하여 진단을 위해서는 '기술 정신병리학'을 통해서 마음의 증상과 징후를 판별했던 역할이 이제는 통합된 '정신 상태의 디지털 표현형'을 활용한 인공지능의 도움을 받으며 신경정신과 의사의 역할을 하는 시대가 온 것이다. 다음은 에릭토플 교수가 정리한 정신상태의 디지털 표현형들이다.

- 스피치 : 운율, 음량, 모음공간, 단어선택, 구문길이, 일관성, 감정
- 음성 : 결합가, 톤, 음의 높이, 억양
- 키보드 : 반응시간, 주의력, 기억력, 인지력
- 스마트폰 : 신체활동, 움직임, 소통, 사회성, 소셜미디어, 트위터, 이모티콘, 인스타그램
- 얼굴 : 감정, 틱, 미소, 미소짓는 시간, 아래 내려다보기, 눈의 움직임, 눈맞춤

프로그래머는 왜 심리문제에 골몰하는가?
메타인지를 위한 프로그래밍 심리학

• 센서 : 심장박동수, 심장박동수 변동, 가비닉 피부반응(피부 전도도를 측정하는 검사), 피부온도, 혈압, 호흡패턴, 한숨의 횟수, 수면, 자세, 몸짓

이러한 정신상태의 표현들이 다른 심리척도들과 연계되어 상관 분석이 이루어지며 빅데이터와 인공지능으로 측정되고 있다.

얼굴인식부터 동성애자 판별까지

폴 에크먼(Paul Ekman) 박사는 뉴기니아와 아프리카 원주민 등 20여 개 문명의 인간 표정 연구를 통해 인류 공통 감정이 얼굴에 어떻게 나타나는지를 밝혀냄으로써 정서심리학 발전에 크게 기여했다. 인간의 정서가 행동으로 나타나는 과정이 인공지능과 연계되면 우리의 삶을 어떻게 변화시킬 수 있을지 기대된다.

정서(emotion)란, 인지(cognition)와 느낌(feeling)과 행동(behavior) 간의 관계다. 인간의 정서는 밖으로 향하는 일종의 운동으로, 심적 에너지들이 밖으로 드러나 표현되는 것이다. 즉 공포, 놀람, 슬픔, 분노, 행복과 같은 감정이 뇌의 신호에 의해서 형성돼 표출되는 양태를 의미한다. 우리 내부에서의 감정 생성은 4단계의 과정을 거친다. 출현(presentation) - 유도(trigger) - 실행(execution) - 감정상태(emotional state) 단계의 과정을 거친다. 이중에서 실행(execution) 단계에서 기분을 좌지우지하는 도파민이나 세레토닌 등의 호르몬이 분비되고, 시상하부, 전뇌기저부, 뇌간이 이 과정에 작용하여 얼굴 근육의 변화로 표정이 바뀌게 된다.

에크먼 박사의 안면 움직임 부호화 시스템(FACS, Facial Action Coding System)은 인간의 얼굴 표정을 숫자와 알파벳을 이용하여 나타내는 방법으로 얼굴 표정의 움직임을 부호화한 것이다. 인간의 얼굴은 43개 근육으로 되어 있으며 만들 수 있는 표정의 수는

1만 가지가 넘는다. 이러한 연구들에 힘입어 인간 심연에서 느끼는 감정을 연구하는 정서심리학이 크게 발전했다. 이 연구는 학문적으로 크게 인정받아 오늘날 수사 분야에 활용되고 있다. 미국의 911 사태 이후 공항에서 활용되는 위험인물 자동 판별 프로그램(SPOT) 등으로 다양하게 발전했다.

한편 컴퓨터 엔지니어들에 의해서 발전된 패턴 매칭(pattern matching)도 안면인식 프로그램에 적용되어 발전했다. 그 결과 홍체 인식이나 신분증명 카드를 대신할 뿐만 아니라, 사진 판독, 보안, 감시, 신분증명 등의 다양한 보안시스템과 연계됐다. 안면인식기술은 안면 움직임 부호화 시스템과 인공지능이 결합되어 인간이 읽어낼 수 없는 얼굴의 미세 순간(micro expression)을 측정하는 수준으로 발전하고 있다.

얼굴인식 인공지능

딥러닝(Deep Learning)은 인간의 뇌가 패턴을 인식하는 방식을 모사한 CNN(Convolution Neural Network) 알고리즘을 사용한다. 이와 관련해 2017년 2월 국내 연구진이 발표한 CNNP(Convolution Neural Network Processor)를 주목할 만하다. 이는 0.6mW(밀리와트)의 적은 전력을 소모하면서도 CNN을 구동하는 프로세서이다. 알파고 인공지능 알고리즘에 사용되는 CNN의 2차원 계산을 1차원 계산으로 바꿔 외부 메모리나 통신망을 통하지 않고 계산 결과를 직접 주고받을 수 있는 특징이 있다.

이 프로세서는 얼굴인식에서 97%의 정확도를 보인다. 2017년 6월에는 이 기술이 이용된 'K-Eye'가 발표됐다. 이 제품을 휴대폰에 연결하면 다가오는 상대방 이름, 나이 등의 정보를 자연스럽게 확인할 수 있다.

이렇듯 외부 연결 없이 얼굴인식 기능이 구현되면 얼굴인식 시스템과 정서인식 시스템이 또 다른 변화를 맞게 된다. 예를 들어 얼굴을 인식하여 냉장고는 취향에 맞는 음식을 추천하고, TV는 즐겨보는 프로그램을 제안하는 식이다. 인공지능 얼굴인식이 일상에서 맞춤형 서비스로 이어지는 것이다.

순기능과 역기능

2017년 8월 영국 케임브리지대 연구팀은 개인의 고유한 얼굴 윤곽을 결정짓는 14개의 특징점(key points)을 인식해 모자, 안경, 스카프, 수염으로 얼굴을 가린 범죄자들을 인식할 수 있는 인공지능 기술을 개발했다. 이 시스템은 공적인 목적으로 범죄자를 골라내는 순기능적 역할을 할 수 있다.

그러나 역기능 사례도 이미 나타났다. 2017년 9월에는 미국의 스탠퍼드대 연구팀이 동성애자 얼굴과 이성애자 얼굴의 미묘한 차이를 인식하여 70~80%의 인식률로 '동성애자를 판별하는 인공지능 프로그램'을 개발했다. 이 기술은 현재 '성 소수자 인권단체'와 갈등을 빚고 있다. 매우 은밀한 개인적 영역인 성적 취향을 얼굴만으로 판별할 가능성을 시사하기 때문이다.

인간의 얼굴은 건강, 성격 등의 다양한 정보를 제공한다. 이미 페이스북의 "좋아요"를 클릭하는 성향을 통해 빅 5(Big 5) 모델에 근거한 성격을 분석하는 성격 인식프로그램을 앞에서 살펴보았다. 단순히 얼굴인식, 정서 인식에서 벗어나 다른 기술과 융합된다면 정치적 성향, 학업능력 등을 판별하는 정확성이 한층 고조될 수 있다. 얼굴인식 기술과 정서인식기술 그리고 소셜미디어 기술이 융합됨으로써 우리에 삶에 큰 영향을 미치는 시대가 다가오고 있는 것이다.

우리의 정서는 한 번에 하나의 감정과 연결되어 있지는 않다. 우리의 정서는 긍정과 부정의 감정들을 느끼는 좌표들이 다르며 고각성-저각성 축과 긍정-부정 축으로 두 개의 축 안에 펼쳐져 있다. 이 두 개의 축 사이에서 서로 인접한 감정들은 상호작용을 한다. 더욱이 부정적 감정과 긍정적 감정을 모두 느끼는 순간이 많은데, 한 순간 하나의 정서에 몰입함으로써 겉으로 드러나는 하나의 감정만을 인식하게 되는 것이다.

순간의 대표적인 감정만을 판별할 수밖에 없는 현재의 정서+행동 기반의 인공지능 판별은 인간이 느끼는 전체 감정을 반영하지 못하여 결국 부정확하고 부분적 처리로 이어질 수밖에 없다. 즉, 의식화가 즉시 가능한 감정만을 측정하게 된다는 한계가 있으며, 이것의 활용에 대하여 신중해야 한다는 지적들이 나오는 배경도 거기에 있다.

학생들이 싫어할 얼굴인식 연구 사례

미주리 대학교에서는 얼굴인식 알고리즘을 활용하여 휴대폰 앱으로 개발했다. 교수는 학생들의 출석을 얼굴인식 앱으로 확인하고 이의 결과와 성적의 상관관계를 예측하는 연구를 진행했다. 결과는 수업 중에 짓는 표정과 성적과의 상관성이 매우 높음을 보였다. 이 앱에 탑재된 얼굴인식 알고리즘은 다른 각도에서 사용하여 수업 중에 집중도를 평가할 수 있는 구조로 변경한다면, '출석+얼굴표정+성적'과의 상관을 예측할 수 있을 것이다.

만약 우리나라에서 관련 연구를 한다면 연구 결과는 신속히 나올 것으로 보인다. 대부분의 대학에서 학생증이나 스마트폰으로 출석을 자동으로 체크하고 있으니 말이다. 성적과 출석 데이터, 그리고 표정인식 연구를 하면 곧바로 앞의 사례와 상응하는 연구 결과를 얻을 수 있을지 모른다.

컴퓨터와 프로그래밍에 영향을 미친 심리학 분야

프로그래밍의 과정은 심리학의 발전에 강력한 영향을 받았다. 근대 심리학의 아버지라고 불리는 분트(Wundt)가 1879년 실험 심리학 연구실을 설립한 이후 지금까지 네 개의 심리학 세력으로 요약할 수 있다.

- 심리학의 제1세력 : 정신분석 및 대상관계(현대 정신역동)
- 심리학의 제2세력 : 인지행동주의 심리학
- 심리학의 제3세력 : 인본주의 심리학
- 심리학의 제4세력 : 자아초월 심리학

우리가 프로그램을 교육하고 학습하는 방식은 공학적 사고체계를 통해 문제해결을 하는 인력양성에 초점이 맞춰진 방식이다. 반면 심리학과나 교육학과에서는 인간 존재적 사고를 하는 방식으로 인간과 관련된 문제에 접근하도록 교육한다. 이 책에서는 컴퓨터공학, 심리학, 교육심리학 등 각각의 집단이 학문적 접근 방법의 일상화된 사고체계나 관습에서 벗어나, 프로그램과 심리학의 통섭을 통해 문제를 바라보는 능력을 키워야 하는 당위를 설명한다. 이 책에서 다루는 프로그래밍 심리학은 매우 다양한 심리학의 분야들에 영향을 받았다. 대체로 다음과 같은 분야다.

- 정신분석학 : 제1세력 중 하나 – 인공지능 개발
- 분석심리학 : 제1세력 중 하나 – 프로그래머의 성격, 프로젝트 진행
- 행동주의 심리학 : 제2세력 중 하나 – 프로그래밍의 학습
- 인지주의 심리학 : 제2세력 중 하나 – 컴퓨터 모델링, 무의식의 측정
- 인본주의 심리학 : 제3세력 중 하나 – 프로그래머의 발달, 소셜미디어 발전
- 자아초월 심리학 : 제4세력 중 하나 – 무의식의 측정

심리학 분야들의 특성에 대해서는 보다 전문적인 서적을 보기를 권장하며 용어 또는 간단한 개념은 인터넷 검색을 통해 관련 내용을 파악하기를 추천한다.

BERT를 한국어에 적용시켜줄 사회문화심리학

구글과 같은 SW·AI기업은 심리학이나 심리철학을 전공한 인력을 고액의 연봉으로 스카우트하고 있다. 물론 당연히 IT를 이해하고 있는 인력을 말한다. 이에 비해 한국에서는 '문송'이라는 자조적인 말이 공감을 얻고 있을 뿐만 아니라 인문학과 SW·AI기술의 장벽이 공고하다. 이번에는 공학적 인공지능이 문화심리학의 관점으로 투영될 때 무엇을 더 발전시키게 될지 다루면서 프로그래밍 심리학의 중요성을 생각해본다.

신경망의 발전으로 영상처리 분야에서 주목할 만한 결과가 나오면서 합성곱신경망(CNN)이 인공지능의 큰 부분으로 인식되곤 한다. 인공지능의 발전을 이끈 또 하나의 축은 기호(Symbol) 기반의 인공지능이다. 언어는 인간의 의식에서 벌어지는 상징물들의 조작이고 조합이다. 이를 기반으로 기호를 처리하는 기호주의 인공지능이 자연어 처리 분야(NLP: Natural Language Processing)를 오랫동안 이끌어왔다. 자연어 처리 연구는 그간 형태소 분석, 품사부착, 구절단위 분석, 구문 분석에 대한 연구들로 구분되는데 순환신경망(RNN)이 가지는 한계로 인해 큰 벽을 넘지 못했다.

2018년 10월에 구글이 발표한 대화형 인공지능 언어인 BERT(Bidirectional Encoder Representations from Transformers)가 등장하면서 인간의 언어 이해 능력 이상의 결과를 보이게 되었다.

BERT는 학습 속도를 향상시킬 수 있도록 병렬처리형 범용 딥러닝 모듈 아키텍처인 'Transformer'를 양방향으로 설계하고 있다. 이러한 구조와 더불어 언어사용자의 중요한 단어에 집중해 의도와 문맥 분석에 집중하는 범용 어텐션(Attention) 모델을 채택했다. 이 어텐션 모델은 기본적으로 언어심리학에 기반한 것으로 발화 의도와 문맥 분석에 집중한 것이다.

그렇다면 구글에서 제안한 어텐션 모델을 우리나라를 비롯한 동양의 언어분석 인공지능에 곧바로 적용할 수 있을까? 거기에는 몇 가지 주의해야 할 점이 있다. 동양과 서양의 사회관계 속에서 벌어지는 관점의 차이가 언어에 반영된다는 점을 고려해야 하기 때문이다. 대체로 다음과 같이 구분해볼 수 있다.

- 인사이더 / 아웃사이더 관점의 대화
- 물체 중심적 사고와 물질 중심적 사고
- 명사 중심의 언어 사용과 동사 중심의 사고
- 수평적 관계와 수직적 관계
- 정보제공적(informative) 의도와 통제적(controllative) 의도

서양 사회에서는 인사이더 관점(자기중심적 투사)의 대화를 한다. 일인칭 시점에서 자기 자신의 생각과 감정에 집중한다. 예를 들어, 사과를 '안 좋아하냐'고 물었을 때 안 좋다면 '아니요'라고 답해야 한다. 자신의 입장에서 안 좋아하므로 '아니요'라고 답하는 것이다. 이에 반하여 동양에서는 사과를 '안 좋아하냐'고 물었을 때 안 좋아하는 경우엔 상대방 입장에서 '네'라고 말해야 하는

것이다. 동양에서는 아웃사이더 관점*의 표현을 하는 것이다. 언어에는 인사이더 및 아웃사이더 관점이 숨어 있으므로 맥락을 파악하는 방법인 어텐션 모델에서 이러한 내용을 반영하는 공학적 인공지능이 되어야 한다.

또 서양에서는 물체를 중심으로 생각한다. 사물의 객체성을 강조하는 것이다. 따라서 단복수가 발달되어 있다. 우리나라에서 '사과를 하나 먹어봐'라고 하지 않는 것처럼 동양에서는 단복수를 그리 구분하지 않는다. 동양에서는 사물을 바라볼 때 물질 중심으로 바라보기 때문에 이런 차이가 발생하는 것이다. 그만큼 서양 언어보다 동양 언어 인식에서 문맥을 통한 추론을 해야 한다.

이러한 차이는 "커피 더 마실래?"라고 할 때 서양에서는 "More coffee?"라고 하는 반면에 동양에서는 "더 마실래?"라고 다르게 대화하는 것으로 나타난다. 서양에서는 명사(coffee)를 중심으로 생각하고 동양에서는 동사(마실 것)를 중심으로 생각하는 차이에서 기인한다. 맥락을 파악하여 구현하는 모델에서는 동서양의 언어 차이가 나타나는 양태를 다른 방식으로 구현해야 한다.

대화의 중요한 특성 중에 또 하나로 서양의 대화는 상대방에게 정보를 제공하는 관점이 반영된다는 것이다. 반면 동양에서는 상태를 통제하고 제어하려는 의도(맥락)가 숨어 있다. 상대방에게 대화하는 만큼의 에너지를 투여하는 것에 상응하는 통제적 요소가 반영될 때 나의 에너지 투여에 가치가 있는 것이라는 관념이 깔려 있는 것이다. 대화에는 숨은 의도에서 맥락의 기본적인 차이가 존재한다.

---

* 관계적 투사

자연어 처리에서 사용되는 딥러닝 모델의 첫 번째 데이터 처리는 단어 임베딩이다. 단어 임베딩은 문맥 유사도를 찾아내는 데 효율적이며 주로 문맥(context)을 통해 학습된다. 동서양의 문화 심리학에서 나타나는 언어의 차이는 단어 임베딩에 대한 연구의 필요성 증가로 이어진다. 단어 임베딩은 차원이 작기 때문에 빠르고 효율적이다. 좋은 임베딩을 생성하는 데 있어 깊은 구조의 뉴럴 네트워크가 필요하지 않았으나 동양의 언어 분석에서는 작은 차원을 변형해야 할지도 모른다.

개인심리학의 창시자인 알프레드 아들러는 우리의 삶에서 인간관계가 행복의 근원이자 고민의 근원이라고 주장한다. 이러한 관계의 문제가 언어에 녹아 있으며 수직적 관계에서 사용되는 언어와 수평적 관계에서 사용되는 언어를 구분하는 개념은 관계의 종류를 분석하여 대화의 모호성을 극복할 수 있는 기술로의 발전을 암시한다.

즉 가족, 친구, 부부, 선후배의 관계를 파악하여 대화 분석을 하는 것이 매우 효과적이라는 것이다. 동서양의 차이도 보다 수평적 관계의 구분을 정리하는 다른 모델을 만들면 더욱 대화 분석에 유리하다.

마지막으로 정보제공적 의도의 언어와 통제적 언어의 차이를 살펴보자. 정보제공적 언어는 통제적 언어보다 구체적이고 맥락이 있는 것에 반하여 통제적 언어는 보다 모호한 밀턴 모델을 사용하는 것으로 구분할 수 있다.

이와 같이 동서양의 문화심리적으로 나타나는 언어의 차이는 공학적 인공지능만으로는 현대의 인공지능 기술을 따라가기 어렵다는 것을 보여준다. IT엔지니어들이 프로그래밍 심리학을 통해서 함께 새로운 방법론을 찾아낼 수 있을 것이다.

프로그래머가 에러 낼 때의 뇌파 특성은?

프로그래머는 에러를 낸 후에 수정한다. 통합된 역량이 집중되는 고도의 정신상태가 조금이라도 일치하지 않으면 에러를 만들어내는 것이다. 이것에 착안하여 프로그래머가 언제 에러를 일으키는지를 많은 곳에서 연구하고 있다. 마이크로소프트에서 연구하고 있는 뇌파 등의 신체 신호 네 가지를 활용한 연구가 SW·AI엔지니어들의 관심을 집중시켰다.

2014년 5월에 MS research를 통해서 관련 논문을 공개했는데 소프트웨어 개발의 완성도를 높이기 위해 뇌파와 안구 움직임을 트래킹하는 방안을 담은 논문이었다. 개발자의 코딩 에러를 줄이는 방법을 찾기 위한 연구이다. MS에서 이 연구를 공개한 주요 목적은 어떤 상황에서 업무 중단과 같은 개입을 할지 판단하기가 어려워 학계의 도움을 받기 위해서였다. 인간의 신체 신호를 이용한 연구인지라 실제 활용이 되기에는 많은 난관이 있을 것으로 생각된다. MS에서 연구한 신체신호 종류는 다음 네 가지이다.

- 신경시스템 : 뇌파와 땀
- 눈동자 : 눈동자 크기와 깜빡임 횟수
- 근육 : 심장박동률, 혈압형태, 마우스 잡는 상태
- 감정 : 얼굴인식

전통적인 방식에서의 소프트웨어 버그의 추적은 버그가 발생한 이후에 시작된다. 버그 발견 후 수정하는 사후관리 방식을 사용하는 것이다. 그러나 이 방식은 사전에 버그를 줄이기 위한 방식이다. 소프트웨어 개발자가 장시간 한 자리에 앉아 코드를 입력하는 과정에서 버그가 발생한다. 따라서 그 발생 가능성이 있는 시점을 신체신호로 감지하여 버그를 줄이는 방법을 찾는 것이다. 개발자의 심리적 상태, 피로도와 같은 다양한 이유로 작업하기 어려운 상황 발생을 감지하여 미연에 예방할 수 있다. 즉 심리생리적 측정을 통해 인지상태, 감정적 이유가 생산성을 어떻게 낮추는지를 측정하는 것이다.

개발자 15명에게 눈동자의 움직임과 뇌파의 변화를 측정하는 센서를 부착하고 코드 이해 업무의 난이도를 측정했다. 신입 개발자의 일반적 개발업무에 대한 정확도는 64.99%로 나타났다. 그에 비해 새로운 업무에 대한 정확도는 84.38%로 나타났다.

다양한 수준의 여덟 가지 난이도를 가지는 과제를 사용했다. NeroSky Mainboard, EDA(Electro-Dermal Activity), Tobil TX-300 Eye tracker를 사용했다. 도구는 C#을 썼다.

특이점은 정말 올 것인가?

인공지능이 빠른 속도로 다양한 분야에서 우리 생활로 들어오고 있다. 특히 인간의 한 부분을 측정하거나 인간의 특성을 구현하는 기술들은 점차 인간이 의식하지 못하는 무의식의 영역을 밝혀 가고 있다. 컴퓨터 탄생 초기부터 최근까지 의식과 특이점에 대한 학자들의 언급이 있었다.

첫 번째로는 앨런 튜링이 계산기계와 지능이라는 논문에서 의식의 문제를 다루었다. 두 번째로는 존 폰 노이만이 처음 기계의 항구적인 발전을 언급했다. 이것을 최근에 구글의 미래학자 커즈와일이 『특이점이 온다』라는 책에서 특이점*의 발생 시점으로 언급한 것이다.

그러나 기계가 의식을 가질 수 없음은 1930년대 괴델의 불완전성의 원리를 통해서 확인할 수 있다. 불완전성의 원리는 모든 세상의 문제를 수학적 모델 내에서 풀 수 없으며 모든 문제를 수학적으로 증명할 수 없다는 것이다. 수학은 공리적 방법을 통해 확실성과 엄밀성이 특징인 학문으로 발전해왔다. 기하학과 대수학이 출현하면서 수학 스스로 진리 여부를 검토하게 되었는데 괴델 증명은 산술학에서 몇 가지 중요한 명제의 증명 불가능을 확인한 것이다.

---

* 기계의 항구적인 발전이 인간을 추월할 것이라는 개념은 존 폰 노이만이 최초로 제기했다.

프로그래머는 왜 심리문제에 골몰하는가?
메타인지를 위한 프로그래밍 심리학

괴델은 1930년대 이전 수학의 주류였던 힐베르트의 형식주의의 물결을 초수학†이라는 영역을 이용하여 변화시켰다. 힐베르트는 내용이나 의미가 명확한 수학 문제라면 언젠가는 반드시 풀릴 것이라고 주장했다. 힐베르트는 한쪽에서 어떤 진술을 입력하고 함수‡를 돌리기만 하면 다른 쪽에서 출력으로 참과 거짓의 답이 나오는 진리기계§를 구상한 것이다. 이에 대하여 괴델은 형식주의에서 모든 요구 조건을 만족시키는 형식체계는 무한한 형식화¶로 표현할 수 없다는 점을 밝힌 것이다.

괴델은 계산 가능한 범위를 정의하여 불완전성 원리를 증명했는데, 이때 재귀함수**의 개념을 이용하여 기계식 계산 과정을 표현했다.1936년 앨런 튜링은 괴델과 다른 방법으로 괴델의 불완전성 원리와 계산 가능한 범위를 정의하고 증명했다.

튜링은 「계산 가능한 수에 대해 수리명제 자동생성 문제에 응용하면서」††라는 논문을 발표하였다. 이 논문은 1936년 5월에 런던 수리학회에 제출되었다. 튜링은 이 논문에서 기계적인 방식으로는 수학적인 사실 모두를 만들 수 없음을 밝혔다. 간단한 다섯 개의 기계부품을 정의하고, 이 부품만으로 만들어진 것만을 기계적인 방식으로 정의했다. 이 방식으로 되돌릴 수 없는 계산 문제를 설정하고 이를 통하여 참인 사실을 모두 만들어낼 수 없음을

---

† 메타 수학, 즉, 수학을 설명하는 영역으로 괴델의 불완전성 정리에서 사용한 함축도 초수학에 속하는 것이다.
‡ 힐베르트는 크랭크라고 설명했다.
§ 형식화된 공리체계
¶ 체계 내 표현식들의 '의미'를 제거하고 기호들의 연쇄체로 표시하는 것
** 자기가 자기를 부르는 함수
†† On Computable Numbers, With an Application to the Entscheitungs-problem

보였다. 튜링은 괴델과 같은 결론에 도달한 것이다. 이 두 문제는 매우 밀접한 관련이 있으며 이는 재귀함수와 튜링머신의 관계를 보면 알 수 있다. 재귀 함수로 표현된 모든 문제는 튜링머신으로 계산할 수 있으며 튜링머신으로 계산할 수 있는 문제는 모두 재귀 함수로 표현할 수 있다.

괴델과 튜링의 증명은 현대의 특이점의 문제에서 빅데이터와 인공지능의 발전이 의식을 탄생시킬 수 있는가에 대한 논쟁의 뿌리이다. 제한된 수학계의 모델로 구축된 기계가 생물계에서 만들어지는 의식을 창조해낼 수는 없다. 따라서 기계 단독으로 의식이 탄생하는 일은 발생하지 않을 것이다. 즉, 수학적 모델 체계 안에서의 모든 문제를 수학적 모델로 구현할 수 없다는 것은 생명계의 동작을 수학적 모델로 구축하고 적용할 수 없다는 것을 의미한다.

또다른 관점에서 살펴보면 우리의 신경은 제어와 저장을 동시에 수행하는 신경계 모델이다. 그러나 컴퓨터는 제어와 저장을 분리하여 처리한다.* 생명계의 모델과 수학적 모델 체계는 기본적으로 다른 것이기 때문이다. 생명계에서 의식은 신경계의 정보가 통합되는 곳에서 발생한다. 의식과 같은 생명계의 문제는 수학적 모델 체계 안에서 구현될 수 없다. 이것은 단순히 의식의 문제뿐 아니라 자아와 같이 의식의 다음 단계에서 벌어지는 생명현상에 대해서도 적용된다.

생명계는 목적지향성을 가진다. 목적지향성이 있는 생명계의 현상을 수학계에서 구현할 수는 없는 것이다. 그러나 다른 한편으로는 생명계와 기계를 인위적으로 연결하고 기계를 통해서 생명

---

* 튜링과 노이만의 탁월한 식견으로 이를 분리하여 처리했다.

프로그래머는 왜 심리문제에 골몰하는가?
메타인지를 위한 프로그래밍 심리학

을 제어하려는 노력이 계속되고 있다.

따라서 의식과 기계의 연결시에 발생하는 특이점에 대한 연구가 필요한 것이다. 그 연구를 위해서 특이점에 대한 통일된 개념과 일관된 대응 방법을 찾아야 한다. 이러한 관점에서 특이점 지도(map)를 제작 및 특이점 지도 작성 방안을 강구해야 한다.

무의식의 구현과 지능 철학

이제까지 살펴보았던 무의식의 정보처리에 관한 내용은 다음과 같다.

- 소셜미디어와 성격분석
- 밈의 구현을 향하여
- 운과 행복도 측정되고 관리된다
- 정서도 측정한다
- 정신상태의 디지털 표현형
- 얼굴인식에서 동성애 판별까지
- 사회문화심리학을 통한 자연어 처리
- 뇌파와 프로그래밍

그동안 구현하기 어려웠던 무의식 차원이 인공지능으로 다루어지고 있다. 모두 인간의 무의식 자체를 측정하거나 무의식적 정보처리와 관련된 내용을 기계화하는 문제들이다.

현재 인공지능 발전을 이끌고 있는 핵심 아이디어는 기호처리, 신경망, 유전자 알고리즘의 세 가지로 요약할 수 있다. 이러한 연구들은 의식과 무의식이라는 개념과 연계되어 발전하고 있다. 무의식의 측정 및 처리가 하나씩 구현되어 나가면서 새로운 형태의 인공지능이 계속 출현할 것이다.

이러한 모든 흐름은 생명체와 기계의 연결과 관련이 있다. 인간은 생명체로서 자연과 상호작용하며 진화의 과정을 겪어 의식을 가지게 되었다. 우리 인간은 그 의식의 대상을 통해 기호를 만들고 발달한 혀와 입 그리고 길어진 후두가 뇌와의 연합 작업을 하여 말을 한다. 언어를 발명하고 글자를 창출해 나가는 등 기호 처리 능력을 가지게 되었다.

의식이란 "깨어 있어서 대상을 경험하는 상태"로 본인 외에는 누구도 알 수 없는 의식적이면서 무의식적인 경험이다. 인공지능의 핵심 아이디어 세 가지 중 기호 처리적 접근은 스스로 지식을 구성하려면 어떤 이유이든 의식으로나 무의식으로 정보를 활용할 때 적용된다. 이러한 제4의 접근을 심리철학에서는 〈구성주의 인식론〉이라고 하며 구성주의 인식론으로 공학적 인공지능이 추구해나가야 할 좌표를 마련해줄 것이다.

무엇이 일어나는지를 의식하지 못하면 무의식이다. 인간의 인지는 90% 이상이 무의식의 정보처리 과정에서 일어난다. 따라서 인간은 자신의 인지를 대부분 인지할 수 없는(?) 세포 간 정보처리를 하는 자동기계로 정의하는 구성주의(Constructivism) 심리철학이 유용하다.

구성주의 심리철학의 입장에서 지능을 정의하면 "지능이

란 불확실한 환경에 대한 개체(시스템)의 적응"이라고 할 수 있다. 이러한 지능은 진화의 결과인 자연선택과 자기 조직화(self-organizing)를 하는 창발적인(emergent) 복잡적응시스템(complex adaptive system)의 기능으로 볼 수 있다.*

이러한 개념적 접근은 공학적 인공지능만으로는 결코 지금의 인공지능 개발 과정을 쫓아갈 수 없기 때문에 마련된 방법이다. 구성주의 심리철학은 넓은 의미의 인공지능을 이해하고 구현하는 데 청사진을 보여줄 수 있을 뿐만 아니라 지능에 대한 이해를 돕는다. 동기, 감정, 자아, 의지, 욕망, 의식, 마음 등에 개념에 대한 새로운 관점을 가질 수 있고 이것이 특이점으로 가는 통섭의 기본 구조가 될 것이다.

심리학을 위한 인공지능

특이점을 지양하는 사회에 적응하기 위하여 유리한 부분은 프로그래밍 말고 또 어떤 것이 있을까? 우리나라처럼 인문학과 공학의 구분이 공고한 상황에서 어떻게 인공지능 전문 사회에 대비해야 할까? 물론 문과 학위와 이공과 학위를 병행 운영하는 고려대학교 융합심리학부나 인공지능 전문대학원에 입학하면 될 것이다. 인공지능 전문 단과대학을 만들려는 연세대학교에 입학해도 될 것이다. 그러나 이는 2021학번 또는 2022학번부터나 가능하다. 이미 대학을 입학했거나 사회에 진출한 전공자들은 어찌 준비하면

---

* 출처 : 박충식의 「인공지능으로 보는 세상 인공지능 인문사회학」, 인사이드 전문가 칼럼

좋을까? 다음의 세 가지 접근 방법을 권한다.

- 연구방법론을 학부에서부터 학습
- 기타학문 전공자를 위한 프로그래밍 교육
- 인공지능 개발 툴을 통한 인공지능 구현

인문학을 인문과학으로 만든 칼 포퍼의 반증주의 이후 통계기반의 연구방법론을 이해하지 못하고서는 인문학 연구를 진행할 수 없게 되었다. 연구방법론은 지금도 인문학도(심리학도)들이 석박사 과정에서 심도 있게 다루는 것이므로 학부 수준에서부터 기타학문 전공자에게 연구방법론을 다루면서 인지공학의 능력을 배가하는 것이 합리적이다.

대학원에서 학습하는 통계기반의 연구방법론을 학부부터 학습하면 기타학문 전공자 학생도 빠르게 인공지능에 대해 접근할 수 있다. python과 같은 언어가 부담된다면 SPSS에서 R로 넘어가는 과정을 밟고, 인공지능 툴을 R에 설치하는 방법으로 쉽게 접근하면 좋겠다. 데이터 처리를 중요하게 여기는 대부분의 인문학 전공자들은 의외로 쉽게 접근할 수 있을 것이다. t-검정, 분산분석, 상관관계분석, 회귀분석 등을 어떻게 자동으로 실행할 것인가에 집중해야 한다. 더 나아가서 nodexel, UCINET과 같은 인문사회학에서 사용하는 연결망 분석 도구도 사용해야 할 것이다. 이와 같은 통계적 연구방법론이야말로 기타학문 전공자들도 접근할 수 있는 인공지능이다. 뿐만 아니라, 최근 설명 가능한 인공지능의 발전 경향은 인문학의 학문적 배경이 되는 인간 존재적 사고와 매우 유사하다.

인공지능의 교과를 제공받지 못하는 인문학도에게 인문학적 지식은 각 학과의 교과에서 제공될 것이나 문제는 SW·AI기술이다. 현재의 정규교과에서는 기타 전공자들이 인공지능 기반의 공학적 인공지능을 익히기는 물리적으로 불가능할 것이다. 다행히 기타 전공자들이 빅데이터나 머신러닝을 배울 수 있는 비정규 교육 서비스가 여러 곳에서 진행되고 있다. fastcampus, edwith, inflearn과 같은 사회교육기관과 K-MOOC 강좌를 통해서도 쉽게 정보를 취할 수 있다. 물론 R, python 등의 도구를 학습하여 빅데이터 처리에 대한 지식을 습득하는 것이 먼저일 것이다.

마지막 관문은 개념교육으로서의 인공지능 학습과 실습이다. 인공지능은 세 가지 수학적 모델이 중요하다.

- 통계적 연구방법론
- 행렬과 선형계획법
- 미분학

이중에서 행렬과 선형계획법 그리고 미분학은 개념교육으로서 학습하면 좋을 것이다. 얼마전 철학자 도올 김용옥 선생이 유튜브에서 고려대학교 영어영문학과 남호성 교수와 함께 인공지능 강의를 방송했다. 남호성 교수는 영어, 국어 전공자들과 함께 자연어 처리 분야의 기업(NAMZ)을 창업했으며 이 회사를 통해 자연어 처리 분야의 인공지능 원천기술을 가지고 있다. 이 유튜브 강의도 개념교육으로서 인문학도들에게 매우 유용할 것으로 보인다. 필자도 인공지능을 가르치는 사람으로서 많은 영감을 받고 있다. 인문학자들이 어떻게 인공지능에 접근해야 하는지 좋은 좌표가 되고 있다. 인문학도들은 이와 같이 개념교육을 중심으로 인공지능을 학습하면 된다.

마지막으로 필요한 부분은 인공지능 구현 방법이다. 많은 기업이 툴 기반으로 인공지능을 구현하는 도구를 발표했다. 대표적으로 IBM의 에이브릴(AIBRIL), IBM의 파워AI 비전(PowerAI vision), MS 애저 AI, 솔트룩스(Saltlux)의 ADAMs.ai 등이 있다.

에이브릴(Aibril)은 IBM 왓슨 한국어 API 기반의 서비스로 한국어 API 8종류가 있으며 API는 대화, 자연어 이해, 자연어 분류, 검색 및 평가, 문서변환, 언어번역, 이미지 인식, 성향 분석 등의 기능을 제공하고 있어 python과 같은 전문적인 인공지능 도구가 아니더라도 빅데이터 모델링이 가능하다.

IBM의 파워AI 비전을 이용하면 영상처리의 전문적인 지식이 없더라도 영상분석 모델링을 할 수 있다. MS도 애저 AI 플랫폼을 서비스하고 있다. 특히, 솔트룩스는 국내 기업에서 ADAMs.ai 라는 OPEN API를 제공하고 있어 주목받고 있다. ADAM.ai는 챗봇과 질의응답 시스템, 가상현실과 지식검색, IoT와 임베디드 서비스, 퀴즈쇼와 엔터테인먼트를 실행할 수 있도록 구성되어 있다. 이들은 모두 API(Application Programming Interface)를 제공하고 있어 복잡한 컴퓨터 기술을 알지 못해도 데이터 모델링을 통한 인공지능을 사용할 수 있도록 구성되어 있다.

지금까지 기타 전공자들이 인공지능을 학습하는 법을 살펴봄으로써 프로그래밍 심리학을 어떻게 이끌 수 있는가를 확인했다.

요약

4부에서는 점차 인간을 닮아가는 기계가 인간의 무의식적 행위나 기제를 어떻게 측정하고, 구현하는지 살펴보았다. 우리는 카카오톡 대화를 이용해 연인 관계의 여부나 그 깊이를 측정할 수 있다. 페이스북의 "좋아요"를 분석하여 빅 5 성격유형을 알아내는 기술적 요소들도 살펴보았다. 어떤 기업은 리처드 도킨즈의 밈 구현을 시도하고 있다. 일본의 한 기업은 행복의 측정과 관리를 위한 서비스를 시작했다. 키보드 타이핑 정보를 이용해 정서를 측정하고 있다. 발전 중인 신경망은 얼굴인식으로 동성애 판별도 시행할 수 있다. 이 모든 기술은 심리학의 각 분야의 발전된 검사 도구들을 이용하여 컴퓨터 사용 중에 벌어지는 언어적, 행동적, 정서적 특징의 상관 분석을 함으로써 구현되었다. 인간의 무의식을 정보로 다루어 인지기능을 확장하는 것이다. 더불어 BERT 모델에서 사용하는 의도와 맥락 분석의 어텐션 모델에 한국의 사회문화 심리를 적용해보았다. 프로그래머가 언제 에러를 발생시키는지도 살펴보았다. 이 모두는 특이점이 어떤 과정으로 벌어질지를 일부 설명한다. 4부의 모든 내용은 프로그래밍 인지심리학과 연계하여 확장시킬 수 있는 기계적 메타인지이다.

이제는 프로그래밍 심리역량이 필수 역량이 된다

많은 SW·AI기업들이 COVID-19로 인하여 재택근무를 시행하면서 새로운 근무방식을 연구하고 있다. 미래학자들은 오랫동안 해왔던 근무 형태가 바뀔 것이라는 예측해왔다. 이전에는 근무 형태가 쉽게 변화하지 않았지만 COVID-19가 일상의 업무를 비대면으로 빠르게 바꾸고 있다. 최근 각 기업에서 검토하거나 시행 중인 재택근무 방식은 다양한 형태로 발전할 것으로 보인다. 예를 들어 현실과 가상세계 간의 경계가 모호해져 메타버스(metaverse)를 이용하여 직업 활동과 소득 활동 등 업무를 볼 것으로 보인다. 메타버스는 2030년까지 1,700조 규모의 시장으로 성장할 것이라 예상된다. IT엔지니어들은 새로운 컴퓨터 기술의 활용을 잘한다. 또 Y세대에 이어 Z세대도 컴퓨터산업에 참여하기 시작했다. 따라서 SW·AI기업에서의 메타버스 활용은 쉽게 확대될 것이다.

비대면은 비언어적 의사소통 요소 없이 상호작용을 한다. 따라서 대면보다 의사소통이 불리하다. 일부 SW·AI기업은 대면으로 협업이 필요한 경우나 핵심 작업이나 보안소스를 사용하는 작업의 경우에는 기존 근무방식을 고집할 수밖에 없다. 프로젝트 기반으로 진행되는 특징과 기업의 생존성이라는 측면에서 이해가 된다. 그래도 많은 SW·AI기업이 비대면 근무로 빠르게 변화를 시도한다. 그 이유는 프로그래밍 업무 자체가 첨단 기능의 소프트웨어 제작과 관련이 있기 때문이다. 소스를 집에서 리빌드해도 되는 경우, 깃허브, 깃랩, 비트버킷 등의 깃 시스템으로 문제를 해결할 수 있는 경우, 화상회의 수준의 의사소통으로 업무 진행에 문제가 없는 경우들이다. 프로그래밍 과정은 지극히 개인적인 작업이고 자기 독립성이 강하게 진행된다. 극단적으로 표현하면 컴퓨터만 있으면 공장은 쉽게 이동할 수 있다. 여기서 공장은 프로그래머의 머릿속에 있는 프로그램 제작 능력을 빗대어 한 말이다. SW·AI산업의 특성상 새로운 근무방식이 가장 먼저 정착되고 있다.

사람은 누군가를 대면으로 만날 때와 비대면으로 만날 때 서로 다르게 느낀다. 이것은 상대방을 자신이 가지고 있는 자아에 투영하여 보게 되면서 생기는 현상이다. 사람 안에는 다양한 자아가 존재하는데 이것은 주위 환경에 따라 서로 다르게 투영된다. 메타버스와 같은 가상세계가 일상화된다면 대면의 기업문화에서 찾지 못했던 자신의 다른 자아를 발견하는 기회가 더 많아질 것이다. 따라서 SW·AI기업 안에서의 인간관계는 더 복잡한 양상을 띠게 될 것이다.

비대면이 일상화 되었을 때의 큰 문제는 인사고과를 어떻게 할것이냐로도 나타난다. 회사의 거의 모든 인원이 비대면으로 일하는 기업이라면 인사평정도 비대면으로 할 수밖에 없다. 노동조합은 대면으로 진행할 때 단결력이 강해질 수밖에 없다. 비대면이 일상화되고 거주지역이 달라지면 노동자들의 단결력은 약화된다. 프로그래머가 비대면으로 역할을 수행할 때 그 평가 방법의 변화도 필수적이다. 즉 인사평가 방법이 새롭게 도전받게 된다. 이 과정에서 프로그래밍 심리학이 좋은 도구가 될 것이다.

어떤 SW·AI기업은 인지응용 기술을 활용한 평가법을 찾으려고 할 것이다. IT엔지니어의 성격을 측정하려 할 것이고 개인의 특징을 측정하여 기업의 이익과 연결시키려 내밀한 정보를 수집하려 할 것이다. 비대면이 일상화되면 기업은 프로그래밍 심리학을 어떻게 적용하려 할까? 자칫 저항을 불러일으킬지도 모른다. 프로그래밍 심리학을 활용한 인간 심리의 기계적 측정은 윤리 문제도 대두된다. SW·AI기업의 경영자가 프로그래밍 심리학을 이해해야 하는 이유이다. 프로그래밍 심리학을 이해하고 있는 경영자라면 구성원들의 합의를 거쳐 프로그래밍 인지심리학 측정을 통한 인사고과 반영 여부를 결정할 수 있다.

비대면이 강화될수록 개인과 집단에 대한 이해능력 차이가 프로그래밍 심리학을 아는 사람과 모르는 사람을 구분하게 할 것이다. 프로그래밍 심리학을 어떻게 적용하든 전통적인 방식의 리더들은 설 곳을 잃을 것이고 대면 업무와 비대면 업무를 적절히 조합하고 인력 관리하는 능력이 매우 중요해진다. 앞으로 프로그래밍 심리학은 급변하는 세상에서 프로그래머에게 매우 필요한 역량이 되고 있는 것이다.

5부

프로그래밍 능력과
메타인지의 만남

메타인지를 프로그래밍 학습이나 산업현장에서 활용하여 학생들과 프로그래머들을 도울 수는 없을까? 사실 프로그래밍의 습득에 이미 많은 메타인지 기술을 사용하고 있으나 이를 체계화하여 설명하지는 못하고 있을 뿐이다. 프로그래머를 도울 수 있는 메타인지 요소들은 어떤 것들이 있을까? 프로그래밍이라는 고도의 지식구성 행위를 어떻게 이끌고 도울 수 있을까?

프로그래밍의 구성 요소와 절차, 방법을 가르치지만 가르친 내용을 잘 이해하고 있는지를 측정하기란 쉽지 않다. 프로그래밍 과정은 언어적 지식, 절차적 사고, 객체지향, 인공지능 사고, 문제해결능력, 창의력 등 너무나도 다양한 요소들의 총합으로 이루어지는 고도의 인지행위이기 때문이다. 이러한 행위가 더 원활하게 이룰 수 있도록 정보통합을 도와주는 일련의 방법으로 메타인지 기술이 유용하다.

메타인지 능력을 프로그래밍 과정에서 적용할 수 있는 기술을 메타 프로그래밍 기술이라고 정의하자. 메타 프로그래밍은 프로그래밍 지식을 메타, 즉 저 너머의 무언가를 깨닫도록 하면서 "아하~"라는 경험을 할 수 있게 돕는 기술들이다. 심리학에서는 이러한 경험을 "AHa Experience"의 결과로 나타난다고 설명한다. 프로그래밍은 다른 작업과 비교가 되지 않을 만큼 고도의 집중력을 요하는 정신활동으로 그 과정은 인간 고유의 인지기능을 사용하는 것이기 때문이다. 이를 위하여 인간의 사고체계와 기계의 언어체계 사이에서의 중계 역할을 하는 독립된 언어를 배워야 한다. 뿐만 아니라 인지기능을 활용한 프로그래밍 작성 과정 자체는 프로그래머의 심리 상태와 개인의 능력에 크게 좌우되는 행위이다. 프로그래밍에서는 메타인지의 개념을 매우 강조한다. 메타 프로그래밍 기술은 내가 어떤 방식으로 사고모의를 하고, 어떤 프로그래밍 기법은 알고 어떤 기법은 모르는지의 자기 인식에서 출발한다. 더불어 내가 어떻게 했을 때 프로그래밍을 잘 습득하고 어떻게 했을 때 프로그래밍을 잘 습득하지 못했는지에 대한 정보이기도 하다.

5부에서는 메타 프로그래밍 기술을 개발할 수 있는 다양한 사례를 살펴본다. 기능적으로 본다면 초보 프로그래머로 입문하는 사람들을 대상으로 한 연구부터 전문 프로그래머로 발전하기 위한 과정까지 다양하다. 새로운 기술을 끊임없이 개발하고 상호 긴밀한 관계 속에서 작업하게 되는 리더라면 새로 사용하는 도구들의 숙달 정도를 평가하고 이끌어야 할 것이다. 비록 완숙한 프로그래머라도 일독하여 활용한다면 리더로 성장하는 데 도움이 되리라 확신한다.

추론은 프로그래밍과 어떤 관련이 있을까?

추론(Reasoning)에 대해 알아보고 컴퓨터 프로그래밍 과정을 추론의 과정과 연관하여 살펴보자. 우리는 초등학교 시절부터 과학적 증명 방법으로서 수없이 교육과정 안에서 학업이라는 과정으로 추론을 수행해왔다. 그러나 우리는 추론의 개념을 짧게 생각하는 시간만을 가졌을 뿐이다. 그만치 우리는 커다란 과학적 사고체계 속에 깊숙이 빠져 살고 있다.

추론과 컴퓨터 프로그래밍은 어떤 관계가 있을까? 프로그래밍 과정이란 추론을 기계화하여 처리해나가는 과정이다. 절차적 사고(구조적 프로그래밍 : Structured Programming)도, 객체지향형 프로그래밍(OOP : Object Oriented Programming)도, 인공지능으로 인간의 지능을 모사*하는 머신러닝도 이러한 추론을 구현해나가는 과정이다. 모두 다 알다시피 추론은 다음 세 가지로 구분할 수 있다.

- 연역적 추론
- 귀납적 추론
- 유비추리

---

* imitate, copy

귀납법이란 어떤 문제에 먼저 증명을 하고 결론을 나중에 도출하는 것이다. 연역법이란 어떤 문제에 먼저 결론을 낸 후에 구체적인 사실을 끌어내는 증명 방법이다. 과학적 증명을 위해서 연역추론과 귀납추론은 상호 보완적으로 작동한다. 이론(모델)으로부터 현상(데이터)을 설명하여 연역추론(일반적 프로그래밍)을 하고 현상(데이터)으로부터 이론(모델)을 만들어 귀납추론(인공지능 프로그래밍)을 수행한다. 전제를 가지고 결론을 내린다는 점에서 인공지능을 제외한 모든 프로그램은 연역적인 방식으로 동작한다.

연역적 추론

연역적 추론(deduction)의 원류를 따지자면 소크라테스의 삼단추론까지 거슬러 올라간다. 여기서는 컴퓨터 프로그래밍에서 연역적 추론이 어떻게 사고모의를 하는지 확인해보자. 다음은 1에서 10까지 더하는 프로그램이다. 10번 라인을 살펴보면 1에서부터 10까지 반복하면서 sum이라는 기억 공간에 1, 2, 3, 4, 5, 6, 7, 8, 9, 10까지를 누적시킨다. 그러한 절차적 과정을 통해서 1, 1+2, 1+2+3, 1+2+3+4, ……… 1+2+3+4+5+6+7+8+9+10까지 값을 만들어내는 것이다. 이렇게 절차적 과정도 연역적 사고의 결과이다.

```
1:      #include <stdio.h>
2:      #define MIN 1
3:      #define MAX 10
```

```
4:      main()
5:      {
6:              int i;
7:              int sum = 0;
8:
9:              for (i = MIN; i <= MAX; i++)
10:                     sum += i;
11:
12:             printf("합은 %d\n", sum);
13:
14:             sum = (MAX+MIN)*(MAX-MIN+1)/2. ;
15:
16:             printf("합은 %d\n", sum);
17:     }
```

이 프로그램에서 또 다른 연역적 증명법은 14번 라인에 있다.
1에서 10까지 더하는 과정이란 가장 큰 수와 가장 작은 수를 더한
후, 두수의 차이를 반으로 나누어서 그 값으로 곱하면 구할 수 있
다는 연역적 가설이 설립된 것이다. 이번에는 1에서 10까지의 숫
자를 더하는 것이 아니라 1에서 100까지를 더하든 1에서 1,000
까지를 더하든 같은 과정이라고 생각해보자. 위의 프로그래밍에
서 2번 라인과 3번 라인의 MIN 값은 1로 그대로 두고 MAX 값만
을 100이나 1,000으로 수정하면 쉽게 원하는 결과를 얻을 수 있
다. 만일 첫 수를 1부터로 하지 않을 거라면 MIN 값을 적절하게
수정하면 될 것이다. 이번에는 귀납적 방법을 살펴보자.

프로그래머는 왜 심리문제에 골몰하는가?
메타인지를 위한 프로그래밍 심리학

귀납적 추론

개별적인 특수한 사실이나 원리로부터 그러한 사례들이 포함되는 좀 더 확장된 일반적 명제를 이끌어내는 것을 귀납(歸納, induction)이라 하며, 귀납적 추리의 방법과 절차를 논리적으로 체계화한 것을 귀납법이라 한다. 좀 더 쉽게 말하면 사실과 근거를 통해서 '가장 그럴듯한' 결론을 내리는 방식이다. 따라서 완벽한 결론에 이른다는 것이 처음부터 불가능하다. '대략 그렇다' 또는 '그럴 가능성이 매우 높다'라는 결론으로 진행된다고 할 수 있다. 이와 같이 결론이 잠정적인 성격을 가지고 있기 때문에 언젠가 좀 더 과학적 결론으로 변경될 수 있다. 완전히 하나의 확실한 결론을 내리지 못한다는 것이 단점이지만 연역적으로 논증해가는 과정은 전체의 틀 안에서만 논증해야 하는 제한을 벗어날 수 있는 장점이 있다.

컴퓨터 프로그래밍에서는 어떻게 이루어질까? 인공지능의 한 부분인 머신러닝을 통해서 파악해보자. 머신러닝(기계학습)은 귀납적 학습이다. 통계적 추론(statistical learning)을 하는 것이다. 여기서 인공지능이 혼자 하는 것이 아니라 데이터에 기반한다는 점이 중요하다. 많은 사람의 키와 몸무게와 태어난 해의 정보가 있다면 이 데이터를 통계적으로 구분하여 학습함으로써 패턴을 찾아내고 나이에 따른 키와 몸무게의 상관에 대한 지식을 쌓아나간다. 그러나 이 지식은 항상 정답을 보장하지는 못한다. 머신러닝은 귀납 추론을 프로그램으로 구현하고자 하는 시도이다.

유비추리

유비추리는 추론의 또 다른 방법으로 유추라고도 한다. 유추(類推)는 유비(類比) 또는 아날로지(Analogy)라고도 한다. 연역·귀납과는 다르게, 특수한 것으로부터 특수한 것을 이끄는 추리를 말한다. 두 개의 특수한 대상에서 어떤 징표가 일치하고 있으니 다른 징표도 일치하고 있다고 추정한다. 유추는 개연적인 결론밖에 주지 않으나 과학적 가설을 세울 때는 중요한 역할을 다할 때가 있다.*

유추는 인간이 가지는 고도의 정신기능으로 어떤 현상의 성질이 유사하거나 같음을 들어 다른 요소에서도 유사하거나 같을 것이라고 추리하는 방법이다. 여기서 말하는 현상은 기본 속성이나 관계, 구조, 기능을 포함한다. 언어적 추론이든 수학 과학적 추론이든 모두 유추가 없으면 이루어지지 않는다. 우리는 1에서 10까지 더하는 프로그램을 순차적으로 더할 때 1에서 3까지 정도만 반복한 후 그대로 10까지 건너뛰어 생각할 수 있다. 1에서 10까지를 더하는 공식을 보고 1에서 100까지 더하는 공식을 떠올릴 수 있다. 또는 1에서 10까지의 합을 구하는 반복문을 일부 수정하여 1에서 10까지의 곱을 구하는 것도 유추의 과정이다. 따라서 이와 같은 구조체 프로그래밍이나 객체지향형 프로그래밍은 그 과정에서 연역추론과 유비추론을 효과적으로 순환하면서 진행되는 것이다.

컴퓨터 프로그래밍에서 유추는 어떻게 구현될까? 인공지능이 발전한다 해도 유비추리를 하는 인공지능이 출현하는 것은 오랜

---

* 위키피디아

시간이 걸릴 것이다. 아마도 특이점이 도래하여 기계가 인간의 기능을 뛰어넘기 위해서 꼭 가져야 할 기능일지도 모르겠다.

제럴드 와인버그와 애자일 방법론

제럴드 와인버그(Gerald Weinberg)는 프로그래밍 심리학을 초기에 발전시킨 인물로 가장 널리 알려져 있는데, 안타깝게도 2018년 8월에 84세를 일기로 사망했다. 그는 경험주의 프로그래밍 심리학을 크게 발전시켰으며 애자일 방법론을 초기에 발전시킨 리더이다. 1956년 IBM에서 일하기 시작했으며 인간을 우주 궤도에 올리는 것을 목표로 하는 머큐리 프로젝트(Mercury Project, 1959~1963)의 시스템 운영개발 관리자로 참여했다.

와인버그는 SW·AI업계의 산증인이자 '컨설턴트들의 컨설턴트'라 불리며 40여 권의 수많은 명저를 저술했다. 우리나라에 번역된 책으로는 『프로그래밍 심리학』외에도 『대체 뭐가 문제야』, 『테크니컬리더』, 『컨설팅의 비밀』, 『제럴드 와인버그의 글쓰기 책』 등이 있다. 그는 심리치료 기술 중 하나로 미국에서 크게 발전한 심리학자 버지니아 사티어(Virginia Satir)의 학문을 깊이 공부하고 사티어 가족치료(Sartir Family Therapy)*를 배웠다. 뿐만 아니라 사티어의 글쓰기 방식을 이용한 힐링 방법을 터득하여 "와인버그 글쓰기 학교"를 운영하기도 했다.

---

* 상담심리학에서 가족 전체를 치료 대상으로 하는 가족치료이론 및 기법

특히 그는 자신만의 글쓰기 비법인 '자연석 기법'을 통해 지식 생산자로 이를 수 있는 길을 소개했다. 아이디어 발상부터 글감과 소재를 모으고 골라내 한 편의 글을 완성하고 책으로 출간하기까지의 모든 과정을 돌덩이를 모아 돌담을 쌓듯 돌과 돌담이라는 메타포를 통해 설명했다.

그러나 와인버그가 소개한 '자연석 기법'은 사실 MBTI 검사의 학문적 배경이 되는 분석심리학으로 유명한 카를 구스타프 융(Carl Gustav Jung)이 사용한 셀프 치료 방법이다. 융은 말년에 자연석으로 만든 4개의 방이 있는 집을 직접 제작했다. 제럴드 와인버그도 자연석과 심리치료의 관계를 터득하고 글쓰기의 방법론의 하나로 발전시킨 것이다. 심리학과 프로그래밍과의 연관성을 깊이 탐구하는 과정에서 사티어 가족 치료이론과 심리학의 태동시킨 융의 의식, 무의식, 집단무의식의 대립 구도에서의 치료적 요소를 자신에게 접목한 것이다. 제럴드 와인버그는 PSL(Problem Soving Leadership) 워크샵을 꾸준히 개최하여 애자일 방법론을 널리 알렸다.

코드 리뷰는 우리의 메타인지를 강화시킨다

많은 컴퓨터 프로그래머들이 문제를 해결하는 하나의 방법으로 코드 리뷰(code review)를 사용한다. 코드 리뷰란 말 그대로 코드를 검토해주는 과정을 뜻한다. 누군가가 작성한 프로그램 코드에 예상하지 못한 오류나 개선점을 프로그래밍 코드 작성에 참여하지 않은 사람이나 그룹이 살펴준다. 코드 리뷰는 상향처리*와 하향처리†를 연속적인 반응으로 이끌어서 아하 경험(AHa Experience)을 할 수 있게 돕는다. 작은 프로그램이라도 각 프로그래머가 미처 경험하지 못했던 그 어떤 무언가‡를 바라보도록 돕는 것이 코드 리뷰다.

어떤 작은 프로그램을 다른 누구보다도 쉽게 완성하고 배우는 사람도 다른 사람이 작성한 낮은 수준이나 같은 수준의 프로그램을 보면서 아하 경험을 한다. 다른 말로 표현하자면 상향처리 및 하향처리의 결과로 나타나는 정보통합을 이끄는 주요 기술 중 하나가 코드 리뷰인 것이다.

현장에서 초보 엔지니어에서 전문 엔지니어로 성장한 IT엔지

---

* 대상에 대한 정보가 전혀 없는 상태에서 대상을 처리할 때 사용되는 과정을 말한다. 이 과정은 특정 예나 사례로부터 일반적 법칙을 도출해낼 때 사용된다. - 위키백과
† 과거의 지식이나 정보들을 이용해서 자극을 처리하는 과정을 말한다. 하향처리는 일반적인 법칙에서 추론을 통해 특정 사례나 대상에 대한 결론을 내릴 때 사용된다. - 위키백과
‡ 프로그래밍 지식보다는 프로그래밍에서의 암묵적 지식을 말한다.

니어들은 대학교육의 비효율성 지적한다. 한마디로 말하면 대학에서 제대로 된 프로그래밍 교육을 못하고 있다는 원망이다. 이에 대한 최근 대학교수들의 대답은 "한 클래스에 너무 많은 수준이 존재하여 어디에 맞춰 가르쳐야 할지 모르겠다."는 것이다. 다시 말하면 중등 교육에서 발생한 학업발달의 결과를 계승하여 학습을 이끌어야 하는 구조의 어려움을 토로하는 자조적 목소리이다.

기업에서 성장한 경험 많은 IT엔지니어들이 대학의 수업 과정에 왜 코드 리뷰를 통한 훈련을 적용하지 못하는지 의문을 가진 경우도 많다. 그러나 코드 리뷰를 대학 강좌에서 시작하기가 쉽지 않다. 대학에서의 코드 리뷰는 학점이라는 극심한 경쟁 환경에서 학생의 코드를 개방하여 리뷰하기가 쉽지 않기 때문이다. 대부분의 코드 리뷰는 프로그래밍 공개 대상 학생이나 리뷰하는 학생들 개개인의 정서를 알기 어려운 한계가 있고 공학적 사고 중심으로 문제를 다루기 때문에 학생들의 호응을 이끌기가 쉽지 않다. 또 15주로 구성된 학기가 너무 짧기 때문이기도 하다.

대학에서 프로그래밍 기술 학습은 1, 2학년으로 집중된다. 1, 2학년 동안에 C언어, Java, python 등의 주요 언어와 자료구조, 알고리즘 분석을 통한 구현능력을 성숙시켜야 한다. 초보자들은 변수의 활용과 논리를 하나로 묶어내지 못하는 경우가 다반사이다. 예를 들어 1차원 배열의 문장을 출력하기 위해서 포인터를 사용하는 경우 배열을 순환하기 위해 효과적인 while문을 통한 포인터 활용보다는 for문을 이용하여 순환을 완성하고 그속에서 포인터를 이용하려 한다. 그런 상황이니 개인차가 너무 심하여 한 클래스에 모든 학생의 정보통합능력을 측정하기가 매우 어렵다. 교수자는 15주 동안 달성해야 하는 진도를 중심으로 목표 달성에 매달리게 되고 코드 리뷰와 같은 정보 통합에는 시간을 할애하기가 매우 어렵다.

기업의 분위기도 기본적으로는 이와 유사하다. 자신의 직급보다 높은 사람의 코드를 지적한다는 것은 결코 쉽지 않다. 반대로 경력이 많은 개발자가 지적한 내용에 신입 개발자는 한껏 위축되기 마련이다. 대학이든 기업이든 이러한 분위기를 바꾸기는 쉽지 않다.

한국은 자기 표현적 가치(Self Expression values)가 강조되는 서양 문화와 달리 생존적 가치(Survival values)가 중심 문화로 자리 잡고 있다. 자기 표현적 가치는 자아를 발견하고 개인의 정신적 성장을 중요하게 여기는 특징을 가지고 있다. 이 가치는 개인의 특별함에 대한 강력한 믿음과 자아 발견을 중요한 인생의 목표로 생각한다. 이에 반하여 생존적 가치는 생존에 유리한 조건이 되는 가치가 사회를 움직이는 주요 수단이라고 인식하는 문화다. 예를 들면 힘이 센 것, 재정이 넉넉한 것, 학식이 높은 것, 유머러스하고 사교적인 것 등이 삶의 주요 가치인 것으로 인식되는 사회이다. 생존적 가치를 주요 가치로 인식하는 한국 사회에서 코드 리뷰를 정착시키는 일은 자기표현적 가치를 중심으로 한 사회에서 코드 리뷰 문화를 정착시키는 것보다 훨씬 어려울 수밖에 없다.

우리나라에서 팀을 이끄는 리더가 C-level들의 인식과 지원이 없이 코드 리뷰를 정착시키기란 불가능에 가깝다. 즉, 코드 리뷰 문화를 만드는 주체가 있어야 한다는 것이다. 이러한 문화를 만들기 위해 초보 프로그래머를 양성하는 대학에서 해야 할 일과 상업

프로그래머는 왜 심리문제에 골몰하는가?
메타인지를 위한 프로그래밍 심리학

적인 결과를 만들어 내야 하는 기업에서 해야 할 일은 다소 차이가 있다.

초보 프로그래머

초보 프로그래머를 양성하는 대학을 비롯한 교육기관에서의 코드 리뷰는 다음과 같은 특징이 있다.

- 한 클래스에서 진행하니 많은 학생을 대상으로 한다.
- 격려와 안내라는 점이 강조되어야 한다.

초보 프로그래머를 위한 효과적인 코드 리뷰는 대부분 대학에서 강좌를 통해서 진행될 수밖에 없다. 자료구조, 알고리즘 분석 등 문제해결을 위한 다양한 방법을 학습할 수 있는 일정한 수준에 다다른 후에 또 다른 방식의 코드 리뷰가 이루어질 수 있다. 그전까지는 다수의 학생을 대상으로 강의 진행 중에 코드 리뷰를 하는 것이 효과적이다. 이를 진행하는 교수자는 초보자들이 프로그램을 짜고 있다는 점에 매우 유의해야 한다. 무엇이 잘못되었다는 식의 코드 리뷰보다는 미숙한 코드, 조금 발전된 코드, 성숙한 코드, 이렇게 세 가지 코드를 제시하는 것이 좋다. 이를 통해 프로그래밍의 지식을 통합할 수 있도록 격려하고 안내하는 역할로서 코드 리뷰를 진행해야 한다.

교수자들은 정리되고 완벽한 프로그램의 결과물을 제시하는 경우가 대부분이다. 오히려 그 과정에 집중하거나 교수자가 의도하는 부분이 들어날 수 있도록 미완성의 코드에 대한 리뷰를 적극 활용해야 한다. 특히 대학 기초 강좌에서의 코드 리뷰에서는 반드시 그 과정을 보여주거나 완성도가 떨어지는 프로그램을 제시하는 것이 프로그래밍 학습 발달에 긍정적으로 작용한다는 점을 잊지 말아야 한다. 특히, 고등학교 시절부터 학업능력의 상대적인 비교에 지친 대학 신입생들에게 프로그래밍 수준의 편차가 큰 내용들을 제시하는 만큼 더욱 신경써야 할 과제가 교수자에게 주어진다.

```c
1:      #include <stdio.h>
2:
3:      int main(void) {
4:          char str[50] = "Multi Campus.";
5:          char *cp;
6:          int i = 0;
7:          cp = str;
8:
9:          printf("before : ");
10:         while(*cp)
11:         {
12:             printf("%c", *cp++);
13:         }
14:
15:         cp = str;
16:
17:         printf("\n\n");
18:
19:         printf("after : ");
20:         for( i = 0 ; i < 50; i ++)
21:         {
```

```
22:                          if(*str > 96 && *str < 123)
23:                          {
24:                                  *cp = *cp - 32;
25:                                  printf("%c", *cp++);
26:                          }
27:                          if(*str> 63 && *str<91)
28:                          {
29:                                  *cp = *cp + 32;
30:                                  printf("%c", *cp++);
31:                          }
32:                          if (*cp == 46)
33:                          {
34:                                  printf(".");
35:                                  break;
36:                          }
37:                  }
38:          return 0;
39:      }
```

다음은 C언어의 학습에서 사용되는 문자열처리 프로그램에 대한 코드 리뷰를 살펴보자. 여기서는 두 학생의 프로그램 코드 리뷰를 생각해보자. 첫 번째 코드는 for문을 이용한 처리이고 두 번째 코드는 while문을 이용한 코드이다. 이때 유의할 것은 첫 번째 코드의 문제점을 지적하는 방식이 아니라 이 코드를 구성하기 위해 프로그래머가 동원한 사고모의에서 힘들었던 부분에 대한 격려이다. while문이 pointer 처리에 매우 유용하다는 점을 연결하지 못하는 것이 초보자로서 당연하기 때문이다.

이에 비하여 두 번째 코드는 학생이 프로그래밍을 지속적으로 연습할 수 있게 격려하는 방식으로 코드 리뷰가 이루어져야 한다. 이 코드 리뷰는 for문을 사용하여 배열을 처리하는 것보다

pointer을 이용한 while문의 사용에 사고를 집중하도록 돕는 효
과가 있다.

```
1:      #include<stdio.h>
2:
3:      int main(void)
4:      {
5:              char str[50] = "Multi Campus.";
6:              char *cp;
7:              int i = 0;
8:              cp = str;
9:              printf("before: ");
10:
11:             while(*cp)
12:             {
13:                     printf("%c", *cp++);
14:             }
15:
16:             cp = str;
17:             printf("\n\n");
18:             printf("after:");
19:
20:             while(*cp)
21:             {
22:                     if(*cp > 96 && *cp<123){
23:                             *cp = *cp -32;
24:                             printf("%c", *cp++);
25:                     }
26:                     if(*cp > 64 && *cp<91){
27:                             *cp = *cp + 32;
28:                             printf("%c", *cp++);
29:                     }
30:                     if (*cp == 64) {
31:                             printf("%c", *cp++);
32:                     }
```

```
33:                    if (*cp == 0x20) {
34:                        printf("%c", *cp++);
35:                    }
36:            }
37:
38:        cp = str;
39:        printf("\n\n finish ");
40:        while(*cp) {
41:                printf("%c", *cp++);
42:        }
43:        return 0;
44:    }
```

　더욱 중요한 것은 이러한 과정을 학생들이 자신의 입으로 해설이 이루어질 수 있도록 질문을 던지는 교수자의 안내이다. 이러한 안내가 정교할수록 학생들은 깊이 사고하게 되고 프로그래밍이 무엇인지를 스스로 깨닫게 되고 그 힘은 다음 번 코드 리뷰에서 더욱 힘을 발휘하게 된다. 특히 이 과정이 중요한 것은 최고의 정답을 찾는 것만을 최선으로 생각하는 학습에 길들여진 학생들이 많기 때문이다. 코드 리뷰를 통해 다양한 사고모의 연습을 하고 프로그래밍 과정에서 습득하는 문제해결력을 창의력 증진으로 연결시킬 수 있도록 돕는 교수자의 역량이 매우 중요시 된다. 결과와 과정 모두에 집중하도록 돕는 것이 매우 중요하다.

개발자

기업에서도 코드 리뷰 문화가 정착되어 있지 않다. 그 이유는 경쟁적인 사회 분위기와 관련 높다. 코드 리뷰를 통해 개인과 조직의 역량을 강화하기 위해서 해야 할 일은 다음으로 요약된다.

- 언어사용에 유의
- 할 일이 늘어날 것이라는 오해의 불식
- 작업 속도가 느려진다는 오해의 불식
- 의견 차이 조절 방법의 구축

이 코드가 잘못되었다는 식의 언어 표현은 코드 리뷰 문화를 만드는 데 큰 장애가 된다. 상대방을 존중하는 표현을 써야 한다. "이런 방법도 있지 않을까요?", "다른 코드에서 이렇게 사용하는 방법을 봤는데 이건 어떨까요?"라는 식으로 대화하기 바란다.

또 코드 리뷰를 시작하는 대부분의 사람들은 코드 리뷰 때문에 할 일이 늘어난다고 생각한다. 그러나 코드 작성에 어려움이 생겨 이것을 해결하려고 적절한 탐색과 검토를 하는 시간을 생각한다면 큰 차이가 나지 않는다. 이 점을 깨달을 때까지 끈기를 가지고 코드 리뷰를 이끌어야 일이 많아졌다는 생각을 불식시킬 수 있다. 코드 리뷰는 자신감을 향상시키므로 오히려 시간이 지날수록 코딩 속도가 훨씬 빨라진다. 이런 점을 인식하고 꾸준히 문화를 만들어나가야 한다.

기업에서 코드 리뷰를 위해 깃블레임(git-blame)이라는 깃 명령어를 사용하거나 깃길트(git-guilt)를 이용하여 깃블레임을 요약하고 정리해주는 도구를 사용하는데 이는 대부분 온라인으로 이루어진다. 시간에 쫓기는 엔지니어들은 온라인 소통방식의 약점에 빠져들 수 있다. 논쟁을 피하도록 안내하고 논쟁이 심해지면 온라인 의견을 중지하고 대면하여 의견을 주고받을 수 있도록 팀장이나 C-level들이 안내해야 한다. 필요에 따라 온라인 코드 리뷰를 모니터링하며 대면으로 대화하도록 안내하는 인내와 노력이 수반되어야 한다.

기업에서 갓 근무하기 시작한 초보 프로그래머가 코드 리뷰를 반복하다 보면 어느덧 복잡한 프로그래밍의 구성 요소 중에서 자신이 생각하는 사고 범위를 어떻게 좁혀나가야 하는지 알게 된다. 효과적인 코드를 볼 수 있는 다음 단계가 무엇이고 어디서 그러한 코드를 참조할 수 있는지를 점차 깨닫게 되는 것이다. 프로그래머 리더라면 코드 리뷰를 통해서 팀원들 각각의 전문 영역과 현재의 상태를 파악할 수 있다. 결과적으로 효과적인 팀원을 적절한 자리에 배치할 수 있는 역량을 획득하는 것이다. C-level이라면 코드 리뷰를 할 수 있는 사내 시스템을 도입함으로써 각 팀 간의 역량을 판단하고 활용하여 생산성을 높일 수 있는 도구로 활용할 수 있다. 이때 주의해야 할 일은 자신의 코딩 능력이 시스템에 기록되지 않도록 운영하는 일이다. 기계에 대한 인간의 저항을 없애야 효과를 발휘할 수 있기 때문이다. 만일 개인의 정보를 제한적으로 수집해야 한다면 그 이득이 기업과 개인에게 적절히 분배되는 상황을 만들어야 한다. 저항을 없애고 협력적인 구조를 만들어나가기 위해서이다.

상향처리와 하향처리가 메타인지를 키운다

프로그래밍 과정은 정보통합의 과정이라고 할 수 있다. 상향처리 (bottom-up processing)와 하향처리(top-down processing)는 인간의 정보처리 과정을 설명하는 이론이다. 감각과 지각의 심리학에서 그 과정을 상향처리와 하향처리, 두 가지 정보처리 과정으로 설명한다.

- bottom up processing : 절차주도적 처리 - 상향식 처리
- top down processing : 개념주도적 처리 - 하향식 처리

상향처리란 감각기관을 통해서 수집한 정보를 처리하는 작업을 일컫는 용어이다. 처리의 흐름이 감각기관에서 뇌의 방향인 상부로 진행하기 때문에 상향처리라고 한다. 상향처리는 감각기관을 자극하는 신호를 변환하는 작업에서 시작된다. 눈으로 본 프로그래밍에 관한 내용을 뇌로 보내는 과정에서의 처리인 것이다.

'형태인지'라고도 하는 이 과정은 상향처리의 산물과 기억 속에 보관된 정보를 비교함으로써 이루어지기 때문에 기억 속에 있는 프로그래밍에 관련된 지식정보를 검색해야만 한다. 그런데 우리의 기억 속에는 수없이 많은 정보가 보관되어 있기 때문에 정보를 무작정 검색하는 일은 비효율적일 수밖에 없다.

바로 이때 도움을 주는 것이 하향식 처리이다. 우리의 뇌에서 벌어지는 감각정보의 해석 작업을 말하는 것이다. 이 작업에는 프로그래밍에 관한 지식 및 신념이 이용되기 때문에 상향처리에 필요한 정보검색의 범위를 줄인다. 이 과정을 하향처리라고 하는 이유는 이 작업이 뇌에서 시작하여 감각처리 쪽으로 진행되기 때문이다. 하향처리를 개념주도적 처리라고 말한다.

이 개념은 컴퓨터공학 분야를 포함한 설계, 경영, 문학 등 매우 다양한 영역에서 활용되었다. 특히 소프트웨어 분야에서 사용되는 정보처리 및 지식 순서 전략으로 다음과 같이 활용된다.

- 파싱(구문분석)
- 소프트웨어 개발
- 프로그래밍

파싱, 즉 구문분석은 문법구조를 결정하기 위해 파일 또는 키보드로부터 들어오는 시퀀스를 분석하는 프로세스이다. 이 방법은 컴파일러와 같이 자연어와 컴퓨터 언어의 분석에 널리 사용된다. 상향식 구문분석은 알 수 없는 데이터 관계를 분석하기 위한 전략으로 가장 기본적인 단위를 먼저 식별한 다음 상위 구조를 추론하는 것이다. 반면에 하향식 구문분석은 일반 구문분석 트리 구조가 기본 구조와 어떻게 호환되는지 고려하는 방법이다.

소프트웨어 개발과 프로그래밍 과정에서의 문제는 프로그래밍 심리학의 영역으로 간주된다. 이제 심리학에서의 상향처리와 하향처리를 중요한 인지능력 향상 방법으로 바라보자.

초보 프로그래머를 양성하는 중에는 매우 다양한 상황에 직면하게 된다. 프로그램을 잘 작성하면서 학습을 진행한 대학생이 포인터나 객체 개념의 벽에 걸려서 주춤거리는 경우는 비일비재하다. 뿐만 아니라 포인터에 대하여 충분한 연습이 되었다고 생각하고 구조체나 문자열 처리를 다룰 때 의외로 당황하여 문제해결을 하지 못하고 결국 자존감이 떨어지는 대학생들과 초보 프로그래머가 너무 많다. 이러한 경우에 효과적으로 대처하기 위해서는 초보 프로그래머가 자신의 취약한 부분을 발견하도록 돕고 자신의 프로그래밍 지식을 통합할 수 있도록 도울 필요가 있다.

그중 하나의 방법이 토니 부잔이 개발한 마인드맵을 활용하는 방법이다. 포인터까지 진도를 나갔다면 앞의 내용을 모두 탐색하고 정보통합을 할 수 있도록 마인드맵으로 내용을 작성하게 하고 결과를 비교하면 쉽게 스스로의 약점을 발견할 수 있다. 프로그래밍의 작성과정은 복잡한 인지적 능력의 통합이다. 대부분의 초보 대학생들은 정보통합에 어려움을 겪는다. 프로그래밍은 한두 장(chapter)의 내용만 이해하는 것으로는 불가능하다.

프로그래밍 학습이란 연산, 제어, 저장, 입력, 출력이라는 컴퓨터의 5대 기능을 사고모의를 통해서 연역이나 귀납적 사고를 구현하는 창의적 활동과 연결된다는 것을 알아야 한다. 이 과정에서 전체를 실질적으로 이해하는 데 어려움을 겪거나 필요 이상의 많은 시간을 소모하면 프로그래밍에 대한 회의감으로 발전한다. 이것을 효과적으로 극복할 수 있게 하는 연습이 마인드맵이다.

마인드맵은 프로그래밍에 대한 지식을 정리하도록 도와준다. 마인드맵은 토니 부잔이 인간의 뇌가 정보를 저장하고 교환하는 방식을 활용한 것으로 전체적인 맥락을 함께 학습해야 할 때 매우 유용하다. 어떤 학생은 명령어 중심으로 기술하고 어떤 학생은 각 장의 요점 설명을 중심으로 만든다. 자신이 선호하는 적절한 방법을 찾는 것이 중요하다. 마인드맵으로 작성할 때 다음에 유의하여 작성하면 유용하다.

- 일정한 수준(포인터나 함수까지)에 도달한 후 시작하라.
- 첫 강의가 시작될 때부터 마인드맵을 작성하게하고 진도가 나갈 때마다 내용을 추가하게 하라.
- 컴퓨터의 5개 기능을 중심으로 사고하도록 사전 안내하라.
- 보통 다음과 같은 형식으로 작성한다. 개인마다 자신이 정리한 내용이 어떤 특징을 가지는지를 인식하도록 비교 설명하여 자신에게 효과적인 방법이 무언지를 알 수 있도록 도와야 한다 :
  - 명령어 중심
  - 언어적 설명 중심
  - 그림 중심
  - 이 모두를 혼합하는 방식

예를 들어, 포인터 전후까지 일정한 양의 진도를 나간 후 모두를 작성하게 하고 그후에는 진도가 나갈 때마다 내용을 추가시켜서 전체적인 정보통합의 중요성을 인식하게 한다. 컴퓨터의 사고 훈련에 필요한 중심이 연산, 제어, 저장, 입력, 출력이라는 점을 상기시켜 지식모의를 돕도록 해야 한다. 특히 과제로 주어졌을 때는 제한된 시간에 제출하는 데 집중하여 마인드맵의 원래 기능인 그림 중심으로 사고하지 못하는 학생들이 매우 많다. 이러한 문제를 지적하기보다는 명령어 중심으로 기록한 것과 언어적 설명 중심으로 작성한 것들을 비교해 보여주고 스스로 선택하여 자신만의 적절한 정리 방법으로 통합할 수 있도록 도와야 한다.

다음의 세 가지는 명령어 중심으로 작성된 마인드맵, 언어적 설명 중심으로 작성한 마인드맵, 명령어, 언어적 설명, 그림을 혼합한 방식으로 그려진 마인드맵이다.

마인드맵 작성 도구는 계속 활용하여 작성할 수 있도록 공개용 마인드맵 도구를 권한다. 특히, 공동작업이 가능한 소프트웨어*를 고르면 좋을 것이다. 적절한 도구를 찾지 못하여 직접 종이에 작성하는 것 역시도 좋은 선택이 될 것이다. 프로그래머에게 마인드맵만큼 정보통합을 통한 메타인지 향상도구를 만나기란 쉽지 않아 보인다.

---

* 예로는 Coggle이 있다.

명령을 중심으로 한 마인드맵

지능정보기술로 인간의 무의식을 측정하다

언어적 표현 중심으로 정리된 마인드맵

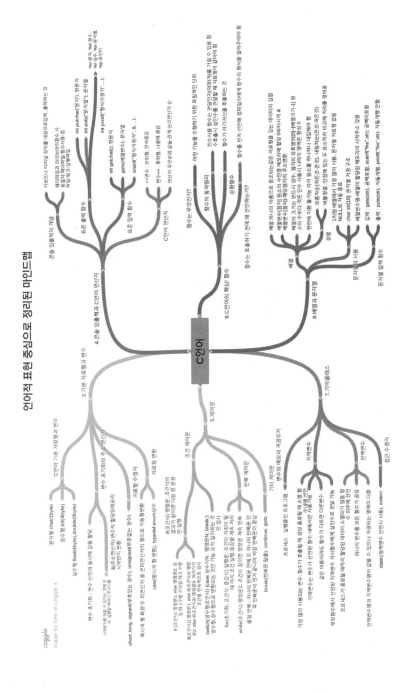

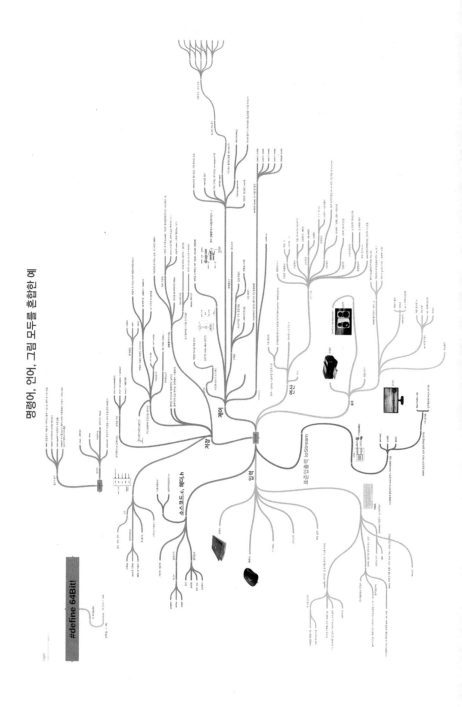

명령어, 언어, 그림 모두를 혼합한 예

프로그래밍 심리학을 활용하여 할 수 있는 일들

프로그래밍 심리학은 다양한 목적으로 활용될 수 있으며 대체로 다음의 다섯 가지를 목적으로 한다.

- 프로그래밍 실무 증진(Enhance Programming Practice)
- 프로그래밍 기술 개선(Refine Programming Techniques)
- 가르치고 안내(코칭)하는 능력의 증진(Improve Teaching)
- 소프트웨어 매트릭스의 개발(Develop Software Metrics)
- 프로그래밍 적성과 능력의 진단(Assess Programming Aptitude and Ability)

프로그래밍 심리학은 프로그래밍 실기 및 실무 능력을 증진시킨다. 프로그래밍 능력을 개발하는 과정에서 필요한 모든 역량을 단번에 갖출 수는 없다. 따라서 필요한 역량을 해당 시기별로 단계적으로 습득하게 된다. 이때 프로그램 심리학은 자신의 역량을 더욱 발전시키기 위해 집중해야 할 다음 역량이 무엇인지 찾을 수 있도록 돕는다.

프로그래밍 심리학은 프로그래밍 기술을 개선한다. 자신의 프로그래밍 과정에서 어떤 점이 잘 되고 잘못 되었는지 메타인지(Meta Cognition)의 관점에서 바라볼 수 있기 때문이다. 프로그래밍 과정은 학습에만 연관되어 있지 않고 리더로서 팔로어를 이끌거나 팀을 이끌 때에도 리더십을 증진시킬 수 있다.

누군가를 가르칠 때 프로그래밍 심리학을 적용한다면 가르치는 능력을 증진시킬 수 있다. 또한 프로그래밍 심리학은 소프트웨어 매트릭스의 개발에 도움을 준다. 소프트웨어 개발 공정 안에는 소프트웨어 측정 기술을 기반으로 소프트웨어의 특성을 객관적인 수치로 정량화 하는 기술이 있다. 이때 측정의 대상은 소프트웨어 제품, 개발, 운영 및 유지보수 프로세스와 이에 필요한 자원들이 된다.

프로그래밍 심리학은 프로그래밍의 태도와 능력을 평가할 때도 활용이 된다. 심리학은 프로그래밍 과정에서 벌어지는 고도의 인지기술이기도 하지만 프로그래밍 과정에서 겪는 인간 개인의 내면의 문제에 집중한다. 그 태도는 팀원들 간의 소통능력과 관계에 깊은 영향을 미칠 수밖에 없다. 결국 그것은 능력으로 환원되므로 프로그래밍 심리학은 태도와 능력의 평가에 활용될 수 있다.

이와 같은 전통적으로 활용 가능한 일들에 추가하여 IT엔지니어들이 팀별 업무를 진행하기 위한 그라운드 룰(Ground Rule) 설정에 좋은 도구가 될 것이다. 근래에 만들어지는 기업들은 설립초기부터 Culture Managing을 하는 수단으로 애자일 방법론을 사용하기 시작했다. 프로그래밍 심리학은 ICT Culture Managing을 적용하는 매우 좋은 수단이다.

페어 프로그래밍으로 메타인지를 높이자

코드 리뷰보다 더 적극적인 정보통합 방법이 있다면 그것은 코딩 협업을 하는 페어 프로그래밍이다. 페어 프로그래밍은 기술적인 실행 관계라기보다는 사회적 활동에 더 가깝다. 그 결과 팀의 정신적 에너지가 높아지고 팀 구성원들이 서로 더 친밀해진다.

페어 프로그래밍을 하는 방법은 개발 가능한 1대의 컴퓨터에서 두 명의 개발자가 함께 앉아 작업하는 것이다. 한 명은 전략을 제시하며 내비게이터(navigator)라고 부른다. 다른 한 명은 실제 코드를 작성하며 드라이버(driver)라 칭한다. 두 명이 짝이 되어 작업하므로 컴퓨터 1대만을 공유하며 5분 간격으로 서로 컴퓨터를 맡아가며 프로그래밍을 한다.

내비게이터는 전략과 전술을 검색하거나 문법적 오류, 타이핑 실수를 찾아 드라이버의 작업을 돕는다. 드라이버는 코드를 작성하며 설계를 직접 담당한다. 둘이 역할을 번갈아 수행하기에 페어 프로그래밍 즉, 짝 프로그래밍이라고 하는 것이다. 다음은 페어 프로그래밍 역할을 요약한 것이다.

Navigator(항해사) : 옆에서 보고 있는 사람
- 항해사는 운전자의 작업 내용을 보면서 추론을 하게 된다.
- 여러 가지 아이디어가 생기고 대안을 찾게 된다.

Driver(운전자) : 키보드를 잡은 사람

- 추론을 직접 표현하게 된다.

- 아이디어와 대안을 구현하려고 하게 된다.

모두에게 능동적인 학습이 됨

- 자신의 추론을 확인하게 된다.

- 상대방의 사고 과정을 알 수 있게 된다.

앞서 소개한 MBTI 성격유형의 정보수집 기능인 감각형(S)과 직관형(N)이 내비게이터와 드라이버의 역할과 매우 관계가 깊다. 드라이버는 코드를 직접 작성하므로 세세하게 사물을 잘 바라보는 감각형(S)의 심리적 기능과 유사하다. 내비게이터의 전략과 전술을 세우는 역할은 직관형(N)의 심리적 기능과 유사하다. 이러한 부분은 오히려 페어 프로그래밍의 목표달성을 방해할 수도 있다. 프로그래밍 과정은 세세한 오류 확인과 전략과 전술이 필요하며 인지적으로 매우 통합적인 문제이다. 페어 프로그래밍의 목적은 감각(S)과 직관(N)의 기능이 프로그래밍 과정에서 균등하게 발전할 수 있도록 돕는 것이다. 페어 프로그래밍은 MBTI 성격유형을 적용하지 않고 균등하게 시간을 분배하여 진행하는 것이 바람직하다.

필자는 triple 프로그래밍 기법을 사용한다. 이때는 두 명이 페어 프로그래밍을 하고 프로그래밍 심리 전문가가 관찰자가 되어 페어 프로그래머들이 5분의 시간 교환을 잘하는지 확인하고 프로그래머가 어떤 부분에 약점을 보이는지를 관찰하며 그 결과를 조언하는 방법으로 진행하는 것이다.*

페어 프로그래밍은 경험주의 심리학의 영향으로 발전한 애자일 방법론에서 발전한 방법이다. 표준화하기 어려운 경험주의 심리학의 약점이 그대로 드러난다. 두 사람 간의 내밀한 작업을 밖으로 드러내기 어려워 측정에 한계가 있다. 사람 간의 관계적 문제와 본인도 알지 못하는 무의식적 문제와 맞물려 그 효과에 대한 과학적 검증이 쉽지 않다. 이러한 점들이 반영되어 몇몇 연구 결과에서, 페어 프로그래밍으로 더 나은 품질의 소프트웨어를 만들 수 있다는 명확한 증거는 없다고 말한다. 그러나 오랜 기간 정기적으로 페어 프로그래밍을 연습해온 개발자들은 소프트웨어 품질이 향상됐다고 말한다. 일부 연구에서는 창의적 문제해결력과 효율성에 영향을 주었다고 주장한다. 관계 속에서의 어려움이 극복되지 않는 개발자들 사이에서는 스트레스 수준이 높아진다는 점을 들어 페어 프로그래밍의 어려움을 지적한다.

페어 프로그래밍을 통해서 배우게 되는 가장 큰 장점은 강의나 교육에서 배우기 어려운 '생각하는 과정'을 알게 된다는 점이다. 코드만 봐서는 전문가의 사고 과정을 배우지 못한다. 특히, 암묵지식†(tacit knowledge)을 배우는 데 유용하다. 페어 프로그래밍을 통해 어떤 점이 전문성을 가지게 하는지를 깨닫게 된다.

페어 프로그래밍을 하면 프로그래밍을 교대로 작성하는 과정에서 발견이 이루어진다. 특히, 5분마다 컴퓨터 앞자리를 빈번히 왔

---

* MBTI의 감각형과 직관형에 관한 심리유형의 발달과 소프트웨어 개발주기와의 상관 연구와 매우 관련이 깊으므로 전문가의 참여를 통한 작업이 이루어져야 한다.
† 학습과 경험을 통해서 개인에게 체계화되어 있으나 언어나 문자로 표현하기 어려워 겉으로 드러나지 않는 지식

다갔다 하는 과정에서 자신의 사고모의에 대한 통찰이 생기는 것이다. 페어 프로그래밍을 할 때 주의해야 할 점은 무엇일까? 반드시 지켜야 할 주의사항을 보자.

- 수평적 관계를 만들어라.
- 수동적 태도, 낮은 학습, 낮은 기여가 있는지 살펴라.
- 구체성과 추상성의 관계를 순환하라. – 이것 자체가 피드백이다.
- 알람을 설정하라.
- 효과가 있으면 확대하라 : 발표자료 만들기, 전략 만들기, 회의록 남기기

페어 프로그래밍은 협력의 기술이다. 따라서 내비게이터(navigator)와 드라이버(driver)가 리더(leader)와 팔로어(follower)처럼 주종의 관계로 발전하면 안 된다. 즉, 수평적 관계여야 한다. 기본적으로 페어 프로그래밍의 이러한 특성은 초보 프로그래머를 양성하는 대학과 개발현장의 개발자들 간에도 많은 온도 차이를 불러오는 것으로 보인다. 양쪽 모두 동의하는 점은 초보 프로그래머보다는 일정한 수준에 오른 개발자들 사이에 더 효과가 높다는 점이다. 이제 대학이나 막 사회생활을 시작하는 초보 프로그래머를 대상으로 하는 페어 프로그래밍과 기업 현장에서 개발자들을 위한 페어 프로그래밍 활용법을 나누어 생각해보자.

초보 프로그래머

페어 프로그래밍을 초보 프로그래머에게 적용하는 문제는 프로그래밍 작성에 대한 편차의 문제이다. HCI 초기에 발전을 이끌었던 벤 슈나이더만(Ben Schneiderman)은 컴퓨터 프로그래밍을 같은 집단*을 대상으로 가르친다고 해도 프로그래밍 능력의 차이가 48배에 달한다고 말했다.

개인별 능력 차이가 있고 강좌당 교수자가 담당하는 학생 수가 많고 개인별 특성을 파악하기 어려운 점이 발생한다. 2인 1조의 구성이 비효과적으로 이루어지거나 불합리해질 수 있다. 학점으로 인하여 조 편성의 공평성을 담보하기 어려운 점 등이 문제점으로 제시된다. 대학에서는 저학년들에게 페어 프로그래밍을 실행하기는 쉽지 않은 이유이다. 그러나 다음과 같은 경우, 대학교 강좌에서의 페어 프로그래밍이 가능하다.

- 프로그래밍 기초 강의를 마친 2학년 이상에서 실시하면 효과가 높다.
- 사전에 페어 프로그래밍으로 강좌가 진행됨을 명확히 하라.
- 문제해결을 위한 페어 프로그래밍임을 알려라.
- 첫 시간에 설문을 받고 이를 기반으로 짝을 정한다.
- 절대평가 방식을 선택하라.
- 짝을 정한 후에는 팀 구성원 간의 신뢰쌓기 시간을 가져라.
- 전체 대상 인원이 홀수인 경우나 수준 차이가 커서 짝을 구하기 어려운 대상자들을 위하여 3인 1조 편성도 고려하라.

---

* 한 대학 내의 한 학과, 한 학년

프로그래머는 왜 심리문제에 골몰하는가?
메타인지를 위한 프로그래밍 심리학

- 제시하는 문제들을 수준별로 준비한다.

2학년이 되면 대부분 C언어나 그밖의 기초 언어 하나 정도는 마친 상태일 것이다. 이때부터는 페어 프로그래밍을 적용하는 것이 효과를 발휘하기 시작한다. 이러한 학생들을 대상으로, 과목명에 페어 프로그래밍을 한다는 점을 명확히 하고 문제해결을 위한 강좌임을 분명히 한 다음 수강하도록 한다. 그러면 대상 학생들의 프로그래밍 능력의 편차에 대한 학생들이 대응이 긍정적으로 변화된다.

페어 프로그래밍 수업에서 가장 중요한 것은 짝을 지우는 기술이다. 첫 수업 시간에는 프로그램 수준을 측정하는 설문을 통해 프로그래밍 작성 능력을 평가해야 한다. 이에 따라 짝을 정하는 과정을 진행한다. 최근 대학은 중간휴학을 하는 경우가 매우 많고 심하게는 같은 학번의 학생들인데도 대화 한번 해보지 않은 경우도 있다. 따라서 교육학이나 교육심리학 또는 심리학 지식이 없는 IT전공 교수자가 주도하여 좋은 짝을 편성해주기란 쉽지 않다.

교육학이나 교육심리학, 심리학 분야의 지식이 있는 교수자라면 친숙한 상대와 같은 조를 하려고 하는 학생들의 욕구를 제어하는 기술을 발휘할 수 있다. 이 문제에 대응하는 방법 중 하나는 성적평가를 절대평가 방식으로 선택하는 것이다. 최근 대학에서는 교수학습센터를 중심으로 TBL(Team Based Learning), 1PBL(Project Based Learning), 2PBL(Problem Based Learning)을 통한 다양한 학습법을 권장하고 있다.

2인 1조 구성으로 평가의 공정성 문제가 제기될 수 있다. 따라서 대학본부가 추진하는 다양한 학습 시스템과 접합하여 운영하고 학생들의 불공정 시비를 감소시킬 방법을 찾아야 한다. 짝을 잘못 만났거나 팀 구성이 잘못되어 한 학기 과목을 망쳤다며 문제를 자신의 외부 원인*으로 돌리려는 학생들을 지도해야 하는 것도 또 하나의 과제이다. 절대평가 방식으로 과목이 진행된다면 "상대적인 발전 정도를 측정하여 평가한다"는 점을 수강생들에게 강조할 수 있으므로 조 편성에 어려움을 줄일 수 있다. 짝을 정했다면 팀 구성원 간 신뢰를 쌓는 과정을 진행해야 한다. 다음과 같은 것들을 함으로써 팀 빌딩을 해야 한다.

- 자기소개, 아이스 브레이킹(ice breaking)
- 팀 이름, 팀 구호, 팀 규칙을 정하게 하라.
- 활동 전후에 팀 구호를 외치기, 팀 규칙 성찰하기

잘 알지 못하는 대상이 짝이 되는 팀이 한 클래스 내에서 있으므로 자기소개를 시키고, 아이스 브레이킹을 통해서 상호 친밀감을 높여야 한다. 또 팀 이름, 팀 구호, 팀 규칙을 정하게 하고, 필요에 따라서 활동 전후에 팀 구호를 외치게 한다. 팀 규칙을 성찰하는 시간을 통해 팀 빌딩을 한다면 팀 구성원 간의 신뢰 확보에 도움이 된다.

더불어 해야 하는 일은 과제를 제시할 때 하나의 프로그래밍이라도 다양한 수준의 문제를 제시하여 낮은 프로그래밍 작성 수준을 가진 학생들로만 짝이 이루어진 경우라도 문제를 해결하도록

---

* 문제나 사건의 원인을 자신의 외부에 있다고 생각하는 심리학용어로 외부귀인이라 부른다.

이끌어야 한다. 즉, 페어 프로그래밍 경험이 좌절감으로 발전하여 부정적인 감정으로 발전하지 않도록 배려해야 하는 것이다.

이러한 방법들은 대학에서 진행하기에 적절할 것이며 기업에서 처음 현장에 발을 디딘 초보 프로그래머들에게도 적절한 방법이다. 다만 차이가 있다면 정해진 수강 절차에 따른 것이 아니므로 직장 내에서 자연스럽게 이루어도록 해야 한다는 점이다.

개발자

기업에서의 페어 프로그래밍의 활용은 대학이나 초보 프로그래머를 대상으로 하는 것과는 상황이 다르다. 타사와의 경쟁을 통해서 살아남아야 하는 기업에서 강조하는 개인별 능력과 배치된다는 의식이 큰 걸림돌이 되기 때문이다. 즉, 무엇보다 2명이 하나의 작업을 하므로 능률이 떨어진다는 지적을 많이 한다. 팀의 리더나 기업의 C-level들이 페어 프로그래밍 효과에 대해 잘 알지 못한다. 그래서 채택하기 어려운 한계가 있다.

기업에서는 어떤 프로그래밍을 쌍으로 하는 것이 좋을까? 다음은 페어 프로그래밍으로 할 만한 일을 고르는 방법을 요약한 것이다.

- 두렵거나 지겹게 느껴지는 프로그래밍
- 자신이 없거나 못할 거 같은 느낌이 드는 프로그래밍
  - 페어 프로그래밍을 통해 안정감을 찾을 수 있다.
- 귀찮아서 계속 미루게 되는 프로그래밍

- 둘이서 할 때 재미를 느낄 수 있다.

기업에서 페어 프로그래밍을 적용하려면 리더나 관리자들이 비능률적이라고 여기는 생각을 불식시킬 수 있도록 진행해야 한다. 두렵거나 지겹게 느껴지는 작업, 자신이 없을 것 같은 느낌이 드는 작업, 귀찮다는 생각이 드는 작업을 선택하길 권한다. 자신이 없거나 못할 것 같은 과제를 CIO나 팀장에게 알리고 진행함으로써 페어 프로그래밍의 효과를 알리는 방법이다. 당연히 CIO나 팀장들에게 효과적인 방법을 증명할 수 있는 기회로 삼을 수 있기 때문이다.

프로그래밍 리더라면 귀찮아서 계속 미루는 작업이 전체 프로젝트에 어떤 영향을 미치는지를 잘 알 것이다. 이러한 비능률을 수정하는 방법으로 페어 프로그래밍을 도입하기를 권한다. 이러한 과정을 통해서 페어 프로그래밍의 효과를 CIO들에게 충분히 알린 후에는 그 효과를 높이고 개인의 발전을 도모하는 방법으로 페어 프로그래밍을 활용한다면 좋을 것이다.

페어 프로그래밍의 절차

페어 프로그래밍 효과를 높이기 위해서 다음과 같은 7단계를 따라 진행하도록 권고한다.*

---

* WikiHow의 How to Pair Programming

프로그래머는 왜 심리문제에 골몰하는가?
메타인지를 위한 프로그래밍 심리학

1. 목표 세우기

2. 작은 목표 찾아 동의하기

3. 내비게이터와 드라이버의 역할 집중하기

4. 적극적으로 토론하기

5. 자주 확인하기

6. 축하할 시간 갖기

7. 5분~30분마다 역할 교환하기

1단계에서의 목표 세우기는 컴퓨터 앞에 두 사람이 앉기 전에 시행하기를 권한다. 또 2시간 이내에 끝낼 수 있는 일을 선정할 것을 추천한다. 오랜 시간이 소요되는 과제의 경우에는 전체 과제에서 어느 한 부분을 선택하면 된다. 코딩하기 전에 작업을 간단히 설명하여 목표를 세워 내용을 명확히 한다.

2단계는 수분 이내로 완성할 수 있는 작은 목표를 설정하고 이를 두 사람이 서로 합의하는 절차이다. 한 사람이 말로 표현하면 다른 사람이 동의하는 과정은 현재의 작업에 집중하도록 돕는다.

3단계는 각자의 역할에 집중하는 과정이다. 내비게이터는 디테일한 문제라면 드라이버에게 맡겨야 한다. 그러나 코드를 따라서 읽어야 한다. 그 과정에서 더 높은 수준의 문제에 집중하며, 드라이버가 간단하게 수정하여 코드를 읽기 쉽게 만드는 작은 부분 이외에는 언급을 삼가야 한다. 큰 문제나 설계 구조의 개선과 같이 수정에 시간이 소요되는 것들은 메모를 따로 하고 드라이버가 코딩을 완료한 후에 협의하는 것이 바람직하다. 드라이버는 커다란 문제는 접어두고 작은 목표를 빠르게 해결하는 데 집중해야 한다.

내비게이터의 사소하거나 작은 지적에는 즉각적인 피드백을 하여 문제를 해결하도록 한다.

4단계는 적극적으로 토론하는 단계이다. 이 단계에서는 아이디어를 묻고, 문제해결을 위해 더 나은 방법을 요구하기도 한다. 또 코드가 다루지 않는 필요한 기능을 설명하고, 대안을 찾으며 변수명과 함수명을 제안하는 시간이다. 가능하면 대화하고 듣는 시간이며 이때 한쪽에서 일방적으로 많은 말을 하는 것은 삼가야 한다. 더불어 두 사람의 관계에 따라서는 적절한 존대를 하는 방법도 고려해야 한다.

5단계는 자주 확인하기이다. IT엔지니어들은 심리학자도 아니고 의사소통 전문가도 아니다. 상대방의 현재 감정이나 기능의 상태를 잘 알고 경청, 반영, 제안, 설명, 직면 등의 언어적 수사를 적절하게 선택하지 못할 수밖에 없다. 따라서 자주 흐름을 놓친다. 물론 프로그래밍 과정이므로 그러한 정교한 대화술이 필요하지는 않다. 현시점에서 진행 중인 내용을 자주 확인하여 맥락을 놓치지 않도록 하는 수준이면 족하다. 더 중요한 것은 문제를 해결하는 과정에서 싹트는 동료의식과 동질감이다.

6단계는 축하할 시간을 가지는 것이다. 이 단계에서는 무언가를 완성 후에 서로를 격려하고 축하하는 시간을 가지는 것이 좋다. 일상에서 쉽게 사용하는 하이파이브(Hi Five)나 피스트 범프(Fist Bump)*를 하여 상호 신뢰와 작은 성공을 자축하기 바란다. 인간의 의사소통 방식 중에서 언어가 차지하는 비중은 7%에 지나지 않는다고 한다. 제스처와 표정이 더 큰 비중을 차지하며 언어

---

* 주먹을 맞부딪치는 방식의 인사법

보다도 강력한 영향을 미친다는 점을 잊지 말자.

　마지막 7단계는 역할 전환이다. 5~30분을 정해 놓고 역할을 바꿔야 한다. 역할 전환을 통해서 양쪽 역할의 참여가 이루어지고 자신이 가지는 세부적인 부분과 큰 부분을 맞춰볼 수 있다. 그 결과가 자신의 오류 발견이나 상대방의 이해로 발전한다는 점을 명심해야 한다. 숙련된 프로그래머라면 30분까지도 가능하다. 시간은 프로그래밍의 주체나 목표나 프로젝트의 크기에 따라 유동적이며 두 프로그래머의 성격 특성, 숙달 정도의 차이 등과 같은 다양한 요소를 고려해야 한다. 시간을 정확하게 지키도록 강조하는 것은 구현 내용과 프로그래머의 숙련도에 따라 피로도가 증가하는 것을 막기 위해서다. 집중력을 높일 뿐 아니라 재충전을 하기에 적절한 시간이기 때문이다.

　이 7단계 과정의 프로토콜이 정확히 사용된다면 프로그래밍 성숙도가 빠르게 증가할 것이다. 페어 프로그래밍 진행 중에 인간 이해 과정에 어려움이 있다면 이것을 아는 프로그래밍 심리학자의 도움을 받기를 권한다.

학습도구로서의 프로그래밍 심리학

개념 중심의 프로그래밍 학습 도구와 학습 가이드라인으로 프로그래 밍 심리학을 사용하면 매우 유용하다. 최근에 소프트웨어중심대학들이 생겨나면서 문과계열 전공자나 예술계열 전공자들과 같은 비 이공계 열 대학생들에게 프로그래밍을 가르치는 경험들이 보고되고 있다. 이 러한 내용을 종합해보면 고등교육의 프로그래밍 교육 방향을 두 가지 로 정리할 수 있다.

- 프로그래밍을 더욱 더 쉬운 방법으로 가르칠 수밖에 없다는 의견
- 하버드나 스탠퍼드의 기초 CS* 수업을 벤치마킹해야 한다는 의견

프로그래밍을 더 쉽게 가르칠 수밖에 없다는 의견은 일부 소프트웨 어중심대학에서 초등학생 수준의 스크래치 수업 동영상조차 학생들이 어려워 한다는 반응이 대표적이다. 파일이나 폴더의 개념 등 컴퓨터에 대한 기본 지식이 부족한 학생들이 많아 큰 어려움을 겪는다는 것도 그 의견과 맥락을 같이한다. 그 대안이 시작단계는 초등학교 수준만큼 쉽 게 가르치면서 차츰 수준을 높여 더욱 고난도의 문제풀이까지 가도록 교육내용을 수정하는 것이었다.

---

* Computer Science의 약자

컴퓨터 기본개념 지식의 부족 문제는 초중고에서 SW 교육이 필수가 되었으므로 자연스럽게 해결될 것으로 기대하는 것이다. 그러나 초반 교육내용 수준을 낮추는 방식으로 대학생들을 가르치는 방법에는 동의하기 어렵다. 중국의 경우 고등학생들을 위한 인공지능 교재까지 만들었다. 고등학생 수준에서 인공지능을 가르치고 있는데 우리나라 대학에서 무한정 쉽게 가르치는 방법에 집중할 수는 없는 것이다.

전 세계가 인공지능기반의 지능정보화 사회에 나가기 위해 고등교육을 개혁하고 있다. 이 상황에서 수준을 낮춰 가르치는 문제는 다른 국가들이 준비하는 고등교육의 질적 수준 차와 국가경쟁력의 차이를 심화시킬 것이기 때문이다. 국가 전체적으로 국제적인 경쟁이 상대적인 질적 저하를 겪을 수 있다. 더욱 쉽게 가르쳐야 한다는 접근 방법은 그래서 매우 회의적이며 적절치 못하다.

하버드나 스탠퍼드에서는 비 이공계학생들을 대상으로 하는 기초 CS 수업은 수준이 상당하다. 첫날에 스크래치로 개념을 학습하고 바로 파이썬(python) 학습을 요구한다. 3주 정도 지나면 전공자들이 2학년 때나 배우는 자료구조나 알고리즘 같은 숙제도 내준다고 한다. 이 방식은 컴퓨터공학과나 인공지능학과의 대학생들이나 인공지능 대학원 진학을 준비하는 사람들을 위한 과정에는 바로 적용할 수 있다고 본다.

MIT의 교육 개혁을 비롯한 중국과 일본의 교육 개혁은 모두 비전공자들에게 인공지능을 가르치겠다는 내용이다. 이는 우리나라 상황에서 어떻게 해석하고 대응할 것인가의 문제와 관련이 있다. 그러나 비전공자들이나 컴퓨터공학이 아닌 공학계열의 학생들에게 하버드나 스탠퍼드의 CS 과정을 벤치마킹하는 것에는 심도 있는 토론이 필요하다.

비전공자들도 인공지능 수준의 학습을 할 수 있는 기초를 마련해야 하지만 하버드나 스탠퍼드 CS 과정을 단순히 그대로 적용하기에는 우리나라의 실정으로 볼 때 부담스러울 수밖에 없다. 가르치는 사람을 양성해야 하는 문제도 있고 기업에서의 컴퓨터 기술자 양성에 참여하는 구조가 우리나라에는 없기 때문이다.

미래는 인간과 인공지능의 공존이 불가피한 시대가 될 것으로 예측되면서 세계 각국의 인공지능에 대한 투자와 노력이 무척 활발하다. 모두가 4차산업혁명의 핵심 동력인 인공지능에 대한 전문인력 양성과 투자에 사활을 걸고 있는 이유다. 세계 각국에서 고등교육의 개혁을 통해 이러한 문제를 해결하려 시도하는 이유도 같다.

2018년 10월 미국의 매사추세츠 공과대학은 "모든 학생을 이중언어자로 양성한다"는 캐치프레이즈로 생물학·기계공학·전자공학, 사회·경영·역사를 전공하는 학생들도 인공지능이라는 언어를 각 개인의 전공과 함께 의무적으로 배우도록 하겠다는 투 트랙(two track) 전략을 발표했다. 투자비용은 자그마치 10억 달러이다. 인공지능이 SW·AI산업계만의 영역이 아니라 다른 분야의 인력들이 자기 분야의 전문적인 업무를 인공지능으로 구현할 개발팀에 함께 참여할 수 있는 인력을 양성하겠다는 구상이다.

중국 또한 인공지능 인재 양성에 매우 적극적이다. 중국 교육부는 최근 35개 대학에 인공지능학과를 신설한다고 발표했으며 고등학교 학생들을 위한 인공지능 교재를 발간했다. 일본 정부 역시 매년 25만 명의 인공지능 인력 양성 계획을 발표했다.

우리나라도 10개의 인공지능 전문대학원(고려대학교, 성균관대학교, KAIST, 포항공대, 광주과학기술원, 연세대학교, 한양대학교, UNIST, 서울대학교, 중앙대학교)을 설치했거나 인가가 났다. 고려대학교 심리학과는 2021년 학부로 개편하고 문과 학사 학위뿐 아니라 이과 학사 학위 취득도 가능하도록 하였다. 이는 인공지능 대학원대학교와 연계 발전시키려는 장기전략으로 보인다. 그 배경은 융합교육과 연구의 허브 역할을 담당함으로써 학내의 모든 학문적 주체와 함께 융합교육과 연구기회 및 체계를 발전시키려는 듯하다. 연세대학교는 AI 단과대학 설립을 검토하고 있다. 전공과 상관없이 인공지능과 빅데이터를 가르친다고 하니 얼마나 학문적 편견 없이 모든 학문을 아우르는 있는 구조를 만드나 지켜볼 일이다.

이렇듯 인공지능으로 대표되는 지능정보화 사회에 대한 변화에 전 세계가 몰두하고 있다. 그러나 무엇보다 중요한 것은 지능정보기술이 하나의 학문을 기반으로 하는 것이 아니라는 점이다. 우리나라 인지과학의 발전을 이끌었던 이정모 교수는 다음과 같이 설명한다.

> 인지과학은 수학, 철학, 심리학, 언어학, 인공지능학, 인류학, 커뮤니케이션학, 사이버네틱스 등의 분야를 연결하여 인지주의라는 새로운 다학문적 과학으로 등장하여, 학문 간 수렴과 융합이 개념적으로, 학문 체계적으로, 그리고 또 테크놀로지 응용의 현실 측면에서 가능하며 또 이루어져야 함을 보이는 새흐름을 대표했다고 할 수 있다.[*]

---

[*] 발췌 : 한국사회과학 통권 제32권, 「인지과학과 학문 간 융합의 원리와 실제」, 이정모

이 글에서 알 수 있듯 지능정보화 사회에 필요한 인재 양성을 위해서는 다양한 분야의 학문적 접근이 필요하다. 이미 우리는 인공지능을 이해하기 위해 지도학습, 비지도학습, 강화학습 등 심리학의 개념들을 차용했다는 것을 알고 있다. 신경망이라는 생물학적 정보전달 방법에 대한 원리로 인공신경망을 구현하고 있다는 점도 알게 되었다. 이제는 대학생이라면 누구나 최소한의 프로그래밍 원리와 인공지능의 원리를 알아야 한다.

단순히 컴퓨터 프로그래밍 기술을 익히는 것이 아니라 사고기술을 학습하는 고도의 사고체계를 활용할 수 있도록 돕는 방법론이 중요하다. 하버드나 스탠퍼드의 CS 과정을 벤치마킹하는 것은 인공지능을 전공으로 하는 사람들에게는 적절하다고 하겠다. 그러나 컴퓨터 기술의 습득 속도가 느리거나 어려움이 큰 전공자와 비전공자들에게 적용할 방법에 대해서는 고민해봐야 할 부분이 많다. 그 대안이 프로그래밍 심리학이다.

컴퓨터 기술이 출현한 이후 프로그래밍을 가르치는 행위를 연구하는 것에 어려움이 있었다. 프로그래밍 행위를 심리학으로 바라보고 프로그래머의 능력을 고양하는 방법을 사용하기 어려웠다. 최근 심리학의 발전과 인공지능의 발전으로 절차적 사고와 객체지향형 사고를 넘어서 인공지능 사고에 필요한 다양한 인지공학적 접근이 더욱 절실해졌다. 보다 절차적이며 합리적인 방안으로 프로그래머, IT리더들을 도울 필요성이 날로 높아지고 있다.

이러한 접근으로 전술한 우리나라 프로그래밍 교육의 문제점을 개선할 수 있다. 스탠퍼드 인공지능 과정을 벤치마킹하는 것만으로는 우리의 문화적 속성으로 볼 때 적절하지 못하다. 프로그래밍을 하는 자신의 인지적 태도와 과정을 스스로 바라보도록 하는 것이 더 적합하다. 이는 복잡한 학습이 아니라 간단한 프로그래밍 또는 인공지능 프로그램을 작성하는 과정에 이 책에서 설명하는 프로그래밍 심리학을 적용함으로써 프로그래밍 교육의 문제들을 개선할 수 있다.

프로그래밍의 지식 표상을 활용하여 메타인지를 높이자

프로그래밍을 수행한다는 것은 지식을 계량화하고 기계화하는 것을 의미한다. 프로그래머가 프로그래밍을 수행하는 과정에 사용하는 지식의 표상을 통상적으로 네 가지로 구분하며 다음과 같다.

- 통사적 지식(syntactic knowledge)
- 의미적 지식(semantic knowledge)
- 도식적 지식(schematic knowledge)
- 전략적 지식(strategic knowledge)

프로그래밍의 지식 표상은 문제해결 과정 동안에 네 가지의 지식 활동의 성공 여부가 프로그래밍이나 프로젝트의 결과로 나타나게 된다는 개념이다. 기본적으로 프로그래밍 과정은 문제해결 과정이 핵심 틀이라고 생각하는 접근 방법이다.

첫 번째, 통사적 지식이란 프로그래밍 언어의 개별적 요소들과 그 요소들을 관계 짓는 능력이다. 예를 들어 입출력을 위한 printf 문장, scanf 문장이나 기억공간을 정의하는 int, float, double과 같은 예약어, 개별 키워드나 변수들의 명칭(예를 들어 count)과 수치들에 대한 지식(+, -, *, /, %)과 등호(=)가 가지는 배정의 의미와, 문자변수와 수치변수의 교환 가능 유무에 대한 지식 등을 말한다.

두 번째, 의미적 지식이란 주기억장치와 메모리, 하드디스크의 컴퓨터 내부장치의 개념 용어들을 통한 내부 행위들에 대한 지식을 말한다. 예를 들어 배열의 활용에서부터 스택(stack), 큐(queue)의 활용, 메모리(memory) 주소를 탐색하는 포인터, 출력화면, 키보드, 터치 패드, 마우스 같은 장치들과의 연결개념, argc와 *argv를 이용한 메모리와 하드디스크에서의 참조지점 연결, 탐색, 이동, 삭제, 쓰기를 포함하는 지식의 총칭이다.

세 번째, 도식적 지식이란 if문, if-else문, switch문, for문과 while, do-while문을 넘어서 함수 작성과 같은 루틴(routine)에 대한 지식을 말한다. 단순히 루틴에 대한 지식뿐 아니라 언제 어떤 목적으로 이러한 루틴들을 사용하는지를 아는 지식을 포함하는 것들이다.

마지막으로, 전략적 지식은 계획을 수립하고 모니터하는 기술을 포함하여 프로그래밍이 자기 기능을 할 수 있도록 세부목표의 분할과 하위목표와의 특정한 계산구조를 연결하는 지식을 통칭한다. 전략적 지식은 사고 구술(Thinking Aloud)로 측정된다. 사고 구술은 '소리내어 생각하기'로 측정된다.

이상과 같은 네 가지 지식에 대한 인식을 새롭게 한 상태에서 매트릭스 표를 이용한다면 초보 프로그래머가 자신이 취약한 지식이 무엇인지 알 수 있게 된다. 프로그래밍 작업에서 부족한 지식을 찾는 좋은 좌표가 될 것이다. 현재 자신의 지식수준을 알면 어떻게 무엇을 해야 할지가 분명해진다. 리더라면 팔로어를 안내하기 위한 적절한 모델이 될 것이다. 지식 표상을 구분하는 것은 프로그래밍 과정에서 약점인 지식과 보충해야 할 지식을 알 수 있게 도와주는 좋은 메타인지 기법이다.

전문가들은 세부사항을 쉽게 파악하고 틀린 용법(프로그래밍 문법: syntax)을 쉽게 파악한다. 시간과 능력의 여유가 생겨서 다른 고수준의 정보처리가 용이하다. 이러한 차이를 네 가지 지식수준의 차이로 구분하면 그 수준 차이가 더욱 명확해진다. 특히, 리더나 대학에서 초보 프로그래머를 가르치는 사람은 지식 표상별로 전문가와 초보자의 특성을 파악하면 사소한 관찰로도 어떤 지식이 부족한지 알 수 있게 된다.

지식표상의 종류	전문가	초보자
통사적 지식	· 프로그래밍 언어의 단위 규칙에 대한 지식 차이 · 지식 요소 간 연결의 원활한 정도 차이	
	빠르고 노력이 들지 않음	틀린 프로그래밍 문법의 발견이 느리고 노력이 들어감
의미적 지식	컴퓨터 계산체계에 대한 심성 모형(mental model)의 구성 유무 차이	
	컴퓨터 체계에 대한 자기 나름의 모형(심리적 모형)이 있음	컴퓨터 체계에 대한 자기 나름의 모형(심리적 모형)이 없음
도식적 지식	요구되는 루틴의 유형에 대한 지식에 기초하여 프로그래밍 기억, 회상, 범주화	문제의 표면적 특성에 기초하여 프로그램을 기억, 회상, 범주화
전략적 지식	프로그래밍 계획 · 지식의 풍부함에 대한 차이 · 적절한 사용 능력의 차이	
	· 높은 수준의 계획을 사용 · 문제를 세밀한 하위 부분들로 분해함 · 대안을 고려함 · 하위 수준 프로그래밍 기술이 자동화되어 있음	낮은 수준의 계획을 사용함

통사적 지식에 대한 전문가와 초보자의 차이는 프로그래밍 언어의 단위 규칙과 관련된 지식의 차이와 이 요소 간에 연결의 원활성에서 차이가 난다. 의미적 지식이 부족한 프로그래머는 컴퓨터 내부 계산체계의 심성 모형(mental model)을 보유하지 못한다. 이때 평가자는 포인터나 배열의 요소들이 메모리 내에서 어떻게 참조되는지 도식화하도록 요구함으로써 평가할 수 있다.

도식적 지식의 경우에 전문가는 요구되는 루틴(routine)의 유형에 대한 지식에 기초하여 프로그래밍을 구성하거나 분류한다. 반면에 초보자는 표면적으로 보이는 사항들을 기초로 프로그래밍을 구성하고 분류하므로 책에서 보지 못한 다른 프로그래밍에 응용하지 못한다. 따라서 평가자는 if문, elseif문, switch문, for문, while문, do-while문 등의 구성 유형에 대하여 설명할 수 있는지 평가함으로써 도식적 지식의 숙달 여부를 알 수 있다.

전략적 지식은 평가하기가 그리 쉽지는 않다. 사고 구술(Thinking Aloud: 소리내어 생각하기) 방식으로 평가하는데 이를 이용하면 프로그래밍 플랜에 대한 지식이 풍부한지, 적절히 사용하고 있는지 평가할 수 있다.

이러한 네 가지 지식은 대학의 고등교육기관에서 초보 프로그래머를 평가하기 위한 시스템을 구축하는 데 유용한 좌표가 된다. 또 해당 프로그래밍 언어나 도구에 적합한 전문 프로그래머를 유치하려는 기업의 평가도구로 사용할 수 있다.

우리의 문화적 특성은 프로그래밍 심리역량 개발 센터를 매우 필요로 한다

미국의 실리콘밸리에서는 인력 채용을 위한 면접 장면에서 누가 심사자이고 누가 응시자인지 구분하기 어려울 정도로 응시자가 지원하는 기업에 대해 질문을 한다. 또 이것이 자연스럽게 토론으로 이어진다. 물론 국내에서도 인력 채용 방식에 유연성을 가지기 위해 다양한 노력을 하고 있다. 그러나 초등학교 시절 이외에는 토론과 대화로 수업을 진행해보지 못하는 경직된 문화가 중등교육과 고등교육을 거쳐 직장까지 이어진다. 임원이나 C-level을 대하는 태도 자체가 동서양이 다르다.

서양에서는 다른 중요한 일로 회의 진행 중에 늦게 나타났거나 일의 진행이 궁금한 디렉터나 임원, C-level이 회의 중간에 참여해도 일어서거나 진행이 멈추는 일이 없다. 아무도 대화를 시도하지 않으며 심지어는 눈길조차 주지 않는다. 회의는 그저 모든 사람이 자신의 의견을 말하고 좋은 의견과 내용을 교류하는 시간이다. 우리나라는 이러한 상황이 되면 회의를 잠시 멈추고 디렉터나 임원, C-level을 상석에 모신다. 회의 내용은 다시 디렉터나 임원, C-level을 중심으로 돌아가 회의의 흐름이 달라진다. 지식과 경험과 권력에 따라 발언 횟수가 결정된다. 이러한 문화적 차이로 인해서 "청바지 입은 꼰대"라는 말이 사라지지 않는 것이다.

미국을 비롯한 서양의 기업에는 직책과 직위가 우리나라처럼 세분화되어 있지도 않고 직급과 경력년수로 연봉이 연결되지도 않는 구조이다. 그저 시니어 개발자인가 주니어 개발자인가에 따라 연봉이 구분되는 정도이다.* 이러한 차이는 자연히 회사 내에서 벌어지는 인간관계의 경직성을 만들어낸다. 그리고 역할조직(평가)보다는 위계조직(평가)의 형태가 더해져 최악의 경우에는 갑질의 권력관계로 발전한다. 대부분의 SW·AI기업들은 다양한 문화를 수용할 수 있는 구조를 만들려고 노력한다. 그러나 문화적 차이에 가로막혀 한계가 명확한 것이 현실이다. 따라서 메타인지를 프로그래밍과 소프트웨어 개발 과정 안에서 함께 진행될 수 있도록 하여야 한다. 그래야만 시작과 결과에서가 아니라 과정에서 발생하는 프로그래머의 심리문제에 대응함으로써 팀의 역량을 끌어올릴 수 있다. 각 기업들이 문화차이를 극복하기 위해 프로그래밍 심리학을 체계적으로 활용할 조직이 필요한 이유이다.

* 시니어 개발자 중에 탑(top) 개발자는 좀 별개이다.

은유는 메타인지를 키우는 중요 키이다

은유는 패러다임을 구성하는 하위 핵심 개념으로 설명한 '보는 틀' 중 하나이다. 은유는 메타포(metaphor)라고도 하며 추상화된 표현으로 문제를 제시하는 방법이다. 은유는 말 하나로 현상에 대한 추론과 이해를 가능하게 한다.

일상에서 은유가 어떻게 사용되는지를 살펴보자. 문학에서 흔히 볼 수 있는 표현으로 김광균의 추일서정(秋日抒情)이라는 시의 한 부분에서 '낙엽은 폴란드 망명정부의 지폐'라는 은유가 나온다. 폴란드의 지폐가 가치가 없게 되었음을 은유하는 것이다. 김대중 대통령은 '행동하는 양심'이라는 은유를 통해 민주화를 이끈 것으로 유명하다. 또 광고에서도 사용되기도 한다. 대표적인 표현으로는 '침대는 과학입니다!'라는 카피다. 은유로 자사의 침대가 과학적인 기반을 이용하여 제작되었다는 신뢰감을 전달하게 된다.

컴퓨터 프로그래밍을 익힌다는 것은 "형식언어 체계와 자연언어 체계와의 관계성을 파악해내는 것"이다. 따라서 전문적인 프로그래밍을 할 수 있다는 것은 "목적으로 하는 〈지능의 기계모의〉를 완성하기 위해서 자연언어로 구성된 지식을 형식언어로 변환하는 것"이다. 프로그램을 완성하기 위해서 형식언어 체계의 형식적 논리와 의미체계를 인간의 자연언어의 논리와 의미체계에 구조적으로 연결하는 능력을 갖춤으로써 특정 체계에 적용을 해야 한다.

또 두 언어체계가 가지는 공통의 구성 요소를 중심으로 통합해가는 지식활동인 것이다.

이러한 지식활동을 하기 위해서는 프로그래밍 과정에 대한 심성모형(mental model)*이 형성되어 있어야 한다. 심성모형을 형성하는 방법 중에서 은유(metaphor)의 적절한 사용이 매우 효과적이라고 알려져 있다. 은유는 초보자들이 프로그래밍 학습을 할 때 의미적, 도식적, 전략적 지식 획득에 도움을 주어 심성모형 형성을 촉진한다. 이정모 교수와 같은 인지심리학자들은 심성모형을 만들기 위해 어떤 은유가 촉진 효과를 일으키는지에 관심을 두고 연구했다. 그중 한 연구는 초보자들이 저지르기 쉬운 실수 유형들을 분류하고 관찰하며, 은유가 오류 패턴에 어떤 변화를 일으키는지 분석했다.

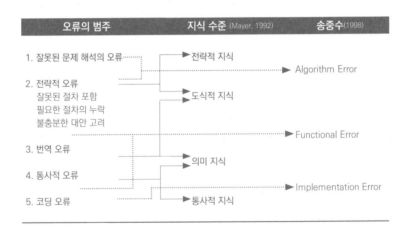

초보자들이 저지르기 쉬운 실수

출처 : 『인지공학 심리학: 인간–시스템 상호작용의 이해』, 박창호 외, 시그마프레스 (재구성)

---

* 특정 디지털 시스템의 가치나 기능 또는 구조에 대해 사람들이 마음속에 가지고 있는 생각, 추상의 수준에 따라 구조모형, 기능모형, 가치모형으로 구분한다.

우리는 앞장에서 프로그래머가 수행하는 네 가지 지식수준을 살펴보았다. 위 그림은 네 가지 지식수준을 프로그래밍 과정의 오류와 관련하여 발생하는 에러 분류체계를 세 가지로 구분한 것이다. 잘못된 문제 해석의 오류는 전략적 지식의 결핍과 자기 계획 재참조, 계획 수정과 함께 알고리즘 에러(Algorithm Error)의 원인이 된다.

도식적 의미적 지식의 결핍과 관련해서는 프로그래머의 번역 오류와 관련이 있는 것으로 기능적 오류(Functional Error)와 연결된다. 통사적 오류와 코딩 오류는 통사적 지식의 오류를 증가시켜 결국 구현 에러(Implementation Error)와 연결된다.

은유 사용에 대한 학습 효과의 분석 결과를 살펴보면 통사적 오류와 코딩 오류를 제외하고 모든 변인에서 나타났다고 보고되고 있다. 보고된 연구를 구체적으로 살펴보자. 이러한 연구는 규준의 차이를 검증하기 위해 두 가지 차원에서 시행되었는데 하나는 코딩 자체에 대한 것이고 다른 하나는 의사 코드(pseudo code)에 대한 것이었다.

코딩 자체에 대한 차원은 그 특징을 몇 가지로 요약할 수 있다. 첫째로 과제의 난이도와 은유와의 관계가 프로그램이 완성되는 시간에 큰 영향을 미쳤다. 다시 말해서 어려운 과제일수록 은유를 사용한 집단과 사용하지 않은 집단 간의 프로그램 완성 시간에 차이가 났다. 둘째로 시행착오 횟수도 은유를 사용한 집단에서 일관되게 적게 나타났다. 이는 은유가 〈지능의 사고모의〉의 정보통합을 촉진한다는 것을 말한다. 셋째로, 전략적 오류와 번역 오류도 은유의 사용집단에 따라 달리 나타났다. 전략적 오류와 번역 오류도 은유와 상관이 높음을 알 수 있다는 것이다. 넷째로, 통사적 오류나 코딩 오류는 은유의 사용과 무관한 것으로 보고되고 있다.

의사 코드(pseudo code)에 대한 차원을 살펴보자. 의사 코드를 이용한 실험에서도 결과는 유사하게 나타난다. 은유를 사용한 집단이 통제 집단보다 오류의 횟수가 적었다. 전략적 오류와 번역 오류가 줄었으며 통사적 오류와 코딩 오류는 집단 간의 차이가 없다고 보고됐다. 과제가 어려우면 어려울수록 은유를 사용한 집단과 사용하지 않은 집단 간의 오류 횟수 차이가 크게 나타났다.

이 두 가지 차원의 실험에서 공통된 특징을 살펴보자. 은유의 사용이 프로그래밍 언어의 학습과 프로그래밍 과제 수행에 영향을 미친다는 것을 말해준다. 첫째로 과제가 어려울수록 교수자의 은유 사용과 학습 효과 간에 관계가 밀접하고 학습효과가 크다. 또, 지식의 유형에 따라 은유의 효과가 다르게 작용한다. 프로그래밍 언어에서나 의사 코드 모두에서 은유의 사용이 전략적 오류와 번역 오류에서 유의미한 영향을 미치고 있다. 그러나 통사 오류와 코딩 오류에는 은유 사용 효과의 영향이 없었다.

프로그래밍 심리학은 프로그래밍을 바라볼 때 읽고, 쓰고, 학습하고, 추론하고 문제를 해결하는 다섯 가지로 해석한다. 프로그래밍 심리학 관점에서 은유를 분석해보자. 통사 오류와 코딩 오류는 이 다섯 가지 기능 중에서 읽고 쓰는 것과 상관이 크다. 따라서 은유의 사용은 학습하고, 추론하고, 문제를 해결하는 나머지 세 가지 기능과 상관이 높은 것을 알 수 있다. 이는 은유의 효과가 통사적 지식보다 상위의 지식수준인 의미적 지식, 도식적 지식, 전략적 지식을 촉진한다는 것을 시사하는 것이다.

그러나 이러한 연구에는 몇 가지 한계가 있다. 오류의 분류가 프로그래밍 과정에 집중된 문제이다. 프로그래밍을 연속해서 지도하여 통사적 지식과 의미적 지식, 도식적 지식, 전략적 지식의 순서대로 학습시키는 경우에 제한적으로 사용해야 한다. 이를 산업현장에서 프로그래머가 발달하는 네 가지 단계 중에서 처음 2단계인 프로그래머 팔로어와 프로그래머 리더에게 적용할 수 있음을 의미한다. 이것 또한 일반적인 프로그래밍 기법에 적용할 경우에 해당하며 인공지능 학습을 위한 부분은 아직 연구할 부분이 남아 어떻게 적용해야 할지 알 수 없다.

이제 프로그래밍 학습은 절차적 사고와 객체지향적 사고를 넘어서 인공지능 사고 체계를 학습해야 하는 매우 다양한 과정으로 발전했다. 실험의 어려움으로 단기간의 학습 과정을 대상으로 할 수밖에 없으므로 다른 변인들을 통제하여 실험하기는 어렵다. 프로그래머의 발달과정에 대한 종단 연구*를 해야 하는 이유이다. 프로그래머의 발달과정을 프로그래머 팔로어 - 프로그래머 리더 - 시스템설계 분석가 - CIO의 4단계로 볼 때 시스템 분석가 이후 단계에서 적용할 수 있을지는 더 두고봐야 알 수 있을 것이다.

---

* 초보 프로그래머에서 CIO까지 발달 전체를 추적 연구하는 것.

프로그래머는 왜 심리문제에 골몰하는가?
메타인지를 위한 프로그래밍 심리학

프로그래밍 과정에서 발달하는 인지능력들

발달심리학자로 유명한 장 피아제는 인지발달이론과 발생론적 인식론(Genetic Epistemology)으로 인지주의 심리학의 시작과 발전에 크게 이바지했다. 발생론적 인식론이란 지식, 특히 과학적 지식을 역사와 사회 발생과 그 기저에서 이루어지는 조작들과 관념들에 대한 심리학적 기원을 바탕으로 설명하려는 시도이다[†].

피아제와 인지발달

피아제는 인간의 인지가 발달하는 과정을 감각운동기, 전조작기, 구체적 조작기, 형식적 조작기의 4단계로 구분하여 설명했다.

감각운동기는 출생 직후부터 2세까지의 기간을 의미한다. 이 기간에는 인간이 가지는 다섯 가지 감각인 5감(시각, 청각, 촉각, 후각, 미각)을 느끼며 근육의 운동을 이용하여 주변의 세계를 경험하기 시작한다. 감각운동기 동안에 아동은 감각 경험이나 물체의 조작을 시도하고 세상을 활발하게 탐색하면서 도식(schema)을 발달시킨다.

---

† 출처 : 『Genetic Epistemology(발생론적 인식론)』, 1968, Jean Piaget, 번역 살클리, http://cysys.pe.kr/GeneticEpis/ge_title.html

8개월 이전의 아동들은 대상 영속성을 습득하지 못한다. 대상 연속성이란 눈앞에 존재하지 않아도 실제로 없어진 것이 아니라 자신의 시아에서 사라진 것이고 어딘가에 존재하는 것을 아는 것이다. 예를 들면 엄마가 직장에 나가거나 잠시 쇼핑을 나갔지만 잠시후에는 돌아온다는 것을 아는 것과 같다.

전조작기는 2~7세 시기로 정신적 표상 능력이 폭발적으로 발달하는 시기이다. 이 시기에는 마술적 사고가 일상이며 자기중심적 사고로 양육에 어려움을 겪는 시기이기도 하다. 이 기간에 아동들은 보존개념이 결여되어 있다. 보존개념의 부족이란 물체의 외관이 변화하더라도 양이나 수와 같은 속성이 그대로 유지되는 것을 이해하지 못함을 의미한다. 이 시기에는 물환론적 사고(animism)를 한다. 물환론이란 무생물도 살아 있고, 자신과 같이 감정을 가지며 의도를 가지고 사고할 수 있다고 생각하는 것을 말한다.

구체적 조작기는 7~11세 시기에 해당한다. 이 시기의 아동들은 전조작기에 실패했던 것들을 성공한다. 보존개념을 이해하고, 구체적이고 실제적인 사물과 사건에 대하여 머릿속에서 조작해보고 논리적으로 사고할 수 있다. 이 시기에는 추론 능력이 발달하지 못한다. 초보적인 연역적 사고를 하기 시작한다.

형식적 조작기는 11세 이상의 시기를 말한다. 자유, 사랑, 미래의 사건, 등 추상적인 개념에 대해 논리적으로 이야기하며 과학적인 추론을 하기 시작하며 이성적 사고가 발달하는 시기이다.

이상의 인지발달 이론들은 신 피아제주의로 발전했으며 그 영향이 프로그래밍 심리학에 크게 영향을 미치고 있다. 신 피아제주의자들은 컴퓨터 프로그래밍 작성단계에서 초보자가 유아의 발달과 유사한 4단계의 능력으로 프로그래밍 능력이 개발됨을 밝혀냈다.

네오 피아제 인지발달 프레임워크

앞서 살펴본 피아제 이론이 네오 피아제 인지발달 프레임워크(Neo-Piagetian cognitive development framework)로 발전하였다. 네오 피아제 이론은 프로그래밍을 배우는 데 어려워하는 사람을 잘 도울 수 있다. 감각운동기(Sensorimotor)의 초보자 프로그래머는 신뢰할 수 있는 프로그램을 실행할 수 없다. 변수의 변화를 추적하면서 최종값을 결정할 수 없는 단계이다. 무능력의 단계이기에 프로그래밍 언어 의미론과 변수를 디버그 없이 서면으로 추적하여 변수의 값을 구성할 수 없다. 정확하게 추적할 수 있는 능력이 없으므로 자신의 코드를 확인할 실제 능력이 없고, 이 때문에 코드를 일관성 있게 작성할 수 없는 시기이다.

전조작기(Preoperational)의 초보자는 코드를 안정적으로 추적할 수 있는 단계에 이른다. 그러나 전체 그림을 보지 못하는 상태 즉, 나무를 찾기 위해 숲을 보지 않으려는 상태에 머물러 있는 시기이다. 여러 줄의 코드가 함께 작동하여 일부 계산 프로세스를 수행하는 방법을 이해하려고 노력하는 단계라고 할 수 있다. 이 단계의 초보자는 코드 조각을 이해하려고 할 때 귀납적 접근법을 사용하는 경향을 보인다. 즉, 초깃값이 다른 명령을 수행하고 입/출력 동작을 중심으로 하는 명령들은 추측할 수 있으나 다이어그램과 코드 간의 관계는 막 보기 시작하는 단계이다. 코드를 작성할 때 코드를 통해 특정 값을 추적한 결과를 토대로 코드를 찾고 다시 찾는 경향이 있다. 아직 솔루션을 설계할 수 있는 수준에 도달하지 못한 상태이다.

구체적인 조작기(Concrete operational)에 이른 프로그래머가 연역 추론이 가능해지는 단계이다. 특정 값을 추적하는 것이 아니라 코드를 읽는 것만으로 짧은 코드를 이해할 수 있다. 코드를 읽을 때 코드 자체에서 추출된 각 변수가 가질 수 있는 가능한 값을 집합으로 추론할 수 있는 수준을 말한다. 쉽게 시각화할 수 있는 다이어그램을 제작하고 알고리즘에 대한 코드를 설계할 수 있다. 이 단계의 초심자는 상대적으로 익숙한 계산 프로세스를 수행하는 비교적 짧은 코드 조각에 대해서만 추론하는 경향을 보이며 보다 능숙한 프로그래머로 발전해나간다.

마지막 단계인 형식적 조작기(Formal operational)에 이른 프로그래머는 이제 현장에서 자신의 역량을 보일 수 있는 단계에 있다. 이 단계의 프로그래머는 맥크라켄(McCracken)이 제기한 문제 해결 5단계 프로세스를 실시할 수 있다. 5단계는 다음과 같다.

1. 그 설명에서 문제를 추상화
2. 하위 문제를 생성
3. 하위 문제를 하위 솔루션으로 변환
4. 재구성
5. 평가 및 반복

형식적 조작기에 이른 프로그래머는 초보 프로그래머의 특성에서 벗어나게 된다.* 몇몇 연구들에서 초보 프로그래머들이 신 피아제 4단계를 통과한다는 직접적인 증거를 제시하고 있다. "소리내어 생각하기(Thinking Aloud)"를 통해서 초보자들이 프로그래밍 관련 작업을 완료하게 된다. 이 소리내어 생각하기는 "프로그래머의 지식 표상" 중 네 번째 표상인 전략적 지식을 측정하는 데 주로 사용된다. 프로그래머의 발달과 지식학습의 마지막 단계에서 유용한 기술이지만 구체적인 연구가 좀 더 나와야 결과의 효과성을 설명할 수 있을 것이다.

이러한 진행 과정에 대한 이해는 자신이 프로그래밍 발달단계의 어디에 위치하는지 알지 못해 어려워하는 프로그래머들에게 좋은 좌표가 된다. 메타인지 기술로 활용하기에 매우 구체적이며 서로 구분이 명확하고 정확하여 합리적인 지표로 여겨진다. 현재 자신의 단계를 알면 다음에 어떻게 무엇을 해야 할지 가늠할 수 있기 때문이다. 신 피아제 이론이 적용된 전략적 지식 발달의 4단계는 엄밀히 구분되는 것이 아니라 상호 중첩되어 발전한다. 이상에서와 같이 메타인지는 프로그래밍 학습에 매우 효과적으로 사용되는 것이다.

---

* 초보자가 이 사이클을 한 번 경험했다는 뜻이다. 숙달된 프로그래머도 프로그래밍 언어의 종류나 내용에 따라 다시 이 과정을 반복한다는 의미이다.

요약

5부에서는 프로그래밍 학습에서의 메타인지를 알아보았다. 시니어 프로그래머, 주니어 프로그래머, 시스템 분석가, 개발자, PM, 디렉터, CIO의 길을 가려면 새로운 지식을 습득하는 것이 일상이 되어야 한다. 그것도 최대한 효과적인 방법으로 해야 한다. 또한 초보 프로그래머를 양성하는 기관들은 프로그래밍 기초 과정에서부터 효과적인 교육 방법을 고민해야 한다. 인공지능이 대중화되기 이전에는 추론의 여러 개념을 프로그래머들이 일상에서 사용하지 않았다. 이제는 자신이 구현하는 추론의 방법을 세심하게 따져봄으로써 메타인지를 높여야 한다.

초보 프로그래머 양성 과정에서는 코드 리뷰 진행에 많은 어려움이 있다. 그러나 코드 리뷰는 협업을 기본으로 해야 하는 프로그래머 집단에게는 기본 중에 기본이다. 프로그래머 양성 초기부터 적용해야 마땅하다. 코드 리뷰만큼 메타인지를 향상시키는 것도 드물다. 우리는 하루에도 수도 없이 상향처리와 하향처리로 정보를 가공하면서 지식을 습득한다. 프로그래머라면 늘상 거시적 관점에서 상향처리와 하향처리를 하고 있다. 이것이야말로 메타인지를 높이는 길이다. 뛰어난 프로그래머라면 프로그래밍 과정 하나하나에서 상향처리와 하향처리를 구분해낼 것이다.

정보통합을 위한 가장 적극적인 방법은 페어 프로그래밍이다. 메타인지를 가장 빨리 증대시키는 기술이기도 하다. 프로그래머가 현재 어떤 지식 표상의 작업을 하고 있는지, 어떤 지식 표상의 작업에서 약점을 보이는지를 구분해낼 수 있다면 프로그래머는 최대의 메타인지 능력을 가지는 것이다. 무엇보다 은유의 활용은 프로그래밍 학습에 가장 탁월한 메타인지이다. 신 피아제 주의의 프로그래머 인지발달을 알면 프로그래머를 양성하는 교사, 교수뿐만 아니라 팔로어를 이끄는 리더 프로그래머에게 매우 유용하다. 매우 유용한 메타인지 기술이기 때문이다. 5부의 내용들은 전문 프로그래머 양성에 어려움을 겪는 대학들과 기업들에게 매우 유용할 것이다. 메타인지를 활용한 프로그래머 양성체제로 구조를 만들어가야 하는 이유다. 특히 대학에서는 메타 프로그래밍 기술을 활용해야 한다. 수업 단계에서 코드 리뷰를 하고 페어 프로그래밍을 하고, 상향처리와 하향처리, 지식 표상을 통하여 프로그래밍 지식을 정리함으로써 학습과정을 진행해야 한다. 그래야 다음 세대들의 프로그래밍 교육 방법론이 더 발전할 수 있다. 기본적으로 PBL을 통하여 강좌를 진행해야 한다. 과제 중심형, 문제 중심형 학습방법이 정보통합을 해야 하는 프로그래밍 학습의 중요한 포인트이다.

프로그래밍 학습 심리학은 현장에서 어떻게 활용될까?

미국 첨단 기업의 개발자들은 프로젝트가 끝나면 두 달 정도는 여유롭게 작업을 진행하면서 변화하는 기술을 공부하거나 개인적인 작업도 하면서 재충전할 기회를 제공받는다. 옷도 편하게 입고 퇴근 시간도 자유롭고 금요일에 출근을 안 하기도 한다. 경직되지 않은 자유로운 생활에서 창의적 아이디어가 나올 수 있는 분위기를 마련하는 것이다. 반면 우리나라에서는 급변하는 기술에 대한 학습은 개인의 능력으로 치부되고 공부는 집에 가서나 해야 할 것으로 취급된다.

문제해결 역량도 이야기하지 않을 수 없다. 2016년에는 삼성전자 프로그래머의 절반 이상이 문제해결 능력이 기초 이하라는 진단이 언론에 크게 대두되었다. 프로그래머들이 해결해야 하는 것들이 다양한 분야로 확대되는 것이 SW·AI산업의 특성이다. 안타깝게도 이것을 기업 문화와 사회가 반영하지 못하고 있다. 기업이 프로그래머의 문제해결 능력 훈련을 도외시하고 있다. 우리나라의 많은 SW·AI기업들이 노력은 하고 있지만 현장의 프로그래머들 목소리는 다르다.

제조업 기반의 기업은 생산목표를 달성하는 과정을 조직화하고 관리하는 데 경영 초점이 맞춰져 있다. 국내 SW·AI기업의 구조는 제조업 기반 기업의 구조를 따랐다. 따라서 자연히 조직문화도 제조업 조직문화를 그대로 이어받았다. 경험과 경륜이 풍부한 의사결정자가 주요 임원들의 의견을 수렴하여 기업이 나아갈 바를 결정한다. 그 결정에 따라 역할을 분담하고 일사불란하게 목표 달성에 매진하는 것이다. 일의 내용과 정도를 책임자가 결정한다. 상위로 올라갈수록 그 무게는 커진다.

이러한 방식의 조직을 위계 조직이라고 한다.

위계 조직은 기업 성장에 긍정적인 측면과 부정적인 측면이 공존한다. 부정적인 측면을 살펴보자. 각 개인은 일을 스스로 하지 않으며 전체적 책임은 결정자에게로 귀결된다. 경직성은 정보 독점과 업무 병목 현상의 원인이 된다. 주어진 역할이 확실히 정해짐으로 인하여 자료의 공유가 안 된다. 당연히 코드 리뷰 같은 일은 하지 않게 된다. 여기에 동서양의 문화적 차이도 한몫한다. 문제가 발생하면 그 원인을 개인에게 귀인하는 동양의 문화적 환경, 기업의 경직된 문화가 복합적으로 작용한다.

프로그래밍의 전체과정은 위계 조직보다는 역할 조직이 더 유리하다. 역할 조직은 각자가 자신이 맡은 부분에서 책임을 지는 구조를 가진다. 사고모의 과정은 정신 과정이기에 프로그래밍 과정을 명확히 선으로 나누어 임무를 부여하기 어렵다. 사람의 머릿속에 있는 사고모의를 프로그램으로 전개한다는 것의 특징을 이해해야 한다. 그 작업은 매우 내밀한 작업이며 작업자 간의 의사소통은 아무리 강조해도 부족하다. 따라서 프로그래머 조직은 역할 조직이 더 적합하다. 예를 들어 한 프로젝트에서 주니어 프로그래머의 참여가 많아 시니어 프로그래머가 코드 리뷰와 페어 프로그래밍을 하는 시간이 매우 많이 필요한 상황이라고 해보자. 이 경우 시니어는 자신의 프로그래밍 작업량이 줄어들 수 있다. 위계 조직에서는 프로그래머의 성과를 코딩 양에 따른 목표 달성에 맞추어 평가하므로 이 시니어 프로그래머의 평가 점수는 낮을 수밖에 없다. 그러나 역할 조직에서라면 프로젝트를 위해 매우 중요한 병목 지점을 해결하는 역할을 훌륭히 해냈으므로 해당 시니어 프로그래머는 높은 점수로 평가된다.

SW·AI기업에서 역할 조직의 효용성은 매우 놀랍다. 병목현상을 줄여준 코드 리뷰의 결과는 전체 프로그램 동작을 확인하거나 버그를 수정할 때 매우 유용하다. 다른 사람의 프로그래밍 과정에 참여하였으므로 자연히 정보공유가 이루어져 그 접합부에서 문제가 발생할 때 쉽게 해결이 가능하다. 정보독점이라는 위계 조직의 큰 약점이 사라지는 것이다. 어떤 기업에 제품 문의를 했는데 담당자가 없어서 다음에 연락해 달라는 경험을 해보았을 것이다. 이것이 정보독점으로 인하여 벌어지는 일이다.

컴퓨터 프로그래밍을 하는 과정에서의 정보독점은 소프트웨어의 연결점에서 발생하는 버그를 잡는 데 많은 시간과 자원을 낭비하게 한다. SW·AI기업에서 정보독점이 사라지면 회사 분위기 자체가 변화한다. '내 회사'라는 개념이 자리잡게 된다. 주니어 프로그래머가 대량으로 투입되었음에도 코드의 질을 보장할 수 있게 된다. 따라서 다음에 이 프로젝트에서 사용한 프로그램들을 재사용할 수 있게 되고 기업의 생산성은 높아진다. 시너지가 높아지는 것이다. 이 프로젝트의 시니어 프로그래머는 코드 리뷰를 즐길 수 있게 된다. 코드 리뷰를 많이 하다보면 주니어 프로그래머들이 어려워하는 것들이 무엇인지를 깨닫게 되고 리딩 능력이 강화되어 시니어 프로그래머 개인과 프로젝트 전체의 메타인지가 상승한다.

위계 조직에서의 평가 방식은 코드 줄 수나 보고서로 판단하는 성과주의 방식을 많이 취하고 있다. 자연히 성과를 높이기 위한 비효율이 발생한다. 반면 역할 조직에서 사용하는 평가 방식은 기여주의 평가이다. 자신이 해당 프로젝트에서 수행한 업무 역할에 따라 평가를 받는다. 역할 조직은 기본적으로 평가 권력이 분산되어 있다. 역할에 대한 동료 간 상호평가 인사시스템이 뒷받침된다. 팀장이나 임원이 자리에 없어도 내 역할을 항상 바라보는 동료들이 옆에 있다. 그러니 상사가 없어도 나태해질 일이 없다. 자연히 상사의 눈치를 살피는 일이 줄어든다. 출퇴근이 자유로워도 아무 문제가 되지 않는 것이다.

프로그래머 집단에게는 위계 조직보다는 역할 조직이 더 적합하다. 그러면 프로그래머는 자신만의 장점에서 역할을 찾아 경력을 관리할 수 있다. 경력개발과 기업의 이익을 같은 선상에 놓게 된다. 프로그래머 개인의 성장과 기업의 성장이 균형점을 찾게 되는 것이다. 더 나아가 자신의 경력관리에 초점을 맞추면서도 기업의 성장에 기여할 수 있다. 이러한 능력은 시니어 프로그래머에게는 커다란 자산이 된다. 빠르게 승진하기도 하고 그저 자기 역할과 일이 좋아서 계속 자리를 지키기도 한다.

역할 조직이 모든 SW·AI기업에 유리하다고 할 수는 없다. 기업의 규모가 클수록 위계 조직의 강점이 필요하기 때문이다. 다만 미국의 성공한 빅테크 기업들이 대부분 역할 조직을 가졌다는 것은 시사하는 바가 크다. 어떤 조직이든 인공지능으로 대변되는 지능정보사회로의 변화는 필수가 되었다. 변화에 적응하기 위해서 코드 리뷰, 페어 프로그래밍, 상향처리/하향처리, 지식표상의 활용으로 메타인지를 키워나가야 한다. 프로그래밍 학습 심리학은 메타인지를 뒷받침하는 기술이다.

결문

모든 SW·AI기업에서 CPO가 활약하길 기대하며

이 책의 탈고를 위하여 교정을 하던 중에 N社 소속 개발팀장 한 사람이 스스로 생을 마감했다는 뉴스를 접하게 되었다. 연이어 쏟아지는 관련 기사들을 보면서 참으로 많은 생각이 들었다. 그 가족들의 고통을 생각하니 참으로 안타깝고 슬프다. 고인의 명복을 빌며 다시는 이런 일이 생기지 않기를 바라는 마음 간절하다. 이와 같은 불상사는 인간의 존재가치를 경시하는 개발 우선주의에서 비롯된 것으로 비난받아 마땅하다.

나는 프로그래밍 심리 전문가로서 조금 다른 관점에서 이 문제를 보고자 한다. 특히, 이 사건으로 고통받을 주위의 다른 동료 프로그래머와 개발자, 더 나아가서 사건 당사자인 임원과 COO, CEO도 고통에 빠져 있을 것이라 생각된다. 프로그래밍이라는 고도의 정신활동을 하는 사람들에게 왜 이러한 어려움이 자주 발생할까? 여기엔 매우 복잡하고 다양한 상황들이 얽혀 있다.

우리나라에 프로그래머라는 직업이 생긴 지 50년의 세월이 흘렀음에도 프로그래머들이 견디기 어려운 상황이 여전히 개선되지 않고 있다. 오히려 복잡한 상황이 얽히고설켜 이제는 자체적으로는 풀기 어려운 임계점에 온 것으로 보인다. 이번 사건은 많은 대학생들이 선망하는 기업에서 벌어진 일이라는 점에 주목해야 한다. 모든 프로그래머들이 근무하고 싶어하는 양대 빅테크 기업

중 하나이다. 그런데 그 회사에 근무하는 프로그래머들은 구글이
나 페이스북으로 이직을 하는 것이 다음 목표라고 한다. 임원들과
C-level들은 글로벌 빅테크 기업에 엔지니어들을 빼앗기고 있어
긴장하고 있는 상황인 것이다. 이보다 대우나 환경이 열악한 작은
규모의 기업들의 경우는 말할 필요도 없다.

이제 기업들은 4차산업혁명의 영향으로 빠르게 변화하는 대외
환경을 성공적으로 넘지 못하면 살아남기 어렵다. 신자유주의형
자본주의에 밀려 C-level들이 공격적 경영을 하게 만들고 있다.
컴퓨터 기술이 인공지능뿐 아니라 양자컴퓨터로 발전하면서 50
년마다 벌어지는 산업혁명으로 콘트라티에프 경기순환 사이클에
기업이 내몰리고 있다. 이러한 상황에 C-level들은 큰 압력을 받
는다. 플랫폼 사업 생태계로 변화하지 못하는 기업들은 사라질 것
이라는 예측도 대두되고 있다. 유능한 지능정보기술자의 확보는
기업의 사활과 직결된다. 아마 N社도 최근 구글로 대변되는 글로
벌 빅테크 기업들에 시장을 잠식당하여 매우 긴장하며 경영했으
리라 추측된다.

이와 같은 일을 보면서 프로그래밍 심리학을 대학에서 연구만
하고 있을 정도로 한가한 상황이 아님을 느꼈다. 고통받는 IT엔지
니어들이 프로그래밍 심리학의 내용을 활용하여 어려움에서 빠져
나올 수 있도록 안내해야 한다. 문제가 발생하기 전·후에 조치를
취하는 지금의 시스템보다는 소프트웨어 제작 과정에서 프로그래
밍 심리학이 곳곳에 스며들도록 하는 것이 중요하다.

SW·AI기업들은 〈프로그래밍 심리역량 개발 센터〉를 운영해
야 한다. 사람의 내면을 이해하는 일은 어렵고 인내가 필요하다.

SW·AI기업이 이 문제를 해결하기 위해 프로그래밍 심리학 이외의 다른 인문학적 지식과 태도를 구성원들에게 바로 적용하기에는 큰 어려움이 있다. 프로그래머들에게는 자신의 전문 영역과 관련이 있는 프로그래밍 심리학을 사용해야 한다. 기업의 이익과 IT엔지니어들의 심리적 저항이 부딪혀 이해충돌이 발생할 때 CEO는 다른 C-level들을 설득할 수 있어야 한다. CEO는 조직 전체의 프로그래밍 심리문제를 항상 상의하고 의사결정을 돕는 CPO(Chief Psychology of programming Officer : 최고 프로그래밍 심리 전문가)를 두어야 한다. 다양한 분야의 전문지식으로 기업의 이익 창출을 돕는 C-level들을 이끌어나가려면 적극적인 프로그래밍 심리 전문기술을 활용한 경영이 요구되기 때문이다. CPO는 〈프로그래밍 심리역량 개발 센터〉를 운영하여 조직원 전체의 능률을 향상시키고 힐링과 재충전을 할 수 있게 해야 한다. 프로그래머의 심리적 어려움을 해결하기 위해서다. 일정한 주기로 센터에서 자신을 바라보고 프로그래밍 메타인지를 키울 수 있도록 지원하고 개발 과정 안에 녹아들 수 있도록 해야 한다.

CPO가 〈프로그래밍 심리역량 개발 센터〉를 통하여 관리해야 할 구체적인 일들을 살펴보자.

• 조직 구성원의 프로그래밍 심리역량을 향상시킬 것
  - 프로그래밍 사회심리역량으로 소프트웨어 개발 과정에서의 사회적 관계에 대한 스킬을 가지도록 한다.
  - 프로그래밍 성격심리역량으로 개인과 다른 프로그래머와의 차이를 항상 인식할 수 있도록 하고 소프트웨어 개발 과정에 적용할 수 있

도록 한다.

- 프로그래밍 인지심리역량으로 인간의 인지 기술들이 어떻게 구현되어 나가는지 기술적 요소들을 파악하도록 도움으로써 인지기술의 개발 방향을 설정할 수 있도록 한다.
- 프로그래밍 학습 심리역량으로 프로그래밍 협업능력과 학습역량을 향상시켜서 개발 과정에 적용할 수 있도록 한다.
- 대학생에게 현장 경험이 풍부한 전문 프로그래머로부터 코치받을 수 있도록 한다.

- CEO를 포함한 C-level들과 임원, PM들이 번아웃에 빠지지 않게 한다.
- 다양한 분야의 사람들이 모여 조직을 구성할 때 새로운 그라운드 룰을 만들 수 있도록 한다.
- CPO은 최고경영자가 프로그래밍 심리 의식으로 의사결정을 할 수 있게 도와야 한다.

초보 프로그래머, 리더 프로그래머, 소프트웨어 분석가/설계자, PM, 임원, C-level들은 모두 각자의 긴장감이 다르다. 특히 프로젝트를 진행하는 PM 직책을 수행하는 사람의 긴장감은 하늘을 찌른다. 위치별로 다르게 느끼는 부담감을 개인에게 맡기는 것은 한계에 다다랐다. 체계적 관리를 통해 프로그래머들의 메타인지를 향상시켜야 한다. 프로그래밍 심리학으로 충분히 소통하고 협업할 수 있는 기업 생태계가 절실히 필요하다.

미국에서는 인간을 더욱 독립적으로 바라보는 서양 문화적 특성을 활용해 현장실무 근무자들이 코칭 방식으로 대학생의 프로그래밍 기술을 습득시키는 사회적 교육모델이 출현했다. P-Tech

대학, Flation 스쿨이 그것이다. 이런 미국의 코칭형 프로그래밍 학습 모델은 대학만의 노력이라기보다는 국가, 기업, 대학이 어우러지는 문화로 이해된다. 이를 우리나라에서 적용하여 SW·AI기업은 〈프로그래밍 심리역량 개발 센터〉에서 전문 프로그래머가 참여하여 대학생들을 코칭해야 한다. 프로그래밍 심리학을 활용하여 우리나라 SW·AI기업들이 하기 어려웠던 사회적 역할을 수행할 수 있다. 이곳에서는 대학에서 가르치기 어려운 종류의 페어 프로그래밍과 코드 리뷰, 고난도의 디버깅을 통하여 현장의 경험을 전수할 수 있을 것이다.

임원과 C-level들의 심리문제에 대해서도 가이드하고 힐링시켜 번아웃에 빠지지 않게 돕고 그 방법을 익히도록 해야 한다. 팀 운영을 위한 그라운드 룰을 만들 수 있도록 기능적인 역할도 수행해야 한다. CPO는 CEO를 어시스트하고 CEO 수준에서 프로그래밍 심리학 개념을 적용 관리하도록 도와야 한다.

이 모든 일을 오랫동안 노력해야 한다. 50년 동안 이루어지지 못한 SW·AI기업의 분위기를 바꾸는 일은 짧은 기간에 한두 사람의 노력으로 해결되지는 않을 것이다. 특히 시니어 프로그래머들이 적극 참여해야 한다. 지금 시작하지 않으면 시간이 지나도 못 바꾼다. 초보들은 경험부족으로 이를 어떻게 바꿀지 생각해보지 못한다. 이들을 이끌어줘야 한다. 그래야 변화시킬 수 있다. 그래서 프로그래밍 심리학을 알아야 하고 고민해야 한다.

SW·AI업계의 자원들을 성숙으로 이끌 수단으로 프로그래밍 심리학을 활용하자. 마치 복지 사각지대를 없애려는 국가 차원의 노력처럼 프로그래밍 심리학을 성격, 사회, 학습, 인지 관점의 다양한 스펙트럼으로 제공해야 한다. 변화를 위해서 인문학의 다양한 지식이 필요하지만 인문학은 너무 추상적이고 분야가 다양하다. IT엔지니어가 자신의 문제와 관련 있고, 자신의 전문지식과도 관련이 있는 프로그래밍 심리학으로 변화를 이끌게 하자. 우리나라의 모든 SW·AI기업에서 CPO가 활동하는 그날을 상상해본다.

참고문헌

도서

- Grit: The Power of Passion and Perseverance, A. L. Duckworth. New York : Scribner. 2018.
- Handbook of Human-Computer Interaction, Martin Helander, North-Holland, 1988.
- Human Computer Interaction 개론 : 사람과 컴퓨터의 어울림, 김진우, 안그라픽스, 2005.
- MBTI 개발과 활용, Isabel briggs Myers, Mary H. McCaulley, 어세스타, 1985.
- Upside-Down Gods : Gregory Bateson's difference, Peter Harries-Jones, Meaning Systems, 2016.
- 거의 모든 IT의 역사, 정지훈, 메디치미디어, 2010.
- 거의 모든 인터넷의 역사, 정지훈, 메디치미디어, 2014.
- 과학 혁명의 구조, 토마스쿤, 까지글방, 2002.
- 그릿 : IQ, 재능, 환경을 뛰어넘는 열정적 끈기의 힘, 엔젤라 더크워스, 비즈니스북스, 2016.
- 누가 소프트웨어의 심장을 만들었는가, 박지훈, 한빛미디어, 2005.
- 대상관계이론과 실제:자기와 타자, Gregory Hamilton, 학지사, 2007.
- 데이터의 보이지 않는 손, 야노 가즈오, 카커스, 2015.
- 딥메디슨 – 인공지능, 의료의 인간화를 꿈꾸다. 에릭토플, 소우주, 2020.
- 마스터알고리즘, 페드로 도밍고스, 비즈니스북스, 2016.
- 마음의 미래, 미치오 카쿠, 김영사, 2015.
- 마인드셋: 스탠퍼드 인간성장 프로젝트 원하는 것을 이루는 '태도의 힘', 캐럴 드웩, 스몰빅라이프, 2017.
- 만물해독, 찰스 세이프, 지식의 숲, 2016.
- 멀티미디어 : 바그너에서 가상현실까지, 랜덜 패커·켄 조던, nabi press, 2004.
- 모바일 HCI를 위한 연구방법론, Steve Love, 학지사, 2010.
- 버스트 : 인간의 행동 속에 숨겨진 법칙, 바라바시, 동아시아, 2010.
- 생각의 탄생, 로버트 루트번스타인·미셸 루트번스타인, 에코의 서적, 2007.
- 성격심리학, 노안영·강영신, 학지사, 2003.
- 소셜미디어 마케팅의 비밀, 폴 길린, 멘토르, 2009.
- 소프트웨어 프로젝트 생존 전략, 스티브 맥코넬, 인사이트(insight), 2003.
- 심리학의 이해(4판), 윤가현, 권석만, 남기덕, 도경수, 박권생, 송현주, 신민섭, 유승엽, 이영순, 이현진, 정봉교, 조한의, 천성문, 최준식, 학지사, 2012.
- 알고리즘, 인생을 계산하다, 브라이언크리스천·톰 그리피스, 청림출판, 2018.
- 의식심리학, 이봉건, 학지사, 2005.
- 인간과 컴퓨터 상호작용 : 인컴학을 향하여, 김희철, 사이텍미디어, 2006.
- 인간과 컴퓨터의 이해, 오창환, 한국학술정보(주), 2011.
- 인간의 인간적 활용 : 사이버네틱스와 사회, 노버트워너, 텍스트, 2011.
- 인지공학심리학 : 인간·시스템 상호작용의 이해, 박창호외9인, 시스마프레스, 2007.
- 인지과학 : 학문 간 융합의 원리와 응용, 이정모, 성균관대출판부, 2009.
- 인터넷 심리학, 황상민, 에코리브르, 2001.
- 인포메이션, 제임스 글릭, 동아시아, 2016.
- 정신과 물질 – 생명의 수수께끼와 분자생물학, 그리고 노벨상, 다치바나 다카시, 도네가와 스스무,

곰출판, 2020.
- 존 폰 노이만, 그리고 현대 컴퓨팅의 기원, 윌리엄 어스프레이, 지식함지, 2017.
- 좋은 코딩 나쁜코딩, 박진수, 한빛미디어, 2004.
- 지능의 본질과 구현, 이재현, 로드북, 2018.
- 추상적사유의 위대한 힘, 박정일, 김영사, 2010.
- 컴퓨터과학이 여는 세계, 이광근, 인사이트, 2015.
- 컴퓨터시대의 인간심리, 브로노프스키, 홍신문화사, 1991.
- 컴퓨터와 마음 : 물리 세계에서의 마음의 위상, 윤보석, 아카넷, 2009.
- 특이점이 온다. 레이커즈와일, 김영사, 2007.
- 프로그래밍 심리학, 제럴드 와인버그, 인사이트, 2008.
- 프로젝트 성공을 위한 갑과 을의 상생협력, 이재용, 한빛미디어, 2012.

칼럼

- 인공지능에서 유용한 사회문화심리학, CIO Korea, 이재용 칼럼, 2019. 5.
- 프로이트! 최초의 인공지능 전문가, CIO Korea, 이재용 칼럼, 2019. 4.
- 지능정보 기반 고등교육 시스템의 밑그림 출현과 'IT+심리학 통섭', CIO Korea, 이재용 칼럼, 2019. 3.
- 지능정보기술 인력 양성에 대하여 ... , CIO Korea, 이재용 칼럼, 2019. 2.
- 초보 프로그래머에서 CIO까지… 프로그래밍 심리학, CIO Korea, 이재용 칼럼, 2019. 1.
- 사고 판단형 CIO를 위한 조언, CIO Korea, 이재용 칼럼, 2018. 12.
- CIO의 심리적 역량: 번아웃 예방력, CIO Korea, 이재용 칼럼, 2018. 11.
- 감각형 CIO의 현재, CIO Korea, 이재용 칼럼, 2018. 10.
- 직관형 CIO의 미래, CIO Korea, 이재용 칼럼, 2018. 9.
- '30%에 불과할지라도…' 외향형 CIO 예찬, CIO Korea, 이재용 칼럼, 2018. 8.
- CIO의 70%는 '내향형', CIO Korea, 이재용 칼럼, 2018. 7.
- IT 기술이 바꿔놓을 인문사회분야 연구 방법론, CIO Korea, 이재용 칼럼, 2018. 6.
- 양자 컴퓨터와 인공지능의 대중화, CIO Korea, 이재용 칼럼, 2018. 5.
- 새로운 감각 기관 – 의식기술(Conscious Technology)의 시대, CIO Korea, 이재용 칼럼, 2018. 4.
- 지능정보화 사회에 대비한 학문적 접근법 – 인공두뇌학 (Cybernetics), CIO Korea, 이재용 칼럼, 2018. 3.
- 운과 행복도 측정되고 관리된다 – 심리정보과학, CIO Korea, 이재용 칼럼, 2018. 3.
- IT 기술자에게 필요한 인공지능의 심리학적 접근 – 심리정보과학, CIO Korea, 이재용 칼럼, 2018. 1.
- 신경기반 컴퓨팅이 촉진시킬 특이점, CIO Korea, 이재용 칼럼, 2017. 12.
- 4차 산업혁명 시대의 프로그래밍 교육, CIO Korea, 이재용 칼럼, 2017. 11.
- 정서심리학에서 인공지능까지, CIO Korea, 이재용 칼럼, 2017. 10.
- 인공지능의 위험성, '학문 간 경계'에서의 시야가 필요하다, CIO Korea, 이재용 칼럼, 2017. 9.
- IT 리더들의 성격유형과 리더십, CIO Korea, 이재용 칼럼, 2017. 7.
- 인본주의 심리학자 매슬로우가 안내한 4차 산업혁명, CIO Korea, 이재용 칼럼, 2017. 6.
- 지능정보사회에서 대중에게 교육해야 하는 것들, 이재용, AIIA Journal, Vol. 9, 2018, pp. 10 - 18.
- 전문가 양성을 위한 AI교육, 이재용, AIIA Journal, Vol. 11, 2018, pp. 10 - 17.
- 컴퓨터 기술의 퀀텀 점프! 양자컴퓨팅 (Quantum computing), 이재용, 삼성디스플레이뉴스룸 IT 칼럼, 2020.

- IT+심리학 통섭으로 보는 지능정보기술의 이해, 이재용, 국회 미래연구원, 2020.

논문 등

- A Coding Scheme Development Methodology Using Grounded Theory For Qualitative Analysis Of Pair Programming, Stephan Salinger, Laura Plonka, Lutz Prechelt, Human Technology Vol. 4, No. 1, 2008, pp. 9 – 25.
- A Study of the Characteristic of Korean Grit: Examining Multidimensional Clustering of Grit, J. G. Kim, S. R. Lee & S. J. Yang, Korean Journal of Culture and social Issues, Vol. 24. No. 2, 2018, pp 131 – 151.
- A Study on Effects of Code Review on Reasoning of Aviation Engineers, Jae-Yong Lee, Elementary Education Online, Vol. 20, No. 3, 2021, pp. 1035 - 1041.
- A Study on the Correlation between Code Review and Computer Programming Interest, Jae-Yong Lee, Jour of Adv Research in Dynamical & Control Systems, Vol. 11, Issue 05, 2019, pp. 2434 - 2438.
- A Study on the Effect of Language Ability on Programming Interests, Jae-Yong Lee, Elementary Education Online, Vol. 20, No. 3, 2021, pp. 1068 - 1074.
- A top-down approach to teaching programming, Margaret M. Reek, ACM SIGCSE Bulletin, Vol. 27, Issue 1, 1995, pp. 6 – 9.
- An Analysis of Computing Major Students' Myers-Briggs Type Indicator Distribution, Kyungsub Steve Choi, Proc ISECON Vol. 23, 2006.
- Archetypal personalities of software engineers and their work preferences: a new perspective for empirical studies, Makrina Viola Kosti, Robert Feldt, Lefteris Angelis, Empirical Software Engineering, Vol. 21, No. 4, 2016, pp. 1509 – 1532.
- Back Propagation Neural Networks, Massimo Buscema, Substance Use & Misuse, Vol. 32, No 2, 1998, pp 233 - 270.
- Bottom-up, Top-down? Connecting Software Architecture Design with Use, M. Büscher, Michael Christensen, K. M. Hansen, P. Mogensen, D. Shapiro, Published in Configuring User-Designer, 2009, pp. 157 – 191.
- Building software engineering teams that work: The impact of dominance on group conflict and Performance outcomes, Tracy L. Lewis, Wanda J. Smith, 38th Annual Proceedings - Frontiers in Education Conference 2008. S3H1~S3H6.
- Causal Entropic Forces, A. D. Wissner-Gross,C. E. Freer, PHYSICAL REVIEW LETTERS, 2013, pp. 168702-1 ~ 168702-5.
- Clues on Software Engineers Learning Styles, Luiz Fernando Capretz, International Journal of Computing & Information Sciences, Vol. 4, No. 1, 2006, pp. 46 - 49.
- Code review and personality: is performance linked to MBTI type?, Alessandra Devito Da Cunha, David Greathead, School of Computing Science, University of Newcastle Technical Report Series, 2004.
- Combining Top-down and Bottom-up Techniques in Inductive Logic Programming, John M. Zelle, Raymond J. Mooney and Joshua B. Konvisser, Proceedings of the Eleventh International Workshop on Machine Learning, 1994, pp. 343 – 351.
- Computer keyboard interaction as an indicator of early Parkinson's disease, L. Giancardo, A. Sánchez-Ferro, T. Arroyo-Gallego, I. Butterworth, C. S. Mendoza, P. Montero, M.

Matarazzo, J. A. Obeso, M. L. Gray & R. San José Estépar, Nature Scientific reports, 2016.
- Constructivism in Computer Science Education, Mordechal Ben-Ari, ACM SIGCSE Bulletin Vol. 30, No. 1, 1998, pp. 257 – 261.
- Development and validation of the Short Grit Scale (GRIT-S), A. L. Duckworth, P. D. Quinn, Journal of Personality Assessment, Vol. 91, No. 2, 2009, 166 - 174.
- Does an Individual's Myers-Briggs Type Indicator Preference Influence Task-Oriented Technology Use?, Pamela Ludford, Loren Terveen, Human-Computer Interaction - INTERACT03, 2003, pp. 623 - 630.
- Does personality matter?: an analysis of code-review ability, Alessandra Devito Da Cunha, David Greathead, Communications of the ACM, Vol. 50, Issue 5, 2007, pp. 109 – 112.
- Effects of Grit and Conscientiousness on Academic Performance : The Mediation Effects of Self-Determination Motivation, S. M. Hong & S. R. Lee. Journal of the Korea Convergence Society 10(10), 2019, pp. 143 – 151.
- Emotional labor of software engineers. In S. Demeyer, A. Parsai, G. Laghari, & B. van Bladel (Eds.), BENEVOL 2017 : BElgian-NEtherlands Software eVOLution Symposium, 2017, pp. 1 – 6.
- Emphasizing human capabilities in software development, S.T. Acuna,N. Juristo, A.M. Moreno, IEEE Software, Vol. 23, Issue 2, 2006, pp. 94 – 101.
- Examining Maslow's Hierarchy Need Theory in the Social Media Adoption, Sanchita Ghatak, Surabhi Singh, FIIB Business Review, Vol. 8, issue 4, 2019, pp. 292 - 302.
- Eye strips images of all but bare essentials before sending visual information to brain : UC Berkeley Research Shows, B. Roska, F. Weblin, Nature 410.6828, 2001, pp. 583 - 587.
- Five paradigm shifts in programming language design and their realization in Viron, a dataflow programming environment, Vaughan Pratt, Proceedings of the 10th ACM SIGACT-SIGPLAN symposium on Principles of programming languages, 1983, pp. 1 – 9.
- Four approaches to teaching programming, Cynthia Selby, Conference: Learning, Media and Technology: a doctoral research conference, 2011.
- Grit:Perseverance and passion for long-term goals, A. L. Duckworth, C. Peterson, M. D. Matthews, D. R. Kelly, Journal of Personality and Social Psychology, Vol. 92, No. 6, 2017, pp 1087 - 1101.
- How Does Grit Develop? A Focus on the Relationship between Perceived Parents Failure Mindset, Parental Academic Expectation, and Failure Tolerance among University Students, T. Y. An, S. D. Park, S. J. Yang, The Korean Journal of developmnetal psychology, Vol. 33, No. 2, 2020, pp. 103 - 121.
- Implications of MBTI in Software Engineering Education, L. F. Capretz, SIGCSE Bulletin Vol. 34, No. 4, 2002, pp. 134 - 137.
- Individual Differences Research, Internet URL https://www.idrlabs.com/
- Introverts vs Extroverts: Is there an IT personality?, IDG connect, www.IDGConnect.com
- IQ + EQ + CQ = SYNERGISTIC TRANSFORMATIONAL SUCCESS:A MODEL FOR DESIGNING INTEGRATED IT COURSES, Jensen Zhao, Information Systems, Vol. 4, No. 2, 2005, pp. 70 – 76.
- Longitudinal Think Aloud Study of a Novice Programmer, Donna Teague, Raymond Lister, Sixteenth Australasian Computing Education Conference (ACE2014), Volume: 148, 2014, pp. 41 – 50.

- Making Sense of Software Development and Personality Types, Luiz Fernando Capretz, Faheem Ahmed, IEEE Magazines - IT Professional, Vol. 12, Issue 1, 2010, pp. 6 - 13.
- Neo-Piagetian Theory and the novice programmer, Donna Teague, PhD Thesis, Queensland University of Technology, 2005.
- Personality types in software engineering, Luiz Fernando Capretz, International Journal of Human-Computer Studies, Vol. 58, No. 2. pp. 207 - 214.
- Problem solving and decision making: Consideration of individual differences using the Myers-Briggs Type Indicator, Huitt, William G., APA PsycInfo, Journal of Psychological Type, Vol. 24, 1992, pp. 33 - 44.
- Program comprehension during software maintenance and evolution, A. Von Mayrhauser, A.M. Vans, IEEE Journal Computer, Vol. 28, Issue 8, 1995, pp. 44 - 55.
- Programming: Reading, writing and reversing, Donna Teague, Raymond Lister, Proceedings of the 2014 conference on Innovation & technology in computer science education, 2014, pp. 285 - 290.
- Psychology of Programming: Looking into Programmers' Heads, Jorma Sajaniemi, Human Technology : an interdisciplinary journal on humans in ICT environments, Vol. 4, No. 1, 2008, pp. 4 - 8.
- Self-control and grit: Related but separable determinants of success, A. Duckworth & J. J. Gross. Current Directions in Psychological Science, Vol. 23, No. 5, 2014, pp. 319 - 325.
- The Costs and Benefits of Pair Programming, Alistair Cockburn, Laurie Williams, Extreme programming examined, 2001, pp. 223 - 243.
- The Psychology of How Novices Learn Computer Programming, Richard E. Mayer, ACM Computing Surveys, Vol. 13, Issue 1, 1981, pp. 121 - 141.
- The use of MBTI in Software Engineering, Rien Sach, M. Petre, H. Sharp, 22nd Annual Psychology of Programming Interest Group, 2010, pp. 19 - 22.
- Thinking aloud: Reconciling theory and practice, Ted Boren, Judith Ramey, IEEE Transactions on Professional Communication, Vol. 43. No. 3, pp. 261 - 278.
- Usability Engineering, Jakob Nielsen, Morgan Kaufmann, 1993.
- Using Deep Learning to Classify a Reddit User by their Myers-Briggs Personality Type, Internet URL : https://medium.com/swlh/using-deep-learning-to-classify-a-reddit-user-by-their-myers-briggs-mbti-personality-type-6b1b163194d.
- Using MBTI in a Project-Based Systems Analysis and Design Course, Peter G. Drexel, Christian Roberson, International Conference on Engineering and Meta-Engineering - ICEME 2010.
- Using PiP(Psychology In Programming) for programming education innovation, Jae Yong Lee, 2017 International Conference on Engineering Innovation, 2017, OP36.
- Using psycho-physiological measures to assess task difficulty in software development, Thomas Fritz, Andrew Begel, Sebastian C. Müller, Serap Yigit-Elliott, Manuela Züger, ICSE 2014: Proceedings of the 36th International Conference on Software Engineering, 2014, pp. 402 - 413.
- What model(s) for program understanding?, Françoise Détienne, Conference on Using Complex Information Systems UCIS'96.

- 4차 산업혁명의 관점에서 인간 심리요소의 컴퓨팅 개념화 과정 : 심리정보과학적 고찰, 이재용, 정보처리학회지 제24권, 제2호, 2017, pp. 23 - 34.
- ICT 기술자의 심리유형에 맞춰진 소프트웨어 개발프로세스 교육 및 협업 능력 향상 방안, 이재용, 한국융합학회논문지, Vol. 6, No. 4, 2015, pp. 105 - 111.
- IT 인력의 유동성 실태 조사및 경력경로에 관한 조사연구, 고상원, 천병유, 권남훈, 홍동표, 이경남, 정보통신정책연구원 보고서, 2003.
- IT프로젝트 관리자의 리더십 유형별 역량이 프로젝트 성과에 미치는 영향. 한국IT서비스학회지, Vol. 7, No. 2, 2008, pp. 95 - 111.
- MBTI 성격유형과 직무스트레스 및 대처방법의 관계 : IT업계 종사자를 중심으로, 홍지수, 숙명여자대학교 교육대학원 석사학위청구논문, 2007.
- SW인력의 고용 구조 분석 및 시사점, 이경남, 정보통신정책연구원, 정보통신방송정책 제26권 제20호, 2014, pp. 1 - 23.
- The Essential CIO - 2011 Global CIO Study에서 얻은 통찰력, CIO C-suite Studies, IBM 보고서, 2011.
- 구성적 인공지능, 박충식, 인지과학 제15권 제4호, 2004, pp. 61 - 67.
- 뇌과학 기반 인지컴퓨팅 기술 동향 및 발전 전망, 윤장우, ETRI 주간기술동향, 2016.5.4.
- 대학 프로그래밍 강좌를 위한 프로그래밍 교육 프레임워크, 최현종, 컴퓨터 교육학회 논문지 제14권, 제1호, 2011, pp. 69 - 79.
- 새로운 기회인가, 재앙의 시작인가 감정 읽는 SW 오마에 오르다, 한국컨텐츠진흥원, 2015. 11. 20.
- 새로운 프로그래밍 패러다임 - 관점지향 프로그래밍, 금영욱, 한국정보과학회 프로그래밍언어 논문지, 제20권, 제1호, 2006, pp. 23 - 32.
- 성격 유형론에 입각한 컴퓨팅 사고 능력의 개인차와 심리기능별 미래 교육, 이재용, 정보처리학회지 제24권, 제2호, 2017, pp. 4 - 12.
- 성장 마인드셋, 미래시간조망, 그릿과 지연의 관계, 권대훈, 아시아교육연구, 제19권, 제3호, 2018, pp. 725 - 744.
- 소프트웨어 개발에서 심리학의 중요성, 소정연, 최창진, 한승범, 민상윤, 소프트웨어공학소사이어티 논문지, Vol. 25, No.3, 2012, pp. 49 - 58.
- 알츠하이머병의 망각에 대한 정신분석학적 성찰: 프로이트가 제시한 뉴런의 표상 연상 기능과 그 함의, 김서영, 한국하이데거학회 현대유럽철학연구, 제56호, 2020, pp. 63 - 98.
- 이론에서 현실로, 퀀텀 컴퓨팅의 현주소, James A. Martin, IDG Deep Dive, 2019.
- 인공지능과 얼굴 정보 처리 기술, 박종빈, 이지현, 정보통신기획평가원, 주간기술동향 1989호, pp. 17 - 26.
- 인지 IoT 컴퓨팅 기술동향, 배영남, 이강복, 방효찬, ETRI 전자통신동향분석, 제32권 제1호, 2017. 2.
- 인지심리 이론을 반영한 객체지향 설계 및 프로그래밍 스타일 지침, 문양선, 유철중, 장옥배, 한국정보과학회정보과학회논문지(B), 제25권 제3호, 1998, pp. 530 - 542.
- 정신분석, 과학인가 문학인가, 이병욱, 대한신경정신의학회, 제45권 제6호, 2006, pp. 493 - 504.
- 제4차 산업혁명이 일자리에 미치는 영향, 안상희, 이민화, 2016년 제18회 경영관련학회 통합학술대회논문집, 2016, pp. 2,344 - 2,363.
- 청소년 ICT 진로 적성검사 및 역량강화 프로그램 개발 :청소년 ICT 종합 진로 적성검사 및 상담모형 개발, 한국정보화진흥원 보고서, 2016.
- 초보자의 C 언어 학습과정에 대한 인지심리학적 분석 연구 : 프로그래밍 학습과정 동안의 은유 사용의 효과, 이정모, 이건효, 한국인지과학회, 인지과학 제9권 제4호. 1998, pp. 1275 - 1293.

- 초연결 지능 플랫폼 기술, 권동승, 황승구, ETRI 전자통신동향분석, 제32권 제1호, 2017. 2.
- 컴퓨터 프로그래머 적성검사의 개발 및 타당화 연구, 김명소, 한국심리학회지 산업및 조직, 제10권 제2호, 1997, pp. 103 - 121.
- 프로그래밍 과정에서 나타나는 초보학습자들의 행동 및 사고과정 분석, 김수환, 한선관, 김현철, 컴퓨터교육학회논문지 Vol. 14, No. 1, 2011, pp. 13 - 21.

이재용 :

> 현) 한서대학교 교수
> 전) KIST/시스템 공학연구소 연구원
> 컴퓨터공학 학사, 석사, 박사
> 상담심리학 석사
> 연구 분야) 프로그래밍 심리학, HCI, 인간이동체상호작용

프로그래머는 왜 심리문제에 골몰하는가?
: 메타인지를 위한 프로그래밍 심리학

초판 1쇄 발행 / 2021년 10월 25일

지은이 / 이재용

펴낸이 / 김일희
펴낸곳 / 스포트라잇북

제2014-000086호 (2013년 12월 05일)

주소 / 서울특별시 영등포구 도림로 464, 1-1201 (우)07296
전화 / 070-4202-9369   팩스 / 02-6442-9369
이메일 / spotlightbook@gmail.com
주문처 / 신한전문서적 031-942-9851 (F) 031-942-9852

책값은 뒤표지에 있습니다.
잘못된 책은 구입한 곳에서 바꾸어 드립니다.

ISBN 979-11-87431-23-7 13560